微网多能协同优化运行及效益评价模型

王 尧 鞠立伟 王佳伟 谭忠富 著

中国电力出版社
CHINA ELECTRIC POWER PRESS

内 容 提 要

本书共分 7 章内容，主要内容为：微能源网发展现状及能量特性研究，包括国内外微能源网多能协同规划、运行及效益评价等方面的研究现状，微能源网发展演化历程及能量特性动态分析；建立微能源网"源—网—荷—储"容量配置优化模型；从微能源网内、微能源网间、微能源网群三个维度出发开展微能源网的调度优化研究；提出微能源网群多能协同运行综合效益评价模型，从经济、节能、减排等角度对微能源网的效益进行评估，为微能源网投资运行提供决策借鉴。

本书可作为高等院校、能源研究机构、相关领域科研工作者参考用书。

图书在版编目（CIP）数据

微网多能协同优化运行及效益评价模型 / 王尧等著. —北京：中国电力出版社，2020.12
ISBN 978-7-5198-5045-6

Ⅰ.①微… Ⅱ.①王… Ⅲ.①能源–网络系统–效益评价–研究 Ⅳ.①TK01

中国版本图书馆 CIP 数据核字（2020）第 192070 号

出版发行：中国电力出版社
地 址：北京市东城区北京站西街 19 号（邮政编码 100005）
网 址：http://www.cepp.sgcc.com.cn
责任编辑：孙世通（010-63412326） 郑晓萌
责任校对：黄 蓓 朱丽芳
装帧设计：张俊霞
责任印制：钱兴根

印 刷：三河市万龙印装有限公司
版 次：2020 年 12 月第一版
印 次：2020 年 12 月北京第一次印刷
开 本：710 毫米×1000 毫米 16 开本
印 张：13.5
字 数：239 千字
定 价：65.00 元

前　言

　　微能源网（简称微网）通过多能互补技术、综合能源服务等实现一定区域内的电、热、气、冷等多种能源的高效集成与协同供给。2016 年，国家发展和改革委员会提出《关于推进"互联网＋"智慧能源发展的指导意见》，指出要加强多能协同综合能源网络建设，开展电、热、气、冷等不同类型能源之间的耦合互动和综合利用。微能源网群广泛应用智慧互联技术，作为一种智慧型区域网络，具备较高的新能源渗透率，通过能源储存和能源转化能够实现区域内能源供给和消耗的平衡。微能源网群可以根据实际需要交换能源，也可以与公共网络进行能源的灵活交互，实现风、光、天然气等分布式能源的优化配置。因此，本书以微能源网为研究对象，重点研究微能源网的容量配置、多能协同优化、综合效益评价，得到微能源网"源—网—荷—储"优化配置模式，优化微能源网内、微能源网间、微能源网群多层级运行方式，建立综合效益评价模型指导微能源网建设和运营，以促进分布式能源的绿色、低碳、多元、高效和智能化利用。

　　本书共分 7 章，分别从微能源网发展现状及能量特性、微能源网"源—网—荷—储"容量配置优化模型、微能源网的调度优化、微能源网群多能协同运行综合效益评价四方面进行了研究。在微能源网发展现状及能量特性研究方面，主要内容包括：概论，阐述了研究背景及意义，并总结了国内外微能源网多能协同规划、运行及效益评价等方面的研究现状；微能源网发展演化历程及能量特性动态分析，通过从欧盟、美国、日本及我国等典型国家和地区对微能源网的概念进行解析，并总结微能源网的供能特性；随后从梳理微能源网发展的相关政策、介绍微能源网实践试点项目两方面说明微能源网的发展演化历程；对微能源网供给、转换、存储、消费等特性进行建模，分析能量的梯级利用。通过上述研究确立微能源网发展的宏观环境，并形成微能源网的能量特性，为微能源网多能协同优化发展奠定了理论基础。

　　在微能源网"源—网—荷—储"容量配置优化模型方面，主要内容包括：系统结构和单元设备的角度分析综合能源系统模型；分析不同类型负荷参与综合需求响应的方式，建立计及随机—认知不确定性的综合需求响应模型；构建"源—网—荷—储"容量配置双层规划模型，上层以建设综合能源系统经济性最优为目标优化单元容量，下层以日运行成本最低为目标优化单元出力，以此提高微能源网系统整体的经济性。

在微能源网的调度优化研究方面，主要内容包括：设计了一种新的微能源网结构，建立了微能源网的能源生产、能源转换和储能装置运行模型；利用两阶段优化理论，将风、光日前预测功率作为随机变量，构造上层日前调度模型，将其时前功率作为随机变量的实现，构造下层时前调度模型；采用细胞膜优化算法和混沌搜索算法对传统粒子群算法进行改进，对各模型进行求解；选择深圳市龙岗区国际低碳园区进行实例分析。为了开展微能源网间的优化，提出微能源网间多能协同交互平衡三级优化模型。以确立平均失负荷率最小为目标，构建多微能源网日前容量灵活性配置优化模型；利用条件风险价值度量风力发电和光伏发电不确定性所带来的风险成本，构建电、热、冷等多能协同日内调度优化模型；考虑不同时刻各主体的备用供给成本，确立备用调度成本最小的备用优化平衡方案；为了求解上述三级协同优化模型，提出基于信息熵和混沌搜索的改进蚁群算法；同样以深圳市龙岗区国际低碳园区为实例对象，验证模型的实用性和有效性。最后，提出微能源网群多能协同分层协调多级优化模型。将多种能源生产设备、能源转换设备和储能设备集成微能源网，设计多微能源网群在日前、日内、实时等各阶段的多能竞价博弈框架体系；提出一种含多种博弈状态的三阶段优化模型；为模拟多微能源网群竞价博弈过程，提出基于自适应调整信息挥发因子和转移概率的改进蚁群算法；制定微能源网群最佳运行策略。

在微能源网群多能协同运行综合效益评价方面，主要内容包括：分析了"以电定热""以热定电""热电混合"模式中的运行场景；刻画了微能源网中的居民楼宇、办公楼宇、商场等建筑的多负荷特征，构造了多类用户的年负荷曲线、冬夏典型日负荷曲线；最后为评价微能源网的效益情况，确定基于不同模式的多类型微能源网协同灵活运行的优劣，基于微能源网的结构布局，从经济、节能、减排等角度设计了微能源网 3E 效益评价指标，对微能源网的效益进行评估，同时为微能源网投资运行提供决策借鉴。

本书第 1 章由谭忠富、谭彩霞编写；第 2 章由王佳伟、李强编写；第 3 章由鞠立伟、辛禾编写；第 4 章由鞠立伟编写；第 5 章由王尧、李强编写；第 6 章由王尧编写；第 7 章由王尧、王佳伟编写；全书由辛禾统稿。

华北电力大学谭彩霞、樊伟、林宏宇及国网山西省电力公司经济技术研究院李强、胡莹莹等人参与了本书编写的部分工作。在本书编写过程中得到华北电力大学经济与管理学院和国网山西省电力公司经济技术研究院的支持与配合，在此表示衷心的感谢和诚挚的敬意。

本书承蒙国家自然科学基金青年项目"微能源网群多能分层互补及协同递进优化模型研究"（71904049）的资助、国网山西省电力公司经济技术研究院课题"高比例电动汽车接入的虚拟电厂特性分析及效益评价研究"的资助，特此致谢。

由于作者水平所限，书中难免存在疏漏和不足，敬请读者批评指正。

王 尧

2020 年 6 月 30 日

目　　录

第1章

概　　论

1.1　研究背景及意义

1.1.1　研究背景

　　近年来，随着能源危机、气候危机、环境问题等越来越严重，各国都开始进行能源结构变革，能源消费也逐渐转向各种可再生能源。欧盟国家对于可再生能源的利用也十分重视，并计划到 2020 年可再生能源发电量将占总量的 30%。欧盟委员会在 2010 年提出了"能源 2020"战略，对未来 20 年的能源发展计划进行了规划，并且提出到 2020 年，对于可再生能源的利用要占到能源利用总量的 20%，提高 20% 的能源利用率，以及减少 20% 的温室气体排放。美国提出到 2020 年的太阳能光伏发电占发电装机增量的 15% 左右。我国也在积极开展能源革命，在能源发展战略行动计划（2014~2020）中提出，到 2020 年，能源消费总量中，煤炭的消费量不超过 62%，重视可再生能源的利用；大力发展风力发电，水力发电装机容量达到 3.5 亿 kWh 左右，以南方和中东部地区为重点，大力发展海上风电场，同时促进分布式风力发电的发展，鼓励大型公共建筑及公用设施、工业园区等建设屋顶分布式光伏发电，积极推动地热能、生物质能和海洋能等清洁能源的高效利用。我国能源革命的核心是大力发展清洁能源来减少传统能源带来的污染排放，同时提高各种能源的利用效率，保障能源供应和能源安全。对可再生能源的重视极大地促进了能源互联网的建设和发展。

　　能源革命促进了能源互联网的发展，同时能源互联网的建设也反过来推动了我国能源结构转型和能源体制变革。对于能源互联网的建设而言，微能源网是一个重要的单元，因为微能源网不仅能够满足用户的各种用能需求通过接受多类型的能源输入，还可以促进微能源网各个系统之间的供需平衡，增强能源互联网的

1

安全性。微能源网利好政策也相继出台，多项示范项目不断推进，高渗透率接入能源网络将成为其典型特征。国家能源局在 2016 年确立 23 个多种能源（简称多能）互补集成优化示范工程，也明确提出规划：到 2020 年，各省（区、市）新建产业园区采用终端一体化集成供能系统比例达到 50% 左右。2017 年，国家发展改革委、国家能源局先后确立 55 个"互联网+"智慧能源（能源互联网）示范项目和 28 个新能源微电网示范项目。未来，在国家各项政策的推动下，微能源网的发展速度和规模将不断提升。

微能源网群存在多级能量体系，多能分层互补及协同优化是群集能量协调互济的关键核心。微能源网群内部不同分布式能源、不同微能源网及其与上级能源网络间存在能量多层互补路径，亟须构造分层互补测度方法，以确立最优的多能互补模式。微能源网内存在多种分布式能源，可进行灵活的能量转换（如基于分布式光伏与热泵的建筑采暖系统利用日间屋顶光伏产生的电能，储存全天所需的热能，释放自身供热能力），存在多分布式能源互补空间（源级）；不同微能源网涵盖多类型分布式能源和负荷种类，能量特性差异较大（如工业型微能源网能量消费灵活、弹性大，可通过价格手段优化能量消费时段和降低用能成本，而商业型微能源网能量消费集中、弹性小，但季节特性显著，夏季冷负荷高、冬季热负荷高），存在多微能源网互补空间（网级）；此外，微能源网群与上级能源网络紧密相连，两者可进行能量灵活互动，特别是微能源网群因其存在多类型能量耦合主体，使其能够作为上级能源网络的灵活性资源，存在微能源网群与上级能源网络间双向互补空间（群级）。根据上述分析，微能源网群存在"源—网—群"等多层级能量体系，不同层级能量体系存在较大的差异性，如何针对不同层级可形成多能互补模式，建立多能分层协同互补测度方法，确立最优多能互补模式，能够为微能源网群的协同优化运行提供前提基础。

微能源网群内存在"源—网—群"等多层级能量体系，不同层级能量体系存在自下而上的递进特性，需对微能源网群开展逐层级多能互补协同递进优化。微能源网群协同运行能发挥"源—网—群"等不同层级多能互补特性，有利于促进分布式能源的规模化利用。然而，微能源网群中不同层级主体的能量特性具有较大差异性，且存在沿能量传递链自下而上的递进特性，使不同主体间存在复杂的能量交互方式，各层级主体也有着自身独立的运营目标。若仍使用传统集中式运行方法，对群内所有主体进行能量调度和控制，决策过程将难以兼顾上述复杂交互行为及各层级独立运营目标。因而，需要探索如何将微能源网群整体运营目标，沿能量传递链进行分解，构造逐层级能量递进协调体系及多能协同优化模型，为实现微能源网群最优协同优化运行提供决策支撑。

　　微能源网群含电热、电气、电冷、热冷等能量耦合主体，可作为灵活性资源参与上级能源网络电、热、冷、气等多类型能量服务，需探索协同服务优化路径。微能源网群存在多类型能量耦合主体，使其能够作为灵活性资源参与上级能源网络多类型能量协同，为其带来清洁、低碳、安全、高效等多维效益。通过分析分布式能源盈余供给能力及用户深度需求响应能力（合称外延响应能力），结合不同类型能量耦合主体运行状态，分析微能源网群电、热、冷、气等多类型能量外延响应能力。对微能源网群而言，需考虑如何将自身外延响应能力在上级能源网络不同类型能量市场进行最优分配，这有利于发挥微能源网群灵活性，为提升分布式能源并网空间及评估微能源网群协同运行价值提供借鉴依据。

　　微能源网结构如图1-1所示。

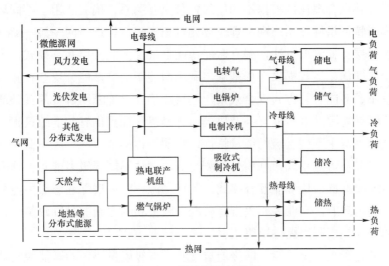

图1-1　微能源网结构图

1.1.2　研究意义

　　近年来，作为分布式能源有效消纳和管理的方式，微能源网凭借其运行灵活、安全高效、清洁低碳等特性，得到了广泛的发展和应用。微能源网改变以往供电、供气、供冷、供热等各种能源供应系统单独规划、单独设计和独立运行的既有模式，利用现代物理信息技术、智能技术、互联网技术等，对多种能源的分配、转化、存储、消费等环节进行总体规划与运行协调优化，实现能源供应多元化、能源服务多元化、用能方式多元化。微能源网打破了不同能源品种、单独规划、单独设计、单独运行的传统模式，实现横向"电、热、冷、气、水"能源多品种之间，纵向"源—网—荷—储—用"能源多供应环节之间的生产协同、管廊协同、需求协同，以及生产和消费间的互动，具有综合性、就近性、互动性、市场化、智能化、低碳化等特征。然而，单一微能源网内部分布式能源具有间歇性强和分散分布等特性，运行过程中面临着诸多难题，如何对多个地理位置临近的微能源网进行科学的能量协调互济的关键，在于建立微能源网群集系统，这对于微能源网的发展也非常重要。因此，需要从理论和方法层面完善现有微能源网优化运行的研究成果，进而构建更加全面系统的微能源网群多能协同优化模型。

（1）系统分析计及不确定性的群能量动态特性，开展沿能量传递链"网—源—荷—储"逐环节多能分层互补测度，丰富微能源网群协同运行的不确定性识别与能量互补耦合理论。根据不同层级能量交互关系，确立适用于不同环节的多能互补耦合特征指标体系，利用理想物元可拓方法，构造"网—源—荷—储"逐环节多能分层互补测度方法，确立微能源网群最优多能分层互补模式，为实现微能源网群协同优化运行提供前提基础。利用微能源网群多能分层互补测度方法，量化评估不同多能互补方式耦合效果，逐层级确立微能源网群多能互补的最优模式，为明晰微能源网群多能互补及协同运行最优路径提供有效的政策建议。通过分析微能源网群中不同层级的能量特性，沿能量传递链"网—源—荷—储"逐环节演化多能互补可选模式，利用分层测度方法评估不同层级多能互补耦合效果，为确立微能源网群最优多能互补模式，实现"源—网—群"逐层级多能分层互补利用，这能为政府、企业等相关方完善既有政策和制定新的激励政策，推进分布式能源的更大规模利用提供决策依据。

（2）构建源级能量平衡、网级能量交互、群级能量协调的微能源网群内部逐层级多能互补协同递进优化模型，以及参与上级能源网络电、热、冷、气等多类型能量协同优化模型，拓展和深化微能源网群协同运行的有关模型和方法。利用多代理模型刻画不同层级能量主体特征，并将两阶段优化理论、合作博弈理论、多级协同理论等进行有机组合，以应用于构造实现分级递进、逐级优化和整体最优的微能源网群多能互补协同递进三级优化模型，包括源级能量供需平衡双层优化模型、网级能量多向交互协同优化模型、群级能量多层分布式协调模型；进而量化分析微能源网群内分布式能源盈余供给能力及用户深度需求响应潜力，并利用投资组合理论，研究微能源网群外延响应能力在上级能源网络多类型能量市场的协同分配优化问题，为确立微能源网群最优多能协同运行提供决策支撑。

（3）建立微能源网群多能协同运行综合效益评价模型，该模型主要用于评价微能源网群进行多能协同运行是否有效。部分文献应用多代理技术构建微电网群分层控制体系，在上级能源网络方面重点考虑了智能建筑群参与上级电网调度问题。然而，微能源网包括多种分布式能源和电、热、冷、气等多种用能负荷，不同层级间存在着复杂的能量交互关系，不同层级能量主体的交互行为也十分复杂，传统的集中式调控方法难以解决上述问题。关于微能源网群为上级能源网络提供能量服务的研究尚处于起步阶段，且大多研究主要集中在负荷端，较少考虑将微能源网群作为灵活性资源为上级能源网络提供多类型能量服务。以微能源网协同优化运行为研究对象，可以建立适应微能源网群多层级能量特性的协调体系，设计微能源网群多能分层互补协同优化方法。

（4）利用微能源网群能量递进协调及多能协同优化决策方法，确立微能源网群协同运行的最优策略，有利于提升分布式能源规模化利用空间，推进清洁低碳、安全高效能源体系的构建，为制定促进微能源网发展的相关政策提供策略支撑。基于微能源网群各层级能量特性及分层互补测度，探索实现分级递进、逐级优化和整体最优的能量递进协调体系，并利用所构造的微能源网群多能分层协同递进优化决策方法，确立微能源网群内最优多能互补路径；进而探讨微能源网群作为上级能源网络灵活性资源的潜力，确立不同维度外延响应能力在上级能源网络多类型能量市场的最优分配策略，这能够为制定微能源网群多能协同优化策略及相关激励政策提供决策支撑，有利于为微能源网的建立和发展提供政策建议。

综上所述，本书以微能源网群多能协同优化运行为研究对象，梳理了微能源网的基本概念、功能特性，为确立微能源网群能量递进协调体系及最优多能分层互补方式，制定微能源网群多能协同优化策略提供理论基础和方法支撑，丰富和拓展了微能源网群多能协同优化运行相关的理论、模型与方法。然后，建立微能源网"源—网—荷—储"协同规划优化模型、微能源网内多能协同互补双层调度优化模型、微能源网间多能协同交互平衡三级优化模型，以及微能源网群多能协同分层协调多级优化模型，对微能源网群开展逐层级多能互补协同递进优化。最后，建立微能源网群多能协同运行综合效益评价模型，以期能够为微能源网多能协同运行提供可行的政策建议和决策依据。

1.2　国内外研究现状

微能源网群多能协同优化运行及效益评价主要涉及微能源网多能协同规划、

多能协同运行及多能协同效益评价三个关键点。因此，本书将这三个方面对国内外相关研究现状进行梳理。

1.2.1 微能源网多能协同规划研究现状

与传统的电力系统规划相比，微能源网的规划需要考虑更多的因素，如果单纯以用户侧负荷峰值作为目标则会造成设备容量配置过大与实际运行调度的不匹配，不仅不能体现多能互补的优势，还会大大增加投资成本，降低系统的经济性。因此，微能源网的规划更为复杂，需要统筹考虑规划目标、组成结构、设备选型、容量配置、设备耦合关系、设备运行特性、可再生能源设备和用户负荷的波动性等方面因素。虽然国内外学者在微能源网的多能协同规划研究上取得了一定的成果，但大多是基于特定的应用场景。目前，世界各国都开展了对微能源网的技术研究。

1. 微能源网群能量特性分析研究

微能源网群涵盖多种分布式能源和主、被动用能负荷，需对源、荷两侧进行分侧能量特性分析。对于源侧能量特性，文献［1］提出一种不确定性的模拟策略，并且引入广义椭球的表达式对风力发电预测误差进行监测。文献［2］通过建立广义负荷节点稳态特性模拟方法来研究风力发电的不确定性。文献［3］主要针对初始模拟场景出现的各种问题进行研究，并且构建基于 $K-distance$ 距离法的场景削减策略来解决出现的各种问题。对于荷侧能量特性，文献［4］提出一种用于分布式能源优化规划的多目标随机模型。文献［5］提出一种有关微电网储能的方法，这种微能源网是由小水电群等多种分布式能源构成的，这种方法有助于解决微能源网的容量配置问题。文献［6］提出了考虑分布式能源发电间歇性与不确定性对微电网配置影响的双层优化配置方法。文献［7］考虑电/热负荷需求响应和供需双侧热/电耦合，提出综合能源系统双层容量配置方案。

对于微能源网群控制架构的研究，文献［8，9］提出利用分层控制策略来控制多微能源网系统，即利用分层控制的优点，同时也提高了多微能源网系统的稳定性。文献［10］分别研究了微能源网群在串联结构和并联结构时的控制，并且研究了这两种连接方式下系统的特性。文献［11］提出多目标潮流算法，针对微能源网群运行成本和能量损失最小为目标。在规划设计环节，文献［12］研究微电网不与大电网并网独立运行时的优化配置和系统的设计。文献［13］研究微电网与大电网并网运行时，两者的优化配置和系统设计。文献［14］研究微能源网在直流和交流都存在的情况下内部的容量配置。对于管理控制方面，文献［15］

研究在微能源网系统中的分布式能源使用不同电源时的控制手段。文献［16］分析多微能源网系统控制过程中存在的不足，研究了对多微能源网系统频率的控制策略。对于微电网的调度管理，文献［17］研究微电网与大电网并网运行时两者的协调运行问题。

2. 接入配电网的微能源网规划

文献［18］在运用粒子群优化算法的基础上，总结出一种定容方法，主要针对配电网系统中具有分布式特点的发电装置。文献［19］提出一种新的规划模型，考虑多场景的情况下改善多能流微能源网随机投资的效果，通过运用不确定性矩阵，分析了在风力发电和光伏发电领域中不确定性对优化结果的利弊影响。文献［20］构建一种新的模型，基于静态电压稳定的约束条件下，运用遗传算法求解，达到优化分布式发电规划的目的。关于设备的容量配置问题，文献［21，22］提出通过构建热电联产微能源网系统来解决装置的选址定容问题，但是并未考虑供应过程中热能网络自身存在的能量损耗。文献［23，24］都利用软件 HOMER 的仿真计算功能，合理设计微能源网的网络结构和设备容量。但是通过选择消耗费用最少的组合的方法，缺乏实际情况的考虑。文献［25］通过数学模型的分析计算，综合阐述了对多能源混合微能源网的容量优化配置。文献［26］提出一种新的优化模型针对分布式能源容量配置，通过计算分析筛选出投资成本和运行成本最低的方案，但是并未实现能够确定具体的设备配置选型的规划。文献［27］从三个方面对冷热电三联产系统的性能进行评估，分别是二氧化碳排放削减率、一次能源节约率、年总成本节约率，寻求解决多目标情况下的配置优化问题的方案。文献［28］提出两层优化模型，从能量枢纽的优化出发，分层解决设备的容量配置问题和运行优化问题，从而得出一种兼容协调的方案。文献［29］分析了微能源网的网络结构特点和设备运行特性，通过构建新模型来实现运行优化和规划一体化。文献［30］将配电网和微电网结合起来，通过互动博弈矩阵使两者建立上下双层互动协作关系。文献［31］针对微电网的群协调控制，提出一种新的控制方案，该方案结合各自的利益诉求和微电网原来的控制方式。文献［32］研究配电网和微电网协调优化有关的问题，并且分析了在微电网和大电网并网的情况下对之前的系统结构产生的影响。文献［33］将配电网分解后形成多个耦合的微电网，然后研究分解后的微电网与分解前的配电网之间的协调控制。文献［34］采用主从分裂的方法，对输配电系统中的潮流进行计算。文献［35］将微电网看作电力系统中的公共连接点（PCC）处的发电机或负荷，研究微电网和配电网的协同运行。

3. 多能互补微能源网的规划

文献［36］指出现有的多种新能源都是独立规划和运行的，但也因此带来了很多问题，例如，造成能源运行成本高，利用效率低等。文献［37］指出现在的电力系统正在逐渐发展成智能多能源系统，因为可再生能源发电、微能源网等技术不断发展促进了电力系统的转变。文献［38］指出微能源网可以满足用户的多种用能需求，在微能源网系统中，输入口与上级能源网络相连，输出口连接用户侧，同时有能量转换和储能装置，在系统内部就可以实现能量的转换、存储和分配。文献［39］认为微能源网能够提高能源利用效率，降低用能成本，因为微能源网是一种微型综合能源互联系统，"源"和"荷"距离较近，所以对附近的清洁能源可以充分利用。如今对于微能源网的研究大多数都是在规划方面，而对于微能源网中设备配置研究的较少[40-41]。文献［42］建立一种混合规划模型研究微能源网多能协同模型，并且提出能源局域网的划分和能源路由器选址的方法。文献［43］也提出一个线性规划模型，用于优化微能源网的系统规模运行，该模型主要涉及热能与功率的交换。文献［44］构建一个新的优化模型，该模型主要用于确定在微能源网系统的组件的容量和数量，同时对系统中的热负荷和电负荷的运行策略进行协同考虑。文献［45］建立了多区域冷热电联产系统（CCHP 系统）的线性优化模型，该模型针对各区域 CCHP 系统之间的环状热网，并且考虑节点流量平衡、热能—流量约束及热损平衡约束。

在微能源网多能互补机理方面，文献［46］指出微能源网涵盖多种分布式能源，存在"网—源—荷—储"多种协同互补路径，包括源源互补、源网协调、网荷互动、源荷互动等部分互动调度形式。源源互补是通过不同电源间的出力时序特性和频率特性进行互补，如风光互补、风光水火互补等[47]。文献［48］提出多能互补能够缓解出力波动性和间歇性。文献［49］针对储能装置作为促进可再生能源消纳的理想装置能够实时跟踪可再生能源出力。文献［50］研究源网协调通过对分布式电源的接入位置、容量进行优化和灵活调整网络结构配置来实现不同分布式电源的高效消纳。文献［51］考虑多种类型分布式电源互补特性，建立了不同类型分布式电源（distributed generation，DG）和负荷模型的主动配电网协同规划。文献［52］考虑分布式电源时序特性，以运营效益最大为目标对 DG 进行优化规划。文献［53］通过源荷互动在需求响应机制下利用柔性负荷参与电网的辅助服务以促进电网优化运行，如参与有功优化进行频率调节。文献［54］在主动配电网中协调储能和柔性负荷，降低了配电网的网络损耗。源荷互动是通过一些方法（如需求响应等）来促进可再生能源消纳和调节电网的峰谷差[55]。文献［56］

主要利用柔性负荷来建立调度模型，这种模型具有"多级协调、逐级细化"的特点。文献［57］研究"源—网—荷—储"的全面互动和协调平衡是微能源网柔性负荷调度的发展趋势。文献［58］针对可再生能源出力的间歇性提出了一种电动汽车准入与调度机制，实现电动汽车充电满意度和可接受电动汽车数量间的均衡。文献［59］建立动态模型进行微能源网综合能源评价。文献［60］对微能源网进行建模研究，使用能量流矩阵验证模型的有效性。文献［61］构建了微能源网，并且基于能量集线器的形式对连接的设备进行分类。文献［62］分析了基于分布式能源的微能源网的网络架构典型特征，并从微能源网层面讨论了此种结构的实现方式。

国内外微能源网的相关研究已经在概念和框架、多能流分析与计算、建模与仿真、规划与运行控制，以及经济性分析与优化等方面取得了初步的成果，但未对微能源网容量优化配置和运行策略进行综合考虑，尚有一系列亟待解决的问题。

1.2.2　微能源网群多能协同运行研究现状

微能源网群多能协同运行能发挥不同微能源网间、网内不同分布式能源间的多能互补特性。然而，微能源网群能量协调面对的主体数量众多，主体交互行为复杂，对其能量优化协调提出了挑战，如何开展微能源网群能量协调是实现多能互补协同优化运行的关键前提。

1. 微能源网群内部多能协同运行优化研究

微能源网群中存在多微能源网，不同微能源网又存在多种分布式能源，具备多层级、多类型能量体系特征。如何设计微能源网群能量协调机制，确立微能源网群能量协调体系，是开展微能源网群多能协同优化运行的重要前提。文献［63］阐述了集群协调控制的出发点，设计了分层分区控制体系。文献［64］构造了分布式电源用于协调控制的框架，主要包括长时间尺度和短时间尺度不同的控制框架。文献［65］提出了一种用于含分布式能源的孤岛微电网多输入—多输出控制方案。近年来，多代理技术被广泛应用于建立多主体协调控制框架。多代理系统由多个代理通过共同合作来组成，代理可以与其所在环境进行互动，获得全局最优运行方案[66-68]。文献［69］基于多代理（multi-agent）技术构造了一个由分布式能源管理、微电网中心控制、微电网控制单元组成的微电网群"源—网—群"能量协调 3 层控制框架体系。

在微能源网群不确定性分析方面，微能源网群中多种分布式能源带来了强波动性、间歇性和随机性的问题，导致微能源网群存在诸多不确定性因素，直接影响微能源网群最优多能协同运行策略。文献［70］建立了澳大利亚农村家庭能源需求模型，分析当地气候、地理位置和家庭行为等不同驱动因素的影响。文献［71］考虑了用户电负荷的不确定性，并建立了最优多荷协同鲁棒模型。文献［72］讨论了分布式风力发电的不确定性，设计了兼顾发电侧、用电侧和电网的不确定性分析框架。文献［73］实证分析了德国能源转型过程中分布式清洁能源开发和利用的关键影响因素。在不确定性分析的基础上，部分学者对不确定性因素间的交互关系展开了分析。文献［74］引入结构方程模型分析农村居民住宅消耗因素间的交互行为。文献［75］利用解释结构模型方法来分析印度农村分布式光伏发电实施影响因素间的相互关系。文献［76］提出了基于能源结构转型的生产与消费关键因素间的双组分模型。

2. 微能源网群多能协同优化运行研究

针对微能源网群多能协同优化运行方面，微能源网群能量协调控制面对的主体数量庞大，不同形式能源间相互耦合方式多样，存在着不同的供能组合和运行策略，需对微能源网群开展快速有效的能量协调控制。文献［77］研究了微能源网集群的基本概念、结构及主要组成，并且研究了微能源网群在高渗透率接入情况下的运行特性与划分方法。文献［78］主要研究对于分布式电源的调度方式，发现如果对分布式电源进行微能源网群多能协同优化调度则有利于集群效应的发挥，如果进行直接调度会出现成本过高的问题。文献［79］集成多种分布式能源为虚拟电厂，引入条件风险价值理论和置信度方法建立虚拟电厂随机调度优化模型。文献［80］针对分布式电源不确定性，提出基于混合随机规划/信息间隙决策理论的虚拟电厂调度优化模型，实现分布式电源的微能源网群多能协同优化调度。文献［81］针对分布式能源提出新的群聚类算法，这种算法主要用于提升结构复杂和多代理能源系统的能源效率。文献［82］构建资源最优消费模型，为了控制污染约束下的资源消费，以达到社会福利最大化的目标。文献［83］针对微能源网集线器模型，确立含电转气的多源储能型微能源网系统优化调度模型，为微能源网多能协同优化提供借鉴。

文献［84，85］基于非合作博弈理论和斯塔克尔伯格（Stackelberg）博弈论，优化改进了冷热电联供微能源网的管理。文献［86］构建了一种新模型，成功实现了综合能源系统的经济运行和辅助服务的有机结合，同时运用双层分布式求解算法优化了具有多参与主体特点的系统的能源管理。文献［87］构建一种新的模型，旨在优化多能流型区域综合能源系统，运用混合整数线性规划方法，计算以实现最小的购能成本和环境治理成本。文献［88］构建一种综合能源系统优化模型，主要考虑电—热分时间尺度平衡的情况，运用数学计算分析比较得出最佳的热平衡时间尺度和出力调度计划，显著提高系统的经济效益。文献［89］介绍了虚拟微能源网基于不同的时间尺度应用的不同的优化调度模型和算法，运用微分进化—细胞膜混合算法，对日前调度和实时调度两个阶段的模型进行求解。文献［90］提出一种新的动态调度策略，实现设备的分段化处理，参考日前计划结果，根据日内可再生能源的实际出力，来调节平衡设备出力。文献［91］综合考虑系统中各种随机因素，建立实际情况不确定情况下的最优经济调度模型，并用改进型粒子群算法实现模型的进一步优化。文献［92］为了实现优化日前、日内两阶段的目的，制定微能源网在不同时间尺度下的具体调度策略。文献［93］为实现可再生能源设备出力最大化的目的，通过制定不同时间尺度下主动配电网多源协调调度策略，提高各种供能设备的管理效率。

3. 微能源网群响应上级能源网络能量协同优化研究

对于微能源网群参与上级能源网络能量服务方面，文献［94］指出，未来能源互联网环境中，微能源网将扮演能源消费、储存和生产的三重角色，将推动可再生能源发展。文献［95］建立计及智能建筑电热耦合特性的微电网参与能量和备用市场统一调度模型。文献［96］研究最优能量协调方案的确立，建立一种新的组合调控模型用于公共楼宇中央空调统一参与电网日前削峰。文献［97］研究微能源网市场主体利益分配问题，在微电网运营商提供无功辅助服务条件下，以及多个微电网运营商参与配电侧市场交易和竞价机制时的利益如何合理分配。文献［98］分析园区综合能源体系中分布式能源站和用户间的多种能源交互方式，提出一个基于多主多从能源交易博弈模型。文献［99］提出一种双层博弈互动策略，该策略适用于区域综合能源系统的供能商、配电网和用户等多主体。文献［100］建立包含三类市场交易主体的非合作博弈模型，三类主体分别是电动汽车充电代理商能源运营商、含分布式光伏发电的用户，各类主体都理性追求自身利益最大化。

就微能源网群响应上级能源网络辅助服务而言，文献［101］利用建筑物的热惯性，将建筑物作为一个虚拟储能，提出利用商业建筑中的热、通风和空调系统的灵活性为电网提供调频辅助服务的方法。文献［102］提出在几乎不改变建筑物室内环境的前提下，利用建筑中的热、通风和空调系统为电网提供调频辅助服务的方法。文献［103］针对两部制核电调峰成本补偿与超发电量收益分享相结合提出一种经济补偿机制。文献［104］提出基于模糊聚类的燃气机组调峰两部制电价机制用于针对承担公益性和调节性发电任务的燃气机组。文献［105］以总运行费用、污染气体排放和系统风险最小为目标，提出计及风力发电输出结构和柔性负荷调峰的调度方法。文献［106］提出一种测算商业建筑调频辅助服务可用容量的方法，通过综合考虑能源使用、需求响应收益和调频辅助服务收益，预测调频辅助服务的可用容量。

上述文献在微能源网建模中，忽略了不同场景、不同时段运行模式的差异化分析，而不同模式下能源转化方式、设备运行特性等会有所差别，因此考虑微能源网多时段多层级运行方式是本书的研究重点。

1.2.3 微能源网多能协同效益评价研究现状

1. 微能源网群响应上级能源网络的协同效益评估

微能源网群响应上级能源网络的协同效益评估方面，通过优化微能源网群的用能行为，可以降低微能源网群的能源成本、减小上级能源网络负荷峰谷差，并能够通过降低自身能耗和减少燃煤机组发电达到节能减排的效果。因而，合理的效益评价机制能够为确立微能源网群最优运行机制提供决策依据[107]。文献［108］指出适用于智能建筑的能源管理系统，能够有效降低智能建筑的能源消费。文献［109］通过优化智能建筑的能源消费与系统运行，能够有效降低建筑综合用能成本和电网尖峰负荷，定量评估智能建筑在降低用能成本和电网尖峰负荷上的效益，并对智能建筑中不同类型的储能设备进行效果分析和对比，研究储能设备在降低能源利用成本和提高可再生能源消纳能力方面的效益。针对能源领域的相关评价，国内学者也提出了一些通用性的方法，例如，文献［110］构建了能源效率指标评价体系，主要产出指标有 GDP，主要投入指标有能源消费总量、资本存量。文献［111］主要考虑七类指标进行评价，包括能源宏观效率、能源实物效率和能源要素利用效率等指标。文献［112］提出基于随机动态递归方法的风力发电标杆电价政策量化评价模型，为开展微能源网群响应上级能源网络多类型能量协同效益评估提供了可行的方法。

2. 微能源网能量管理系统经济效益评价

在微能源网能量管理系统经济效益评价方面，文献［113-115］主要针对微能源网能量管理系统进行设计，进一步优化管理系统。文献［116-117］除考虑系统优化外，还考虑经济性、环境有关问题对微能源网运行优化的影响。文献[118]提出一种孤网模型，这种模型有助于研究微能源网运行所带来的经济效益，并且对微能源网多能协同效益进行评估。文献［119］考虑可再生能源对微能源网经济效益的影响，然后构建考虑发电成本的电力系统经济调度模型。文献［120］针对微能源网经济运行提出一种优化方法，但是对于微能源网内部设备的运行维护成本及规划考虑不足。文献［121］针对微能源网建立经济优化模型，研究微能源网在独立运行时和与大电网并网运行时的能源利用情况。但是在不同状态下微能源网的碳排放对经济性的影响缺少研究。文献［122］重点研究在微能源网各个内部设备的整个运行期内，周围的环境及选择的运行模式对微能源网运行的影响。文献［123］对微能源网调度优化进行研究，考虑风力发电机参与对微能源网多能协同效益评估的影响。文献［124］提出对微能源网的随机优化模型，用于预测可再生能源发电设备的功率，但缺乏对功率约束限制的思考。文献［125－127］对微能源网效益中的经济运行进行考察，认为微能源网的运行模式对经济性有很大的影响，不同的运行模式决定了不同的设备出力情况及与大电网的功率交互，通过预测并结合设备特性确保微能源网运行的经济性和低碳安全。对于不同的利益主体，文献［128］从生产成本角度入手，研究含多微能源网的主动配电系统在成本最小时的经济调度。文献［129］提出多微能源网功率协调优化模型针对区域配电网中多个微能源网。文献［130］主要对多微能源网系统提出协调控制策略，将负荷波动方差、网损作为多目标函数，协调各子网间功率分配。文献［131］针对特定地点的微电网特点进行分析，研究各子网间的切换过程，并分析微能源网群分层控制结构和并网点结构。针对技术形态和运营模式两方面特征，文献［132］针对微电网运营模式方面，提出一套微能源网群规划设计流程。

3. 微能源网综合效益评价研究

除了以上两个方面，还有学者从微能源网的综合收益方面进行评价，评价微能源网运行的经济性和可靠性。文献［133，134］从成本效益角度对微能源网的综合效益进行评价，同时对微能源网的可靠性、经济性和环保性从多个方面进行了检验。文献［135］提出多种运营模式供微电网运营时选择，并对不同运营模式所带来的综合效益进行评价。文献［136－141］研究微能源网在不同状态下运行时的可靠性，并且研究微能源网与传统电网的不同之处。文献［142］建立完善的微能源网效益评价体系，对微能源网的电能质量进行综合评估。文献［143－145］研究效益评价的方法，主要针对含微能源网的配电网效益进行评估。文献［146］建立一个完整的评价体系，来评价微能源网规划综合效益，并且建立相应的指标体系。文献［147］建立微能源网规划评价体系，主要从规划基础结构和战略收益两个方面进行考虑。文献［148］建立两个效益评价体系，分别是微能源网规划评价指标体系和微能源网规划风险评价指标体系，采用模糊层次分析法进行评价。

文献［149］也采用层次分析法对微能源网效益进行综合评价。文献［150，151］研究智能电网的综合评价体系。文献［152］对比分析国内外几种智能电网的效益评价体系。文献［153］采用经济性指标来研究微能源网的优化配置，并将指标作为微能源网性能评价指标和约束条件，指标主要包括全生命周期成本和可再生能源利用率等。文献［154］主要以经济性和环保性为优化目标，建立基于多状态建模的多目标优化配置模型，并采用改进的非劣排序遗传算法结合具体案例进行求解。文献［155］建立微能源网成本效益评价模型，从微能源网与需求侧响应相结合的角度来研究效益的提升，结果表明将需求侧响应引入微电网中可以带来较高的经济效益，并且分析微能源网协同规划的约束条件。文献［156］对微能源网的综合效益进行评价，分为经济效益和社会效益，分别从不同方面建立效益评价模型。文献［157］从三个角度来考虑微能源网的效益评估，分别是用户、运营商和发电商，不同的角度评估的侧重点也有所不同。文献［158］在政府对微电网进行余电补贴的政策背景下，研究微电网的经济效益，结果显示政府补贴能够提升微电网的经济效益。文献［159］建立一个全生命周期的经济效益评估模型，研究结果表明，微电网的成本对微电网的经济性有影响，并且用户可靠性的提高对微电网的收益有较大的影响。文献［160］分析微能源网运行的低碳综合效益，将碳交易制度引入微能源网的效益评估中，对微能源网进行低碳优化研究。

上述文献虽对微能源网建立了不同的经济性评价模型，但目前已有研究中均未考虑不同用户类型不同用电季节的负荷特征差异性。

1.3　主要研究内容和创新点

1.3.1　主要研究内容

2016 年，国家发展改革委提出《关于推进"互联网+"智慧能源发展的指导意见》，同年，国家能源局确立 23 个多能互补集成优化示范工程，在国家各项政策的推动下，微能源网的发展速度和规模不断提升。微能源网群内部不同分布式能源、不同微能源网及其与上级能源网络间可以实现能量多层协同互补，凭借其运行灵活、安全高效、清洁低碳等特性应用广泛。单一微能源网内部的分布式能源间歇性强，空间位置分散，本书针对单一微能源网运行过程中面临的困境，重点以微能源网群为研究对象，分析微能源网多能协同调度优化运行，并对其综合效益进行评价，主要研究内容如下：

1. 微能源网发展演化历程及能量动态分析

首先介绍微能源网的基本概念与功能特性，其中从微能源网的定义与类型出发介绍微能源网，结合能源互联网的特性剖析微能源网的功能与特性，进而梳理我国微能源网的发展政策，为微能源网的发展提供政策支持，同时具体分析国内外的实践试点项目；然后基于政策与实践试点项目提炼微能源网的结构特征演变规律。最后分析微能源网供给、转换、存储、消费等环节的能量特性并进行建模，为实现能量的梯级利用，提高能源的利用效率奠定基础。

2. 微能源网"源—网—荷—储"协同规划优化模型

考虑在传统的能源系统中能源整体利用率较低，系统运行风险较大等问题，提出计及综合需求响应不确定性的综合能源系统协同优化配置方法。首先，介绍综合能源系统模型，综合能源系统能够对各类能源的产生、转换、存储和消费等环节进行有机地协调与优化，为上述问题提供有效的解决手段。然后，针对如何有效利用多种形式能源的相关性和互补性，对综合能源系统进行优化规划，提出计及随机—认知（D–S）不确定性的综合需求响应建模，通过对综合需求响应的不确定性分析，引入随机—认知证据理论的方法来量化多重不确定性；进而建立兼顾设备优化配置及运行策略的双层协同规划模型，为实现最优化配置的同时运行调度成本也达到最低。最后，通过算例分析验证所提出的模型和方法的有效性。

3. 微能源网多能协同互补双层调度优化模型

基于多种能源需求响应，设计由不同能源生产服务、能源转换服务及储能服务组成的新型微能源网，利用价格型需求响应和激励性需求响应实现能源供给侧和能源消费侧的联动优化效应；考虑风力发电和光伏发电的不确定性，基于两阶段优化理论提出了一种微能源网双层协调调度优化模型；基于细胞膜优化算法、混沌搜索算法和粒子群优化算法，为所提出的双层优化模型构造一个混沌细胞膜粒子群（chaotic-cell membrane-particle swarm optimization，C2－PSO）算法。然后，设置不同的仿真分析场景，对比分析价格型需求响应和燃气动力对微能源网运行的优化效应，并讨论并网运行与孤岛运行两种状态下微能源网最优调度策略的差异性，最终提出促进微能源网可持续发展的决策建议。

4. 微能源网间多能协同交互平衡三级优化模型

随着分布式能源高渗透率接入能源网络，多种分布式能源协同互补为微能源网提供了新的供能模式，风、光等分布式能源不确定性威胁着微能源网的稳定安全运行，微能源网运行的经济效益、风险程度、备用服务等问题成为研究的关键内容。本章考虑多微能源网间多能协同优化运行问题，提出灵活性边界概念，即各能源设备不再隶属单一主体，可由不同微能源网共享调用，并设计了含日前容量重新配置、日内运行调度、实时备用平衡三级协同优化模型。首先，以确立平均失负荷率最小为目标函数，构建多微能源网日前容量灵活性配置优化模型。其次，借助条件风险价值理论，构建电、热、冷等多微能源网间协同日内调度优化模型。然后，以备用调度成本最小为目标，提出相应备用优化平衡方案。最后，运用信息熵和混沌搜索的改进蚁群算法求解所提模型，进而确立多微能源网间协同交互平衡策略。

5. 微能源网群多能协同分层协调多级优化模型

本章重点研究微能源网参与上级公共能源网络的竞价博弈优化问题。首先，分析微能源网的结构，初步确立日前、日内、实时多级竞价博弈框架体系。然后，提出一种含多种博弈状态的三阶段优化模型。其中，第一阶段根据风力发电机组和光伏发电机组日前预测功率，以综合供能成本最小为目标，构造微能源网最优调度模型，确立日前调度计划；第二阶段，根据风力发电、光伏发电的日内预测功率，以风光出力波形最小为目标修正日前调度计划，并以平均供能成本最小为目标，建立多微能源网日内非合作竞价博弈模型；第三阶段根据实时功率，以备用调用成本最小为目标，建立实时修正模型。最后，运用自适应调整信息素挥发因子和转移概率的改进蚁群算法，模拟多微能源网竞价博弈过程，制定多微能源网在竞价博弈下的运行方案。

6. 建立微能源网多能协同运行综合效益评价模型

分析微能源网在多能协同运行中存在的运行模式，即"以电定热"模式、"以热定电"模式及"热电混合"模式；其次，针对建筑微能源网系统中，不同类型楼宇用户在时间维度上的电、冷、热等负荷的特征差异，分别构造年负荷曲线、夏季典型日负荷曲线和冬季典型日负荷曲线；然后，基于微能源网运行模式和多类型楼宇用户多类负荷特征，构建微能源网结构，并提出以总成本节约率、一次能源消耗率、二氧化碳减排率为指标的 3E 效益评价模型；最后，以微能源网独立运行为参考系统，通过算例分析综合评估微能源网系统的效益优势。

1.3.2 研究技术路线

微能源网多能协同优化运行及效益评价模型主要研究技术路线如图 1-2 所示，基于微能源网多能系统规划运行现状，梳理微能源网发展演化历程及能量特性动态分析；构建微能源网内"源—网—荷—储"的容量配置，并从微能源网内、网间、网群三个层面建立不同层级优化运行模型，实现能源供需平衡；最后建立微能源网综合效益评价模型。

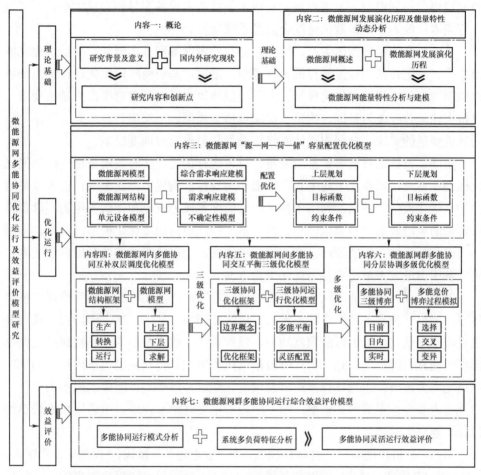

图 1-2　微能源网多能协同优化运行及效益评价模型主要研究技术路线图

第一，从微能源网的基本概念与功能特性入手，介绍微能源网的定义与类型，结合能源互联网的特性分析微能源网的功能与特性。其次，梳理推动微能源网发展的相关政策，就国内外实践项目进展状况深入研究。然后，基于政策与实践试点项目提炼微能源网的结构特征演变规律。最后，根据微能源网供给、转换、存储、消费等环节的能量特性建模，为后续微能源网优化运行模型的建立奠定理论基础。

第二，针对综合需求响应的不确定性，构建综合能源并简述各组成单元设备原理模型，进而对综合需求响应模型中的不确定性因素进行分析，采用证据理论对随机—认知不确定性进行统一量化。然后，构建兼顾设备优化配置及运行策略的双层协同规划模型，上层以规划总成本最低确定设备型号和容量大小，下层以运行成本最低为目标函数优化综合能源系统运行。

第三，介绍包含能源生产、转换、储存的微能源网基本框架，然后，建立能源生产、能源转换和能源储存的运行模型。最后，基于两阶段优化理论提出一种微能源网双层协调调度优化模型。上层模型将风光日前预测功率作为随机变量，以最大化运营收益为目标，构建日前能量协调模型，下层模型将风光实际出力作为随机变量的实现，分别构造储能修正模型和需求响应调度模型。

第四，设计含日前容量重新配置、日内运行调度、实时备用平衡三级协同优化模型。首先，以确立平均失负荷率最小为目标，构建多微能源网日前容量灵活性配置优化模型。然后，利用条件风险价值度量风力发电和光伏发电的不确定性所带来的风险成本，构建电、热、冷等多能协同日内调度优化模型。最后，考虑不同时刻各主体（微能源网、激励型需求响应、上层能源网）的备用供给成本，确立备用调度成本最小的备用优化平衡方案。

第五，设计多微能源网在不同阶段（日前、日内、实时）多级竞价博弈框架体系，提出一种含多种博弈状态的三阶段优化模型。其中，第一阶段根据风力发电机组和光伏发电机组日前预测功率，以综合供能成本最小为目标构建最优调度模型，确立日前调度计划；第二阶段根据风力发电和光伏发电的日内预测功率，以风光出力波形最小为目标修正日前调度计划，并以平均供能成本最小为目标，建立日内非合作竞价博弈模型；第三阶段根据实时功率，以备用调用成本最小为目标，建立实时修正模型。

第六，分析微能源网三种运行模式，即"以电定热"模式、"以热定电"模式、"热电混合"模式，然后，针对微能源网中居民、商业等不同用户类型的负荷特征差异性，构建年负荷、夏季典型日负荷和冬季典型日负荷曲线。最后，基于微能源网运行模式和多类负荷特征，提出了含总成本节约率、一次能源消耗率、二氧化碳减排率三类指标的 3E 效益评价模型。

1.3.3　研究创新点

单一微能源网内部的分布式能源具有间歇性强和分散分布等特性，运行过程缺乏稳定性和灵活性，微能源网能够解决这一难题。因此，本书基于现有微能源网优化运行的研究成果，从理论和方法层面重点研究更为全面系统的微能源网多能协同优化问题，主要创新点如下：

（1）提出一种计及需求响应的综合能源系统协同优化配置方法。综合需求响应在传统的基础上考虑各种能源之间的耦合转换关系，更加注重响应负荷的灵活性，基于随机—认知（D–S）证据理论的不确定性模型分析不确定性因素。本书打破传统"以热定电"模式或者"以电定热"模式的刚性约束，构建"源—网—荷—储"容量配置双层规划模型，上层以建设综合能源系统经济性最优为目标优化单元容量，下层以日运行成本最低为目标优化单元出力，采用差分进化算法和基于 YALMIP 平台的 CPLEX 求解器进行求解。

（2）提出微能源网多能协同互补双层调度优化模型，以微能源网优化运行策略为切入点，解决微能源网规模化发展过程中分布式能源不确定性问题，利用两阶段优化理论构造不同的能源转换策略和能源需求反应条件下的微能源网双层协调调度优化模型，构建基于混沌细胞膜粒子群算法的优化模型求解，为微能源网运行实现最小化运行成本，实现多能互补提供理论依据。

（3）提出微能源网间多能协同交互平衡三级优化模型。提出用于多微能源网容量重新配置的灵活性边界概念，即各能源设备不再隶属单一主体，可由不同微能源网共享调用，并设计含日前、日内、实时的重新配置、调度和备用的三级协同优化框架。构建多微能源网运行的三级协同优化模型，第一级模型构建微能源网容量灵活性配置优化模型，第二级模型构建电、热、冷多能协同调度优化模型，第三级模型建立备用平衡优化模型。将基于信息熵和混沌搜索的改进蚁群算法用于三级协同优化模型，获取全局最优均衡策略。

（4）提出微能源网群多能协同分层协调多级优化模型。设计多微能源网电、热、冷等多类型能量竞价博弈体系及日前—日内—实时三阶段竞价博弈体系，分析不同微能源网主体在不同调度阶段的博弈策略。构造一个三阶段调度—竞价—修正优化模型。第一阶段，以综合供能成本最小为目标，构造基于日前预测功率的合作博弈优化模型；第二阶段，以风光出力波形最小修正日前调度计划，以平均供能成本最小为目标，建立日前非合作竞价博弈模型；第三阶段，根据实时功率，以备用调用成本最小为目标，建立多微能源网实时修正模型。利用基于改进蚁群算法的多微能源网竞价博弈模拟体系求解所提出的三阶段优化模型。

（5）构建微能源网多能协同运行 3E 效益评价模型。以居民楼宇、办公楼宇、商场等建筑微能源网为研究对象，以建筑微能源网独立运行结构为参考系统，从经济效益、节能效益和减排效益三个维度，以总成本节约率、一次能源消耗减少率、二氧化碳减排率为考核指标，构建多建筑微能源网多能协同运行 3E 效益评价模型，能够有效评估微能源网在微能源网互联、能源互济下的收益情况，实现资源合理配置与利用，有助于微能源网的投资运行。

第 2 章

微能源网发展演化历程及
能量特性动态分析

随着环境污染与资源短缺问题日益严重，加快清洁能源的开发迫在眉睫。但由于集中式开发清洁能源存在传输距离远、损耗大、利用效率低等问题，靠近用户就近消纳的分布式能源优势尽显。在《第三次工业革命》一书中首次提出了"能源互联网"一词，由此能源互联网快速发展。2016 年，国家发展改革委提出《关于推进"互联网+"智慧能源发展的指导意见》，指出要加强多能协同分布式能源网络建设，电、气、热、冷等不同类型能源间的耦合互动和综合利用。此后，颁布了多项政策促进"互联网+"分布式能源的发展，以此实现能源需求侧的梯级应用，保证资源利用效率最大化，由此微能源网（micro energy grid，MEG）的发展营运而生[161,162]。

2.1 微能源网概述

2.1.1 基本概念

2.1.1.1 微能源网的定义

由于各国能源结构特点不同，关于微能源网没有统一明确的定义，因此本节选取最具代表性的欧盟、美国、日本，以及我国对微能源网的概念进行论述。

1. 欧盟

欧盟关于微能源网的定义为：微能源网作为小型的供能系统，是指充分利用一次能源，将光伏、燃料电池、微型燃气轮机通过电力接口连接到微能源网上，而小型风力发电机则直接连接到微能源网上，同时在微能源网中配备储能装置，作为分布式能源的一部分向大电网及微能源网中的用户供能，实现冷、热、电的三联供。

2. 美国

美国的威斯康辛麦迪逊分校及电气可靠性技术解决方案联合会分别对微能源网给出了相应的定义。威斯康辛麦迪逊分校指出微能源网是由微型电源与负荷形成的独立可控系统，为当地提供所需的热能和电能。在这个定义中微能源网被描述为一个可控制的单元，一方面能够在很快的时间里满足外部的输配电网络的相应需求；另一方面微能源网也能够满足用户的特定需求，提高本地用户供电的可靠性，降低线路损耗，提高余热等的利用效率。

美国电气可靠性技术解决方案联合会提出的微能源网概念为：微能源网系统包括负荷与微型电源，可以向用户提供所需的热能与电能。微能源网中的电源包括微型燃气轮机与燃料电池，主要通过电力电子器件实现能量的转换，同时进行必要控制，满足用户对供电安全与电能质量的需求。

3. 日本

日本对于微能源网的定义，东京大学与三菱公司给出了不同的看法。东京大学给出的微能源网的定义是指通过分布式电源组成的供能系统，由于能源供给与能源需求不平衡，因此微能源网可以通过联络线与大电网进行连接，能够独立运行，也能够与主网进行互供。三菱公司给出的微能源网定义拓展了美国电气可靠性技术解决方案联合会对微能源网的定义，指出微能源网不仅包括分布式能源，也将传统电源供电纳入微能源网的范围。

4. 我国

微能源网集能源生产、转换、消费为一体的单元，相对于外部电网，微能源网属于独立的自治系统，不仅能够脱离大电网独立运行，而且还可以利用电子控制开关连接大电网，通过选择孤岛和并网两种状态切换运行。微能源网是能源互联网的重要组成部分与基本单位，同时处于能源互联网的末端。其以能源的耦合转化及梯级利用为研究重点[163]，包含电—气—热多能互联系统，在输入端输入天然气、电能等一次、二次能源[164]。微能源网主要包括吸收式制冷机、热交换器、微型燃气轮机、电锅炉、电制冷机。吸收式制冷机通过气化吸热原理实现制冷循环，是气冷耦合设备；热交换器能够将热量从热流体传递到冷流体，是气热耦合设备；电锅炉是电热耦合设备，微型燃气轮机的作用是电热耦合。根据微能源网复杂的设备耦合特性，可得微能源网基本架构，如图2-1所示。

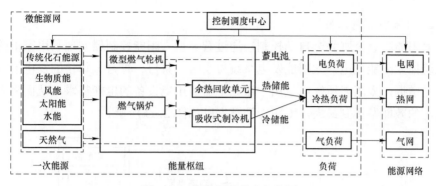

图 2-1　微能源网基本架构图

由图 2-1 可知，在微能源网系统中，居民与工商业既是能源的需求方，也是能源的供给方，因为居民与工商业不仅进行能源的消费，而且还进行冷热联产、风力/光伏发电、沼气/垃圾发电等，在输入端集合气、光、风等多类型能源输入，输出端集合热、电、冷等多负荷输出，综合优化各类型能源的集成。

2.1.1.2　微能源网类型

微能源网包括热电联产社区、太阳能智慧家庭、CCHP 微能源网、商业园区微能源网、海岛微能源网等类型。

1. 热电联产社区

热电联产社区是分布式能源的主要形式与方向之一，也是微能源网的主要类型[165-166]。热电联产社区结合储能装置、负荷、分布式能源形成的单元可控性好，能够同时提供电能与热能，实现能量的梯级利用，首先燃料释放的热量用于生产电能，通过余热回收向用户提供热能，大幅度提高一次能源的利用效率。热电联产社区如图 2-2 所示。

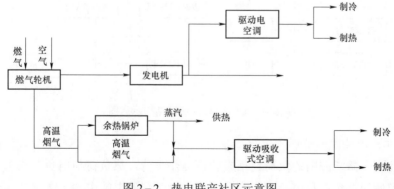

图 2-2　热电联产社区示意图

23

2. 太阳能智慧家庭

太阳能智慧家庭为全自动控制，通过智慧型太阳能控制器实现利用家里的计算机监控太阳能发电，太阳能发电系统每小时、每日、每月、每年的发电情形可以清楚掌握，太阳能所发电量用于家庭电器等用电设备的电能需求，从而将太阳能发电的效能发挥到最大。太阳能智慧家庭如图 2−3 所示。

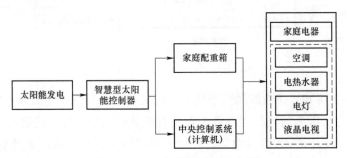

图 2−3 太阳能智慧家庭示意图

3. CCHP 微能源网

典型 CCHP 微能源网的发电系统包括光伏阵列、风力发电机组与蓄电池装置。CCHP 系统包括热回收装置（HRS）、热转换装置（HE）、原动机（PGU）、锅炉、吸收式制冷机（AC）和电制冷机（EC）等设备，能够为负荷侧同时提供热能、冷能、电能等，实现能量梯级利用，促进新能源的消纳，减少污染物的排放。CCHP 微能源网结构如图 2−4 所示。

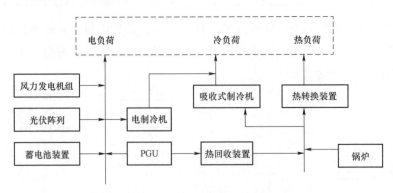

图 2−4 CCHP 微能源网结构示意图

4. 商业园区微能源网

商业园区微能源网的负荷包括电负荷与热负荷，热负荷与电负荷均可分为非弹性与弹性的热负荷与电负荷。商业园区微能源网的电能来源于电储能、分布式风电场与光伏发电站、光热发电站，以及在电力市场中所购买的电能。典型的商业园区微能源网结构如图 2−5 所示。

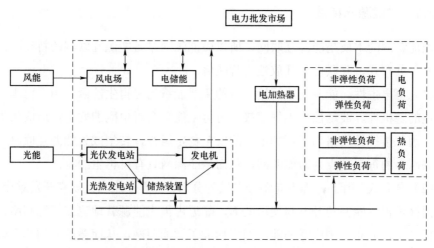

图 2−5　典型的商业园区微能源网结构示意图

5. 海岛微能源网

海岛微能源网相比传统的冷热电微能源网使用的一次能源更为丰富，除风能与太阳能外，还包括生物质能、波浪能等一次能源，完全没有化石能源参与。风能、太阳能、生物质能、波浪能通过设备进行耦合，满足海岛用户对冷、热、电等的需求，同时在系统中配置储能装置使系统稳定运行。海岛微能源网结构如图 2−6 所示。

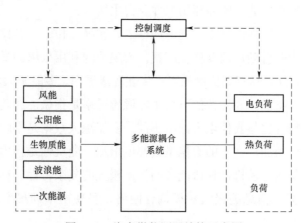

图 2−6　海岛微能源网结构示意图

2.1.2　功能特性

2.1.2.1　微能源网特性

微能源网的本质是能源互联网，所以微能源网具备能源互联网的特点，即可再生性、分布式、互联性、开放性与智能化。

（1）可再生性。能源互联网输入端的主要能量为可再生能源。由于可再生能源发电的随机性、波动性，大规模接入可再生能源会对电网的安全性造成极大的影响。因此传统的网络为了维护电网的安全稳定运行，转型成为能源互联网，能源互联网中的每个节点为微能源网，从而微能源网具有可再生的特性。

（2）分布式。由于可再生能源分布较为分散，可再生能源大规模开发难度大，为了提高可再生能源的开发与使用效率，靠近可再生能源就地建立能源网络，这些规模较小、分布范围广泛的能源网络构成了微能源网，从而微能源网具有分布式的特性。

（3）互联性。分布式的微能源网无法满足自给自足的需求，因此需要将具有储能设备、发电设备、多种负荷需求的多个微型能源互联网连接起来，进行能量交换，实现平衡能量的需求与供给。相对于传统能源网络，各个网络之间相互独立，从而微型能源网具有互联性。

（4）开放性。微能源网与能源互联网一样，是一个能量双向流动、对等和扁平的能源共享网络，各个节点之间同等重要，在符合操作标准的前提下，各个储能、发电、负荷装置均能"即插即用"并且自主接入。

（5）智能化。在微能源网中，能源的输入、转换、传输、存储、输出均具有一定的智能化，能够自动地调度优化配置，实现能源利用效率的最优。微能源网与其他电力网络相比，具有高比例的可再生能源渗透率、多能源大数据、随机性、动态性等关键技术特征。高比例的可再生能源渗透率是指微能源网接入大量的可再生能源会使控制管理与其他电力网络不同。多能源大数据是指随着用户信息、气象等信息的需求增加，产生的数据量大幅度增加。随机性是指由于清洁能源发电的随机性与负荷侧的随机性使微能源网呈现极大的复杂特性。动态性是指微能源网是物理、社会、信息的极大规模耦合网络，呈现出不同尺度、复杂的动态特性。

2.1.2.2　微能源网效益

微能源网处于综合能源系统的终端，具有实行能源革命、发展综合能源系统的意义，由于其规模小、灵活方便，因此极具推广价值[167]。微能源网利用多能耦合实现冷、热、电、气等多能服务，相对微电网而言，微能源网的经济效益更高，对能源输入端、传输端、输出端的益处更大。微能源网的效益具体如下：

1. 促进可再生能源消纳，加强环境保护

由于可再生能源发电的随机性、波动性大，一方面通过协调控制多类型的分布式能源与优化设计微能源网的结构，能够大幅度降低能源对于存储、传输、需求侧等方面的技术要求，降低可再生能源出力的随机性、波动性，提高可再生能源并网量，使可再生能源消纳能力增强；另一方面微能源网可促进分布式能源的发展，加大分布式能源的开发，同样能够促进可再生能源的消纳，减少火力发电过程中二氧化碳、二氧化硫、氮氧化物等污染物的排放，实现保护环境的作用。

2. 充分运用需求响应，实现综合效益最大化

微能源网大量接入分布式能源，能够进行多能耦合，能量的梯级利用，提高能源利用效率。同时以用户为中心，综合考虑用户用能的安全性与经济性，利用分布式能源，能够充分运用需求侧响应，降低峰谷差，将刚性的用户负荷转变为弹性的负荷需求，既提高了电网运行的安全性，降低了电网运行成本，同时也能够节约用户用能成本，激励用户积极参与需求响应。微能源网通过优化协调控制电网、分布式能源、多类型负荷、多类型储能之间的关系，实现电网与用户综合效益，也即兼顾安全性与经济性的效益最大化。

3. 整合优化微能源网内设备，提高能源利用效率

优化微能源网能够优化整合节能与储能技术，提高能源利用效率。由于电能具有不可存储性，即发即用，通过设置多类型的存储设备，提高存储设备的转换效率，能够减少能源消耗量。同时在微能源网中设有余热回收器等，能够回收利用一部分本来无法利用的能量，从而能源利用率与转换效率随之提高，降低电网与用户的用能成本，经济性也相应提高。

4. 降低备用容量，提高设备利用效率

用户积极参与需求响应，能够大幅度降低需求侧的峰谷差，起到削峰填谷的作用。如果维持供电可靠性不变，微能源网能够降低供能处的最大容量与备用容量，使年供能利用率与小时数提高，微能源网内设备利用率随之提高，减少设备投资与

供能处的运行成本、备用成本等，通过收益分摊，供能端与受能端均能由此获益。

2.2　微能源网发展演化历程

2.2.1　发展相关政策

2015 年 7 月，国务院印发《关于积极推进"互联网+"行动的指导意见》，指出了能源互联网的发展路径，详细说明了"互联网+"智慧能源，同年，微能源网创新联盟在一个论坛上提出微能源网具备本地化高效利用与分布式开发的特点，传统能源网集中化生产与被动的消费模式将被取代。普通的用户将不再是单一的消费者，转变为既是能源的消费者也是能源的供给者，实现用户角色多元化。此后，国家及各省市出台了多项文件促进微能源网及多能互补的发展，具体见表 2-1。由表 2-1 可知，2016 年，能源政策集中于构建能源互联网关键技术的研究，以及加强能源互联网之间各个环节之间的融合，同时通过设立试点示范项目，构建可持续发展的能源互联网，促进经济增长。2017 年的政策集中于完善电力辅助服务补偿工作，促进分布式、多能互补、智慧能源等方面的发展，以此提高能源效率与清洁能源消纳。

表 2-1　　　　　　　　　　　　2016～2017 年微能源网政策汇总

发布日期	文件名称	文件内容	发布日期	文件名称	文件内容
2017 年 11 月	《完善电力辅助服务补偿（市场）机制工作方案》	主要任务是完善电力辅助服务的补偿机制，综合开展电力辅助服务补偿的工作，按照三个阶段开展	2016 年 12 月	《能源技术创新"十三五"规划》	规划指出要加快微能源网中多能互补发电与分布式能源发电的利用
2017 年 10 月	《关于开展分布式发电市场化交易试点的通知》	通过开展分布式发电的市场化的交易试点，促进分布式能源的快速发展	2016 年 11 月	《电力发展"十三五"规划（2016—2020）》	规划指出智能电网中融入发电、输电、储能与负荷，同时深度融合信息通信与能源
2017 年 9 月	《关于促进储能技术于产业发展的指导意见》	智能电网、"互联网+"智慧能源、高比例的可再生能源发展均离不开储能这项关键技术	2016 年 7 月	《关于组织实施"互联网+"智慧能源（能源互联网）示范项目的通知》	通知指出将开展能源互联网的试点项目
2017 年 7 月	《推进并网型微电网建设试行办法》	通过清洁能源的开发与分布式能源的大力发展，构建多能耦合、配置效率高的能源模式	2016 年 7 月	《关于推进多能互补集成优化示范工程建设的实施意见》	"互联网+"智慧能源体系构建的重要任务为建设多能互补的集成优化示范工程

续表

发布日期	文件名称	文件内容	发布日期	文件名称	文件内容
2017 年 3 月	《首批"互联网+"智慧能源示范项目评估结果公示》	确定了 56 个"互联网+"智慧能源示范项目名单	2016 年 3 月	《能源技术革命创新行动计划（2016—2030）》	计划指出 2020 的目标是初步构建能源互联网创新体系，最后实现示范项目的应用
2017 年 1 月	《关于公布首批多能互补集成优化示范工程的通知》	首批示范工程中有 23 个属于多能互补集成优化，17 个属于终端一体化集成供能系统，6 个属于多能互补系统	2016 年 3 月	《中华人民共和国国民经济和社会发展第十三个五年规划纲要》	纲要指出通过构建"源—网—荷—储"协调发展的集成互补的能源互联网
2016 年 12 月	《能源发展"十三五"规划》	规划指出构建集合能源的生产、传输、存储、应用一体的能源互联网	2016 年 3 月	《2016 年能源工作指导意见》	意见指出"互联网+"智慧能源的行动启动实施

2.2.2 实践试点项目

2.2.2.1 国外实践试点项目

德国、日本、英国、印度作为分布式能源开发的先行者，对分布式能源展开了诸多研究。

1. 日本千住微能源网

日本的微能源网示范项目有许多，如千住微能源网、东京燃气熊谷分社热融通网络、东京丰州码头智能能源网络、大阪市岩崎智慧能源网络等。它们的能源来源核心为燃气，日本能源网络发展的特点之一是区域内热能流通。2011 年运行的千住微能源网项目作为日本的示范项目，其微能源网园区包括荒川区养老院与东京燃气公司技术中心。千住微能源网结构如图 2-7 所示，包括能源中心与办公区。

由图 2-7 可知，负荷端由养老院和办公区组成，负责给养老院与办公区供给电力、热水、冷水等多能，输入端的主要能量来源为光伏发电，通过余热热源设备回收废弃的热水与蒸汽，实现能量的梯级利用，并且提高了能源的利用效率。

2. 日本东京丰洲码头智能能源网络

东京燃气集团于 2014 构建了丰洲码头智能能源网络。该网络具有能源供应与防灾供能，同时通过 ICT 技术设计了 SENEMS 系统，实现设备的实时最优控制。系统包括一个能源配置中心，能源配置中心中有 7MW 燃气内燃机组、560kW 压差发电机、7722kW 余热回收型吸收式制冷机、15 444kW 电动制冷机，以及能够抗灾的中压燃气管网及蒸汽锅炉，如图 2-8 所示。

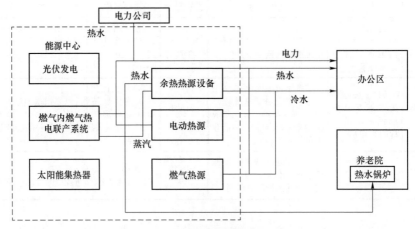

图 2-7　千住微能源网结构示意图

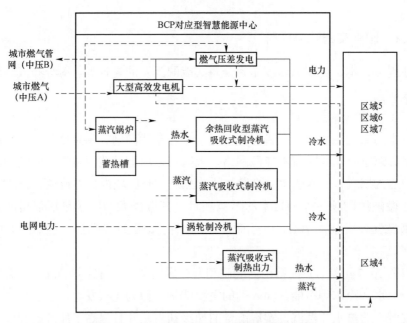

图 2-8　日本东京丰洲码头智能能源网络图

上述能源配置中心中的燃气内燃机的发电效率可达 49%，分布式能源发电能够达到该区域电力最高负荷的 45%，发电产生的余热能够回收利用，在停电时能够满足热能峰值 45%的热需求。据统计，该微能源网能够减少二氧化碳排放量高达 3400t。

3. 德国的 Regmodharz 项目

Regmodharz 项目由两个风电场、两个光伏发电站、一个生物质能发电机组组成，具备 86MW 的发电能力。该项目以协调风力发电、光伏发电、生物质能等清洁能源发电与抽水蓄能电站为目标，同时在负荷端整合电动汽车、储能设备、智能家用电器，包括多种能源的需求要素。

该项目采取的措施主要有：首先建立高效的家庭式能源管理系统，家用电器能够实现即插即用的状态，系统还可以根据市场中的电价情况选择家电的运行状态，同时用户的负荷也反映清洁能源发电的情况，由此能够实现清洁能源发电与负荷的双向高效互动。其次，该项目的配电网中具有 10 个单元的电源管理，随时监测关键节点的频率与电压等指标变化情况，找出电网中的薄弱环节，降低风险，提高电网安全稳定运行的能力。最后，构建虚拟电厂，虚拟电厂包括光伏、生物质能发电，以及风力发电机、储能装置、电动汽车等，这些共同参与电力的市场交易。

4. 英国离岸埃格岛微能源网项目

英国离岸埃格岛微能源网项目的发电系统由风力发电、分布式光伏发电、水力发电组成，总装机容量为 184kW，同时还包括两台柴油发电机，其装机容量为 70kW，用来满足埃格岛上数百名居民的用能需求。在微能源网中，不同时间段与季节能够协同运行，各类型能源之间能够进行互补，这是由于夏季的埃格岛日照时间长，光伏利用效率高，居民能源需求的供应来源于光伏与储能电池。冬季的埃格岛降雨多，能源来源于水力发电机与风力发电机。

2.2.2.2　国内实践试点项目

国内的微能源网研究方面，近年来在相关政策的支持下，建立了多个微能源网试点项目推进微能源网的发展。

1. 杭州西湖科技园微能源网

杭州西湖科技园微能源网是由国家能源分布式技术研发中心、中科院工程热物理研究所、华电集团联合建设的。该微能源网类似于日本的千住微能源网，包括余热利用设备、动力储能设备与用户端，具体结构如图 2-9 所示。

由图 2-9 可知，杭州西湖科技园微能源网中太阳能与天然气的消耗由动力设备完成，电能通过转换、存储后经过并网销售供给用户端。在生产与转化端形成的尾气是低品位热，经过换热器进行能量交换实现换热，由此给用户端提供生活所需的热水，经过利用后排放至空气中。

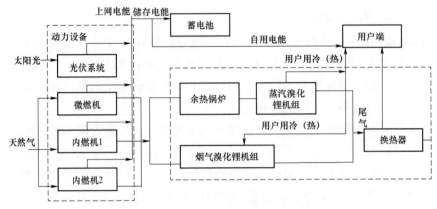

图 2-9　杭州西湖科技园微能源网结构示意图

2. 协鑫微能源网

协鑫微能源网的主营业务是，以清洁能源为主要能源的微能源网的投资、建设、运营，拥有零碳家居、智慧城市、绿色乡村、生态园区为主的能源互联网模式，建设了建筑微能源网、区域微能源网与公用微能源网等形式。该微能源网一期建筑面积为 19 515m²，选取"六位一体"的微能源网技术进行多能需求供应，光伏、风能、天然气等一次能源经过能量转换高效经济的供给用户的各类家用电器与照明的用能需求，在向用户提供电力的同时，也提供了热能与冷能，既降低了用户的用能成本，又实现了节能减排。

燃气发电设备利用天然气燃烧产生高温高压的气体，高温高压的气体通过发电做功，产生电能，同时形成一部分的中温段气体，通过余热回收装置进行利用，用于制冷、供暖；中温段气体经过余热回收装置利用后会产生低温段烟气，通过换热用于提供生活热水，实现能源的梯级利用。

3. 青海大学智慧微能源网

青海大学基于当地的实际情况与资源条件，进行智慧微能源网的探索，在校园里建设了智慧微能源网，该微能源网系统包括 50kW 多功能光伏发电站、50kW 光热回收飞机碳纤维系统、热发声系统、屋顶光伏系统、聚光光伏发电系统、110kW 图书馆发电系统、高原热气流发电系统、100kW 全光谱发电系统、压缩空气储能系统、太阳能人居环境系统等子系统，运用智慧微能源网实现冷、热、电、气的协调供应与多能互补。青海大学智慧微能源网结构如图 2-10 所示。

其中子系统之一的压缩空气储能系统是运用电网负荷低估的电能与弃风弃光的电能对空气进行压缩，将压缩后的高压空气进行存储，在用能的高峰时段进行

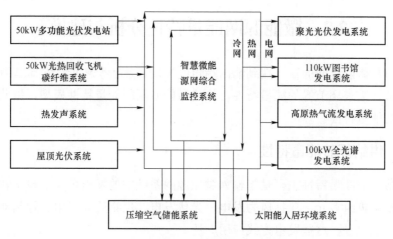

图2-10　青海大学智慧微能源网结构图

释能,该储能系统的使用寿命长、污染小、存储能量大。太阳能人居环境系统是指综合压缩空气的储能、吸收式制冷、供暖等各项技术,为用户提供高温热量、电能、蒸汽等泵量,满足用户不同的用能需求。

4.天津楼宇三联供系统

天津楼宇三联供系统分布在用户周围,通过天然气发电产生的余热供电,同时余热制冷,实现对能源的真正利用。该三联供系统能够为本楼用户提供总冷负荷6618.2kW,总热负荷5353.8kW。其中制冷工况冷冻水供回水温度为6~13℃,冷却水供回水温度为32~37℃;制热工况供回水温度为60~45℃。天津楼宇三联供系统结构如图2-11所示。

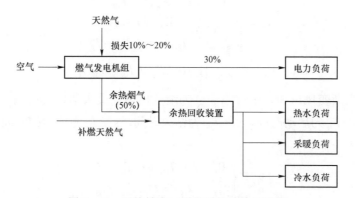

图2-11　天津楼宇三联供系统结构示意图

2.3 微能源网能量特性分析与建模

本节从微能源网的输入端到输出端角度出发，综合考虑供给环节、转换环节、存储环节、需求环节等的能量特性，构建微能源网的能量特性模型，据此分析微能源网的能量特性。

2.3.1 供给环节能量特性

供给环节能量特性主要是指输入微能源网系统中的发电单元的设备特性。供给环节发电机组多元，包括风力发电、光伏发电、生物质能发电、地热能发电、常规燃气发电等，这些发电方式应用广泛。

2.3.1.1 风力发电

风力发电机组的输出特性主要取决于风速、地形与空气密度等。由于风速具有随机性的特点，构建风速四分量模型模拟预测风速，包括基本风、渐变风、阵风与随机风四种风的类别，用以模拟风的波动性与随机性[168]。

1. 基本风

$$v_{\mathrm{B}} = a\Gamma(1 + 1/b) \qquad (2-1)$$

式中：v_{B} 为基本风风速，m/s；a、b 分别为威布尔分布参数中的尺度与形状参数；$\Gamma(\bullet)$ 为伽马函数。

2. 渐变风

$$v_{\mathrm{R}} = \begin{cases} 0, & t < T_{\mathrm{1R}}, t > T_{\mathrm{2R}} + T_{\mathrm{R}} \\ v_{\mathrm{ramp}}, & T_{\mathrm{1R}} \leqslant t < T_{\mathrm{2R}} \\ v_{\mathrm{R,max}}, & T_{\mathrm{2R}} \leqslant t < T_{\mathrm{2R}} + T_{\mathrm{R}} \end{cases} \qquad (2-2)$$

$$v_{\mathrm{ramp}} = v_{\mathrm{R,max}} \left[1 - (t/T_{\mathrm{2R}})/(T_{\mathrm{1R}} - T_{\mathrm{2R}}) \right] \qquad (2-3)$$

式中：v_{R} 为渐变风风速，m/s；$v_{\mathrm{R,max}}$ 为渐变风风速最大值，m/s；v_{ramp} 为渐变风峰值，m/s；T_{1R} 为启动时间，s；T_{2R} 为结束时间，s；T_{R} 为持续的时间，s。

3. 阵风

$$v_{\mathrm{G}} = \begin{cases} 0, & t < T_{\mathrm{1G}}, t \geqslant T_{\mathrm{1G}} + T_{\mathrm{G}} \\ v_{\cos}, & T_{\mathrm{1G}} \leqslant t \leqslant T_{\mathrm{1G}} + T_{\mathrm{G}} \end{cases} \qquad (2-4)$$

$$v_{\cos} = v_{\mathrm{G,max}} \left[1 - \cos 2\pi \left(t/T_{\mathrm{G}} - T_{\mathrm{1G}}/T_{\mathrm{G}} \right) \right] \qquad (2-5)$$

式中：v_G 为阵风风速，m/s；$v_{G,max}$ 为阵风风速最大值，m/s；T_G 为周期，s；T_{1G} 为启动时间，s。

4. 随机风

随机风风速通过零均值的随机噪声 v_M 表示。结合基本风、渐变风、阵风与随机风，模拟综合风速为

$$v_C = v_B + v_R + v_G + v_M \qquad (2-6)$$

根据综合风速，在标准空气密度下，可得风力发电机组的能量特性，也即输出功率为

$$P_{WPP} = \frac{1}{2}\rho S v_C^{\,3} C_P(\lambda,\beta)\cos\theta$$

$$C_P(\lambda,\beta) = C_1\left(\frac{C_2}{\lambda_1} - C_3\beta - C_4\right)^{-\frac{C_5}{\lambda_1}} + C_6\lambda \qquad (2-7)$$

$$\frac{1}{\lambda_1} = \frac{1}{\lambda + 0.08\beta} - \frac{0.035}{\beta^3 + 1}$$

$$\lambda = v_{R,max}\,n/r$$

式中：ρ 为空气密度，kg/m³；S 为风轮的扫风面积，m²；λ 为风力发电机组的叶尖速比；n 为风力发电机组的转速，r/s；r 为风力发电机组半径，m；C_1、C_2、C_3、C_4、C_5、C_6 为风能利用系数计算的参数；λ_1 为最佳叶尖速比；β 为桨距角；θ 为偏航角；C_P 为风能的利用系数。

2.3.1.2　光伏发电

光伏发电主要取决于光照强度，由大量的数据可知，光照强度可用贝塔（Beta）分布进行拟合[169]，其概率密度函数为

$$\Phi(E) = \frac{\Gamma(\alpha+\beta)}{\Gamma(\alpha)\Gamma(\beta)}\left(\frac{E}{E_{max}}\right)^{\alpha-1}\left(1 - \frac{E}{E_{max}}\right)^{\beta-1} \qquad (2-8)$$

式中：E、E_{max} 分别为某段时间内的实际光照强度和最大光照强度，W/m²；α、β 为描述 Beta 分布的参数。

在上述光照强度拟合分布的基础上，光伏电池的输出功率为

$$P = IU = I_{sc}\left[1 - C_1\left(e^{\frac{U}{C_2 U_{oc}}} - 1\right)\right]U \qquad (2-9)$$

$$C_2 = \left(\frac{U_{\mathrm{m}}}{U_{\mathrm{oc}}} - 1 \right) \left[\ln \left(1 - \frac{I_{\mathrm{m}}}{I_{\mathrm{sc}}} \right) \right]^{-1} \qquad (2-10)$$

$$C_1 = \left(1 - \frac{I_{\mathrm{m}}}{I_{\mathrm{sc}}} \right) \mathrm{e}^{1 - \frac{U_{\mathrm{m}}}{C_2 U_{\mathrm{oc}}}} \qquad (2-11)$$

式中：I、I_{sc} 分别为光伏电池的电流和短路电流，A；U、U_{oc} 分别为光伏电池的电压和开路电压，V；I_{m} 为最大功率点的电流，A；U_{m} 为最大功率点的电压，V。

2.3.1.3　生物质能发电

生物质能发电的主要原料包括工业、林业、农业的废弃物及城市垃圾，发电方式有气化与直接燃烧，具体包括农业、林业、工业的废弃物气化与直接燃烧发电、城市垃圾焚烧发电与填埋气化发电、沼气发电等。直接燃烧与气化的发电特性统一如式（2-12）、式（2-13）所示

$$P_{\mathrm{BE},t} = \eta_{\mathrm{BE}} m_{\mathrm{BE},t} \qquad (2-12)$$

$$P_{\mathrm{BE}}^{\min} \leqslant P_{\mathrm{BE},t} \leqslant P_{\mathrm{BE}}^{\max} \qquad (2-13)$$

式中：$P_{\mathrm{BE},t}$ 为 t 时刻生物质能的发电功率，kW；η_{BE} 为生物质能燃烧或气化的发电效率；$m_{\mathrm{BE},t}$ 为 t 时刻燃烧或者气化的生物质能原料的质量，kg；$P_{\mathrm{BE}}^{\min}$、$P_{\mathrm{BE}}^{\max}$ 分别为生物质能发电功率的最小值与最大值，kW。

2.3.1.4　地热能发电

地热能主要的利用方式是地热能发电。地热能发电原理与火力发电相同，汽轮机利用蒸汽的热能转变成机械能，机械能带动发电机转变成电能。地热能发电的主要方式包括地热蒸汽发电、联合循环发电、地下热岩石发电、地下热水发电，本节以地热蒸汽发电方式进行说明。地热蒸汽发电的工作原理是：首先，净化干蒸汽，通过分离器分离出固体杂质；然后，将蒸汽带入汽轮机中做功，驱使发电机发电；最后，做功产生的蒸汽利用余热回收装置进行回收。地热蒸汽发电输出特性如式（2-14）、式（2-15）所示

$$P_{\mathrm{HE},t} = \eta_{\mathrm{m\_HE}} \eta_{\mathrm{p\_HE}} F_{\mathrm{HE},t} \qquad (2-14)$$

$$P_{\mathrm{HE}}^{\min} \leqslant P_{\mathrm{HE},t} \leqslant P_{\mathrm{HE}}^{\max} \qquad (2-15)$$

式中：$P_{\mathrm{HE},t}$ 为 t 时刻地热能的发电功率，kW；$\eta_{\mathrm{m\_HE}}$ 为地热能转换成机械能的效率；$\eta_{\mathrm{p\_HE}}$ 为地热能的机械能转换成电能的效率；$F_{\mathrm{HE},t}$ 为 t 时刻从地下开发的地热

能，J；P_{HE}^{min}、P_{HE}^{max} 分别为地热能发电功率的最小值与最大值，kW。

2.3.1.5　燃气轮机发电

燃气轮机是通过消耗天然气输出热能与电能，其优点是运行效率很高、污染物排放少、使用寿命长。燃气轮机气转电的转换特性如式（2-16）所示，式（2-17）为燃气轮机电转气的约束条件

$$\eta_{CGT,t}^{g} = \Sigma \beta_C \left(\frac{P_{CGT,t}}{P_{e\_CGT,t}} \right)^C \qquad (2-16)$$

$$P_{CGT}^{min} \leqslant P_{CGT,t} \leqslant P_{CGT}^{max} \qquad (2-17)$$

式中：$\eta_{CGT,t}^{g}$ 为 t 时刻燃气轮机输出电功率的效率；$P_{CGT,t}$ 为 t 时刻燃气轮机输出的电功率，kW；$P_{e\_CGT,t}$ 为燃气轮机的额定输出功率，kW；β_C 为多项式中每项的系数；C 为多项式中每项系数的次数；P_{CGT}^{min}、P_{CGT}^{max} 分别为燃气轮机输出功率的最小值与最大值，kW。

2.3.2　转换环节能量特性

转换环节包括电、热、冷、气等能量之间的互相转换，主要包括电制热、电制冷、热制冷、气制热、气制冷等。实现能量转换的设备包括燃气锅炉电热泵、制冷机等。下面将按照制热、制冷分别进行建模[170,171]。

2.3.2.1　制热转换

制热设备主要包括燃气轮机、燃气锅炉、电热泵。

（1）燃气轮机。燃气轮机是通过消耗天然气输出热能，由气转热的转换特性如式（2-18）所示

$$\eta_{CGT,t}^{h} = 1 - \eta_{CGT,t}^{g} - \lambda_{CGT}^{loss} \qquad (2-18)$$

式中：$\eta_{CGT,t}^{h}$ 为 t 时刻燃气轮机的热效率；λ_{CGT}^{loss} 为燃气轮机的热损失率。

燃气轮机的输出热功率为

$$P_{CGT,t}^{h} = P_{CGT,t} \eta_{CGT,t}^{h} / \eta_{CGT,t}^{g} \qquad (2-19)$$

$$P_{CGT}^{h,min} \leqslant P_{CGT,t}^{h} \leqslant P_{CGT}^{h,max} \qquad (2-20)$$

式中：$P_{CGT,t}^{h}$ 为 t 时刻燃气轮机输出的热功率，kW；$P_{CGT}^{h,min}$、$P_{CGT}^{h,max}$ 分别为燃气轮机输出热功率的最小值和最大值，kW。

（2）燃气锅炉。燃气锅炉能够与燃气轮机协调使用，燃气轮机与燃气锅炉均可通过消耗天然气提供热能，燃气锅炉的作用是弥补燃气轮机无法提供充足热能的缺陷，使微能源网供热的灵活性提高。燃气锅炉的转换特性为

$$P_{\mathrm{GB},t}^{\mathrm{h}} = V_{\mathrm{GB},t}\eta_{\mathrm{GB},t}^{\mathrm{h}} \qquad (2-21)$$

$$P_{\mathrm{GB}}^{\mathrm{h,min}} \leqslant P_{\mathrm{GB},t}^{\mathrm{h}} \leqslant P_{\mathrm{GB}}^{\mathrm{h,max}} \qquad (2-22)$$

式中：$P_{\mathrm{GB}}^{\mathrm{h}}$ 为 t 时刻燃气锅炉输出的热功率，kW；$V_{\mathrm{GB},t}$ 为 t 时刻燃气锅炉消耗的天然气量，m^3；$\eta_{\mathrm{GB},t}^{\mathrm{h}}$ 为 t 时刻燃气锅炉的热效率；$P_{\mathrm{GB}}^{\mathrm{h,min}}$、$P_{\mathrm{GB}}^{\mathrm{h,max}}$ 分别为燃气锅炉输出热功率的最小值和最大值，kW。

考虑燃气锅炉的工况发生变化，则其输出转换特性为

$$\eta_{\mathrm{GB},t}^{\prime\mathrm{h}} = \left[\partial_0 + \partial_1\left(\frac{P_{\mathrm{GB},t}^{\mathrm{h}}}{P_{\mathrm{e\_GB},t}^{\mathrm{h}}}\right) + \partial_2\left(\frac{P_{\mathrm{GB},t}^{\mathrm{h}}}{P_{\mathrm{e\_GB},t}^{\mathrm{h}}}\right)^2\right]\eta_{\mathrm{e\_GB},t}^{\mathrm{h}} \qquad (2-23)$$

式中：$\eta_{\mathrm{GB},t}^{\prime\mathrm{h}}$ 为 t 时刻燃气锅炉工况发生变化后的热效率；∂_0、∂_1、∂_2 为拟合系数；$P_{\mathrm{e\_GB},t}^{\mathrm{h}}$ 为 t 时刻燃气锅炉的额定热功率，kW；$\eta_{\mathrm{e\_GB},t}^{\mathrm{h}}$ 为 t 时刻燃气锅炉的额定热效率。

（3）电热泵。电热泵是指将电能转换为热能的设备，其输出转换特性为

$$P_{\mathrm{EP},t}^{\mathrm{h}} = P_{\mathrm{EP},t}\eta_{\mathrm{EP},t}^{\mathrm{h}} \qquad (2-24)$$

$$P_{\mathrm{EP}}^{\mathrm{h,min}} \leqslant P_{\mathrm{EP},t}^{\mathrm{h}} \leqslant P_{\mathrm{EP}}^{\mathrm{h,max}} \qquad (2-25)$$

式中：$P_{\mathrm{EP},t}^{\mathrm{h}}$ 为 t 时刻电热泵输出的热功率，kW；$P_{\mathrm{EP},t}$ 为 t 时刻电热泵输入的功率，kW；$\eta_{\mathrm{EP},t}^{\mathrm{h}}$ 为 t 时刻电热泵输出的热效率；$P_{\mathrm{EP}}^{\mathrm{h,min}}$、$P_{\mathrm{EP}}^{\mathrm{h,max}}$ 分别为电热泵输出热功率的最小值和最大值，kW。

2.3.2.2 制冷转换

最常用的制冷机是电制冷机与溴化锂吸收式制冷机。

（1）电制冷机。电制冷机是指将电能转换成冷能的设备，其输出转换特性为

$$P_{\mathrm{EC},t}^{\mathrm{c}} = P_{\mathrm{EC},t}\eta_{\mathrm{EC},t}^{\mathrm{c}} \qquad (2-26)$$

$$P_{\mathrm{EC}}^{\mathrm{c,min}} \leqslant P_{\mathrm{EC},t}^{\mathrm{c}} \leqslant P_{\mathrm{EC}}^{\mathrm{c,max}} \qquad (2-27)$$

式中：$P_{\mathrm{EC},t}^{\mathrm{c}}$ 为 t 时刻电制冷机输出的冷功率，kW；$P_{\mathrm{EC},t}$ 为 t 时刻电制冷机输入的电功率，kW；$\eta_{\mathrm{EC},t}^{\mathrm{c}}$ 为 t 时刻电制冷机输出的冷效率；$P_{\mathrm{EC}}^{\mathrm{c,min}}$、$P_{\mathrm{EC}}^{\mathrm{c,max}}$ 分别为电制冷机输出冷效率的最小值和最大值。

若电制冷机的工况发生变化，则其输出功率特性为

$$\eta'^{c}_{EC,t} = \left\{ \frac{P^{c}_{EC,t}}{P^{c}_{e\_EC,t}} \middle/ \left[\gamma_0 + \gamma_1 \frac{P^{c}_{EC,t}}{P^{c}_{e\_EC,t}} + \gamma_2 \left(\frac{P^{c}_{EC,t}}{P^{c}_{e\_EC,t}} \right)^2 \right] \right\} \eta^{c}_{e\_EC,t} \qquad (2-28)$$

式中：$\eta'^{c}_{EC,t}$ 为 t 时刻电制冷机工况发生变化后输出的冷效率；$P^{c}_{e\_EC,t}$ 为 t 时刻电制冷机的额定输出功率，kW；$\eta^{c}_{e\_EC,t}$ 为 t 时刻电制冷机的额定输出冷效率；γ_0、γ_1、γ_2 为拟合系数。

（2）溴化锂吸收式制冷机。溴化锂吸收式制冷机以热制冷，充分地利用低品位的热制冷，实现能量的梯级利用，其能量转换特性为

$$P^{c}_{AC,t} = H_{AC,t} \eta^{c}_{AC,t} \qquad (2-29)$$

$$P^{c,\min}_{AC} \leqslant P^{c}_{AC,t} \leqslant P^{c,\max}_{AC} \qquad (2-30)$$

式中：$P^{c}_{AC,t}$ 为 t 时刻溴化锂吸收式制冷机输出的冷功率，kW；$H_{AC,t}$ 为 t 时刻溴化锂吸收式制冷机输入的低品位热，；$\eta^{c}_{AC,t}$ 为 t 时刻溴化锂吸收式制冷机输出的冷效率；$P^{c,\min}_{AC}$、$P^{c,\max}_{AC}$ 分别为溴化锂吸收式制冷机输出冷功率的最小值和最大值，kW。

若溴化锂吸收式制冷机的工况发生变化，则其输出转换特性为

$$\eta'^{c}_{AC,t} = \left\{ \frac{P^{c}_{AC,t}}{P^{c}_{e\_AC,t}} \middle/ \left[\beta_0 + \beta_1 \frac{P^{c}_{AC,t}}{P^{c}_{e\_AC,t}} + \beta_2 \left(\frac{P^{c}_{AC,t}}{P^{c}_{e\_AC,t}} \right)^2 + \beta_3 \left(\frac{P^{c}_{AC,t}}{P^{c}_{e\_AC,t}} \right)^3 \right] \right\} \eta^{c}_{e\_AC,t} \qquad (2-31)$$

式中：$\eta'^{c}_{AC,t}$ 为 t 时刻溴化锂吸收式制冷机工况发生变化后输出的冷效率；$\eta^{c}_{e\_AC,t}$ 为 t 时刻溴化锂吸收式制冷机的额定输出冷效率；$P^{c}_{e\_AC,t}$ 为溴化锂吸收式制冷机的额定冷功率，kW；β_0、β_1、β_2、β_3 为拟合系数。

2.3.3　存储环节能量特性

存储环节主要是通过各种储能设备将多余的能量进行转换并将能量存储起来，高储低释，即在能量有剩余时将能量存储起来，在能量不足时通过储能设备释放能量，以满足负荷侧能量需求，降低系统的用能成本[172]。储能设备都需要满足充放电平衡约束与状态约束，其通用模型为

$$E_{S,t+1} = \left(\eta_{ch} E^{ch}_{S,t} - \frac{1}{\eta_{dis}} E^{dis}_{S,t} \right) \Delta t + (1 - \lambda^{loss}_{S}) E_{S,t} \qquad (2-32)$$

式中：$E_{S,t+1}$ 为 $t+1$ 时刻储能设备的储能量，MW；η_{ch}、η_{dis} 分别为储能设备蓄能

效率和释能效率；λ_S^{loss} 为储能的损失率；$E_{S,t}^{ch}$ 为 t 时刻储能设备的蓄能量，MW；$E_{S,t}^{dis}$ 为 t 时刻储能设备的释能量，MW。

储能设备的约束限制条件为

$$0 \leqslant E_{S,t}^{ch} \leqslant \delta_x E_S^{ch,max} \qquad (2-33)$$

$$0 \leqslant E_{S,t}^{dis} \leqslant (1-\delta_x) E_S^{dis,max} \qquad (2-34)$$

$$E_S^{min} \leqslant E_{S,t+1} \leqslant E_S^{max} \qquad (2-35)$$

$$E_{S,t}^{after} = E_{S,t}^{before} \qquad (2-36)$$

式中：$E_S^{ch,max}$ 为储能设备蓄能量的最大值，MW；$E_S^{dis,max}$ 为储能设备释能量的最大值，MW；u_x 是状态变量；E_S^{min}、E_S^{max} 分别为储能设备储能量的最小值和最大值，MW；$E_{S,t}^{after}$ 为一个调度周期前的储能量，MW；$E_{S,t}^{before}$ 为一个调度周期后的储能量，MW。

式（2-36）即指一个调度周期前后储能量不变。

2.3.4 消费环节能量特性

2.3.4.1 电负荷

生活中处处需要电能，电能供应来源于燃料电池、燃气轮机，根据电能的利用效率与传输效率可得输出端用户的消费特性，即

$$(P_{WPP,t} + P_{PV,t} + P_{BE,t} + P_{HE,t} + P_{CGT,t} + \lambda_P^{dis} E_{S,t}^{dis})(1-\lambda_P^{loss})(1-\eta_P^{uti}) = D_P^{load} \qquad (2-37)$$

式中：λ_P^{dis} 为储能设备释能中电能所占比率；$E_{S,t}^{dis}$ 为 t 时刻储能设备的释能总量，MW；λ_P^{loss} 为电能从转换系统传输至用户处电能的损耗率；D_P^{load} 为微能源网中用户端的电能需求，kW；η_P^{uti} 为用户对电能的利用效率。

2.3.4.2 热负荷

用户热需求的供应来源于燃气轮机、燃气锅炉、电热泵，根据热能的传输特性，可得输出端用户对热能的消费特性，即

$$(P_{CGT,t}^h + P_{GB,t}^h + P_{EP,t}^h + \lambda_H^{dis} E_{S,t}^{dis})(1-\lambda_H^{loss})(1-\eta_H^{uti}) = D_H^{load} \qquad (2-38)$$

式中：λ_H^{dis} 为储能设备释能中热能所占比率；λ_H^{loss} 为热能从转换系统传输至用户处热能的损耗率；η_H^{uti} 为用户对热能的利用效率；D_H^{load} 为微能源网中用户端的热能需求，kW。

2.3.4.3　冷负荷

用户冷需求的供应来源于溴化锂吸收式制冷机、吸收式制冷机这两大设备，根据冷能的传输特性，可得输出端用户对冷能的消费特性，即

$$(P_{EC,t}^c + P_{AC,t}^c)(1 - \lambda_C^{loss})(1 - \eta_C^{uti}) = D_C^{load} \qquad (2-39)$$

式中：λ_C^{loss} 为冷能从转换系统传输至用户处冷能的损耗率；η_C^{uti} 为用户对冷能的利用效率；D_C^{load} 为微能源网中用户端的冷能需求，kW。

2.3.4.4　天然气负荷

天然气的供给来源于从天然气网中输入微能源网后，经过燃气轮机与燃气锅炉及其他设备消耗后剩余的传输至用户处，可得输出端用户对天然气的消费特性，即

$$(V_{total,t} - V_{CGT,t} - V_{GB,t} - V_{extra,t})(1 - \lambda_{loss})(1 - \eta_{uti}) = D_G^{load} \qquad (2-40)$$

式中：$V_{total,t}$ 为 t 时刻天然气网输入微能源网中的天然气总量，m^3；$V_{CGT,t}$ 为 t 时刻燃气轮机消耗的天然气量，m^3；$V_{GB,t}$ 为 t 时刻燃气锅炉消耗的天然气量，m^3；$V_{extra,t}$ 为 t 时刻其他设备消耗的天然气量，m^3；λ_{loss} 为天然气的传输损耗率；η_{uti} 为用户对天然气的使用效率；D_G^{load} 为微能源网中用户端的天然气需求，m^3。

综合上述分析，消费环节的能量特性局部的供给与需求均平衡，同时能够满足用户多类型的负荷需求，实现能量的梯级利用。

2.4　本　章　小　结

随着能源互联网的不断发展，微能源网以其规模小、投资建设成本低等优点迅速得到发展，了解微能源网的相关概念及各环节的能量特性对充分利用微能源网，提高能源利用效率至关重要。因此本章首先简要介绍微能源网的基本概念，指出微能源网是多能耦合的系统，处于能源互联的末端，接着介绍微能源网的特性与效益；基于此梳理我国 2016 年与 2017 年关于微能源网的政策，并且以国外的日本千住与东京的微能源网、德国的 Regmodharz 项目、英国离岸埃格岛微能源网等，以及国内的杭州西湖科技园微能源网、协鑫微能源网、青海大学智慧微能源网为例进行实践分析，在此基础上总结出微能源网的结构特征演变规律；最后对微能源网中的各个环节进行特性分析与建模，主要包括供给环节、转换环

节、存储环节与需求环节，根据每个环节的能量耦合情况与能量流动情况梳理微能源网中的能量情况。通过分析建模，了解微能源网中能量的具体情况，以此提高能源利用效率，同时实现能量的梯级利用，降低整个微能源网中各环节的运行成本。

第3章

微能源网"源—网—荷—储"容量配置优化模型

在传统的能源系统中，冷、热、电、气系统往往相互独立设计，单独规划、运行和控制，不同的供、用能系统之间缺乏协调配合和优化，导致能源整体利用率较低、系统运行风险较大等问题。微能源网能够对各类能源的产生、转换、存储和消费等环节进行有机地协调与优化，为上述问题提供了有效的解决手段[173]。然而，随着系统内部耦合元件的不断增加，不同种类能源之间的耦合程度进一步加深，负荷类型逐渐多元化，如何有效利用多种能源的相关性和互补性，对微能源网进行优化规划成为关键问题。本章提出一种计及综合需求响应（integrated demand response，IDR）不确定性的微能源网协同优化配置方法。

3.1 引　言

目前，国内外学者对微能源网的优化配置问题已开展一定研究。文献［174］以总成本最低为优化目标，对配电网、燃气管网和冷热电联产（combined cooling heating and power，CCHP）系统的容量位置进行协同规划，结果验证，采用 CCHP 作为电—气耦合枢纽的优化模型具有更高的经济性。文献［175］提出计及储能设备的微能源网优化配置模型，结果表明，储能设备可以将冷热电负荷之间的强耦合关系部分解耦，使系统运行更灵活。在此基础上，文献［176］在微能源网优化配置模型中计及系统运行可靠性，结果表明，所提方法相较于各能源系统单独规划，更有利于负荷供应可靠性的提升。在运行策略方面，文献［177］基于以热定电、以电定热和多目标综合效益最优的三种运行模式，建立综合考虑能源、经济和环境效益的多目标优化配置模型，结果表明，CCHP 系统采用多目标综合效益最优运行模式时各方面效益更好。

从上述研究中可以发现,一方面对微能源网优化配置的研究主要从设备选型、容量配置和运行策略三个方面单独优化,而没有综合考虑三者之间的协同优化,但实际上由于不同设备的转换效率不同,不同运行策略下的优化结果也不同,三者之间相互影响[178]有必要协同优化。另一方面,上述研究中均未计及需求响应的作用,而在微能源网运行中考虑需求响应可以有效调整负荷曲线,实现削峰填谷,进而提高设备利用效率,降低运行成本[179]。针对微能源网中需求响应的问题,文献[180]指出在微能源网的网络架构下,传统针对单一电力能源的需求响应将逐步转变为综合需求响应(integrated demand response,IDR),其核心思想是利用电能、天然气等不同能源的供能性质、价格情况和耦合特性,在通过削减、转移用能负荷来参与需求响应的同时,也可以通过改变消耗的能源种类来满足用能负荷。在此基础上,文献[181]建立计及 IDR 的微能源网优化配置模型,结果表明,计及 IDR 能够有效降低系统运行成本并促进新能源消纳。文献[182]在对微能源网系统建模的基础上比较设备参与 IDR 的不同模式对系统运行结果的影响,仿真分析表明,参与 IDR 能够有效调节系统负荷的峰谷差。文献[183]考虑不同用户类型的负荷特性,以及对 IDR 补偿费用不同程度的响应,建立一个具有环形热、冷网的区域微能源网模型。

针对上述问题,本章提出一种计及 IDR 不确定性的微能源网协同优化配置模型。首先,构建微能源网并概述各单元设备模型,接着分析不同类型负荷参与 IDR 的方式并分别建模,在此基础上分析 IDR 模型中的不确定性因素,采用证据理论对随机—认知不确定性进行统一量化。然后,建立兼顾设备优化配置及运行策略的双层协同规划模型,上层以规划总成本最低进行设备选型和容量配置,同时优化微能源网的分时电价机制;下层以运行成本最低为目标函数,优化各机组最小出力,分别采用差分进化算法和基于 YALMIP 平台的 CPLEX 求解器进行求解。最后,通过算例分析验证本章所提模型和方法的有效性。

3.2 微能源网模型

3.2.1 微能源网结构

微能源网能够实现多种能源间协调利用,其组成设备按照功能可分为生产设备和转换设备。微能源网结构如图 3-1 所示,包括以下几种单元设备:热电联产装置，是生产设备中最常见的一种，其运行效率高，能够同时生成电能和热能，是微能源网的重要装置之一；燃气锅炉，也是一种生产设备，作为热电联产的辅助产热设备；吸收式制冷机和电制冷机为转换设备，将电能和热能转换成冷能。

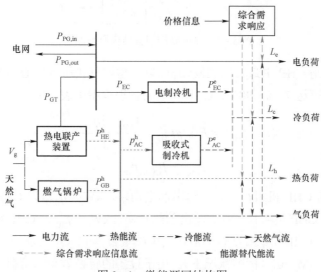

图 3-1　微能源网结构图

由图 3-1 可知，本章构建的微能源网主要包括能量流动和综合需求响应两部分。一方面，微能源网涵盖冷、热、电、气四种负荷，遵循 "自发自用，余量上网" 的运行原则：电负荷由热电联产（CHP）和电网提供，多余电量出售给上级电网；冷负荷由吸收式制冷机和电制冷机提供；热负荷由 CHP 和燃气锅炉联合供应；气负荷则由天然气直接供应。另一方面，在微能源网中实施综合需求响应，用户通过响应价格信息改变用能方式：一部分冷、热、电负荷直接削减、转移，或者在三者之间相互转换，通过耦合设备供应；另一部分则向气负荷转化，直接由天然气供给。

3.2.2　单元设备模型

3.2.2.1　CHP 机组模型

热电联产基于能源梯级利用的概念，采用高品位能源（洁净的天然气）发电，对原动机产生的低品位能源（余热）进行回收利用，用来供热、制冷和提供生活热水等，实现发电余热的再利用，其结构原理如图 3-2 所示。

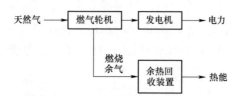

图 3-2　热电联产装置结构原理图

燃气轮机是 CHP 中最常用的发动机，以微型燃气轮机为核心的热电联产系统的能源利用率可达 70%～90%。CHP 典型的物理模型可表示为

$$P_{\mathrm{CGT},t} = P_{\mathrm{CHP},t}\eta_{\mathrm{CGT}} = \frac{V_{\mathrm{CHP},t}\beta\eta_{\mathrm{CGT}}}{\Delta t} \tag{3-1}$$

$$P_{\mathrm{HE},t}^{\mathrm{h}} = P_{\mathrm{CHP},t}\eta_{\mathrm{HE}} \tag{3-2}$$

式中：$P_{\mathrm{CGT},t}$ 为 CHP 机组在 t 时刻输出的电功率，kW；η_{CGT} 为 CHP 机组的发电效率；$P_{\mathrm{HE},t}^{\mathrm{h}}$ 为 CHP 机组在 t 时刻输出的热功率，kW；η_{HE} 为 CHP 机组的热转换效率；$V_{\mathrm{CHP},t}$ 为 CHP 机组在 t 时刻消耗的天然气量，m³（标准状况下）；β 为天然气的低位热值，MJ/m³（标准状况下）。由于设备的转换效率随负荷率变化的改变不大，本书设定设备效率为恒定值。

3.2.2.2　燃气锅炉模型

燃气锅炉是将天然气转化为热能的气—热耦合设备，其物理模型可表示为

$$P_{\mathrm{GB},t}^{\mathrm{h}} = \frac{\eta_{\mathrm{GB}}^{\mathrm{h}}\beta V_{\mathrm{GB},t}}{\Delta t} \tag{3-3}$$

式中：$V_{\mathrm{GB},t}$ 为燃气锅炉在 t 时刻消耗的天然气量，m³；$P_{\mathrm{GB},t}^{\mathrm{h}}$ 为燃气锅炉在 t 时刻输出的热功率，kW；$\eta_{\mathrm{GB}}^{\mathrm{h}}$ 为燃气锅炉的热效率。

3.2.2.3　吸收式制冷机模型

吸收式制冷机可直接利用锅炉蒸汽、余热，甚至是废热等低品位热能作为驱动源，实现制冷，其物理模型可表示为

$$P_{\mathrm{AC},t}^{\mathrm{c}} = \mathrm{COP}_{\mathrm{AC}} P_{\mathrm{AC},t}^{\mathrm{h}} \tag{3-4}$$

式中：$P_{\mathrm{AC},t}^{\mathrm{c}}$ 为吸收式制冷机在 t 时刻输出的冷功率，kW；$\mathrm{COP}_{\mathrm{AC}}$ 为吸收式制冷机的制冷系数；$P_{\mathrm{AC},t}^{\mathrm{h}}$ 为吸收式制冷机在 t 时刻输入的热功率，kW。

3.2.2.4　电制冷机模型

电制冷机是一种电—冷耦合设备，制冷效率高、能耗少、可靠性高，主要为使用电能的中央空调等，其物理模型可表示为

$$P_{EC,t}^c = COP_{EC} P_{EC,t} \qquad (3-5)$$

式中：$P_{EC,t}^c$ 为电制冷机在 t 时刻输出的冷功率，kW；COP_{EC} 为电制冷机的制冷系数；$P_{EC,t}$ 为电制冷机在 t 时刻输入的电功率，kW。

3.3　计及不确定性的综合需求响应建模

3.3.1　需求响应模型

在微能源网的背景下，多种能源之间存在强耦合关系，使需求响应不仅可以在时间尺度上移动，还可以进行多种能源之间的转换替代，传统的电力需求响应逐步发展为综合需求响应。在综合需求响应项目中，根据负荷优先级和是否具有参与需求响应的能力，可将冷、热、电负荷分为刚性负荷和柔性负荷两种。

3.3.1.1　刚性负荷

刚性负荷是指具有较高优先级或者不可随意中断减少的负荷，通常与价格信息无关，如商业中心的日常照明等，其物理模型可表示为

$$P_{k,t}^{FL} = P_{k,t}^{FL0} \quad (k=1,2,3，表示电、热、冷三种负荷类型) \qquad (3-6)$$

式中：$P_{k,t}^{FL}$ 为 t 时刻的 k 类刚性用能需求，kWh；$P_{k,t}^{FL0}$ 为 t 时刻常规电价下的 k 类刚性用能基准值。

3.3.1.2　柔性负荷

柔性负荷是指可灵活改变的负荷，通常具有较大的时间弹性和用量弹性。在满足一定舒适度的条件下，用户可根据价格信息主动参与综合需求响应。柔性负荷按照参与 IDR 的方式可分为可削减负荷、可转移负荷和可替代负荷三种。

1. 可削减负荷

可削减负荷是指用户根据价格信号和自身需求可部分中断或增加的负荷，这种类型的电负荷通常包括照明负荷、洗碗机设备等，冷、热负荷包括空调、供热

等。可削减负荷的价格响应特性可表示为

$$P_{k,t}^{\mathrm{CL}} = P_{k,t}^{\mathrm{CL0}}\left[1 + \frac{\varepsilon_{k,t}^{\mathrm{CL}}(p_t^{\mathrm{e}} - p_t^{\mathrm{e0}})}{p_t^{\mathrm{e0}}}\right] \tag{3-7}$$

式中：$P_{k,t}^{\mathrm{CL}}$ 为动态电价下用户在 t 时刻的第 k 种可削减负荷量，kWh，其中冷、热负荷中参与需求响应的部分，本书规定由电制冷机和 CHP 机组产生，在用户侧的用能价格体现为电价，因此按照电价响应；p_t^{e} 为 t 时刻对应的用户购电电价，由运营商根据负荷需求和运行成本确定；p_t^{e0} 为 t 时刻基准电价，元/kWh；$P_{k,t}^{\mathrm{CL0}}$ 为 t 时刻第 k 类可削减负荷量，kWh；；$\varepsilon_{k,t}^{\mathrm{CL}}$ 为价格弹性系数，用于反映 t 时刻用户侧的可削减负荷对价格变化的敏感程度。通常情况下，价格越低，用户的响应意愿越强烈，因此，价格弹性系数通常为负数，具有负相关关系。

2. 可转移负荷

可转移负荷是指在一定优化时间范围内，总用能量近似不变，但可进行时间上的平移和调节的用能器件，这类电负荷通常包括电动汽车、洗衣机、储电装置等，冷、热负荷包括热水器、储热罐等。可转移负荷的价格响应特性可表示为

$$P_{k,t}^{\mathrm{SL}} = P_{k,t}^{\mathrm{SL0}}\left[1 + \frac{\varepsilon_{k,t}^{\mathrm{SL}}(p_t^{\mathrm{e}} - p_t^{\mathrm{e0}})}{p_t^{\mathrm{e0}}}\right] \tag{3-8}$$

式中：$\varepsilon_{k,t}^{\mathrm{SL}}$ 为用户的 k 类可转移负荷在 t 时段的价格弹性系数；$P_{k,t}^{\mathrm{SL}}$ 为 t 时刻可转移负荷的动态电价，元/kWh；$P_{k,t}^{\mathrm{SL0}}$ 为基准电价下 k 类可转移负荷大小，kWh。用户根据价格信号将电价较高时段的负荷进行转移，但是随着时间的增长，用户用能的满意度将大幅度降低，因此设定负荷转移到相邻时段，并在最大持续时间内成线性递减，可表示为

$$\sum_{t'\in[t+1,t+T_{\mathrm{R}}]} P_{k,t't}^{\mathrm{SLC}} = (P_{k,t}^{\mathrm{SL0}} - P_{k,t}^{\mathrm{SL}}) \tag{3-9}$$

$$P_{k,t}^{\mathrm{SLC}} = P_{k,(t+1)t}^{\mathrm{SLC}} - \bar{\omega}_k(t'-t), t'\in[t+1,t+T_{\mathrm{R}}] \tag{3-10}$$

式中：$P_{k,t}^{\mathrm{SLC}}$ 为可转移负荷由 t 时段转移到 t' 时段的负荷值，kWh；T_{R} 为可转移负荷转移的最大持续时间，h；$\bar{\omega}_k$ 为负荷转移量的衰减系数，用于表征负荷弹回过程随时间的衰退效应。

3. 可替代负荷

可替代负荷是指可以通过改变用能种类参与需求响应的负荷，是 IDR 区别于传统 IR 的主要负荷类型。由于规划中设备存在一定冗余，冷、热、电能源之间相互替代已体现在微能源网的结构中，本节主要考虑电、气混合的热水器、空调等。

用户根据电价信号与天然气价格进行比较，并结合自身意愿决定参与需求响应的量，可表示为

$$P_{k,t}^{\mathrm{TL}} = P_{k,t}^{\mathrm{TL0}} \left[1 + \frac{\varepsilon_{k,t}^{\mathrm{TL}}(p_t^{\mathrm{e}} - p_t^{\mathrm{g}})}{p_t^{\mathrm{g}}} \right] \qquad (3-11)$$

$$P_{k,t}^{\mathrm{TL}} - P_{k,t}^{\mathrm{TL0}} = \eta P_{k,t}^{\mathrm{TLG}} \qquad (3-12)$$

式中：$\varepsilon_{k,t}^{\mathrm{TL}}$ 为用户侧可替代负荷在 t 时段的价格弹性系数；$P_{k,t}^{\mathrm{TL}}$ 为 t 时刻可替代负荷的动态电价，元/kWh；$P_{k,t}^{\mathrm{TL0}}$ 为基准电价下 k 类可替代负荷的大小，kWh；p_t^{g} 为 t 时刻可替代负荷的基准电价，元/kWh；η 为电—气转换效率；$P_{k,t}^{\mathrm{TLG}}$ 为 t 时刻电价下可替代负荷转成气负荷的功率大小，kW。

3.3.2　DR 不确定性分析

不确定性是指事先不能准确知道某个事件或某种决策的结果，通常可分为随机不确定性和认知不确定性，如图 3-3 所示。随机不确定性也称为内在不确定性，是客观存在的，通常利用概率密度函数来表征此类不确定性。而认知不确定性也称为主观不确定性，一般认为是由于缺乏知识或者信息来源不足而产生的。

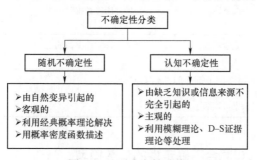

图 3-3　不确定性分类

由前述模型可以知，综合需求响应与负荷基准值和价格弹性系数具有较大的相关性，而由于天气、温度等自然因素的随机性使负荷预测值具有随机不确定性，同时由于不同用户的理性认知程度、消费行为和适应能力有所不同，使用户参与需求响应的主观意愿有较大的差异性，进而导致价格弹性系数具有一定的认知不确定性。因此，综合需求响应模型实际上具有多重不确定性。

本书假设具有随机不确定性的参数，即 $P_{k,t}^{\mathrm{FL0}}$、$P_{k,t}^{\mathrm{CL0}}$、$P_{k,t}^{\mathrm{SL0}}$ 和 $P_{k,t}^{\mathrm{TL0}}$，服从以负荷预测值为期望，方差为 0.1 倍预测值的正态分布，如 $P_{k,t}^{\mathrm{FL0}} - N(\overline{P}_{k,t}^{\mathrm{FL0}}, 0.1\,\overline{P}_{k,t}^{\mathrm{FL0}})$。价格弹性系数 $\varepsilon_{k,t}^{\mathrm{CL}}$、$\varepsilon_{k,t}^{\mathrm{SL}}$ 和 $\varepsilon_{k,t}^{\mathrm{TL}}$ 则认为具有认知不确定性。

3.3.3　随机—认知（D-S）不确定性模型

3.3.3.1　D-S证据理论

用于解决不确定性问题的传统方法主要有概率理论、模糊理论及区间理论等。但是上述方法都局限于解决单一不确定性问题，且对数据本身的可信度要求较高，而 IDR 模型中涉及随机、认知多重不确定性，同时由于 IDR 考虑时间和用能种类两个维度，难以收集详细的信息，数据的全面性难以保证。

为解决上述问题，本书采用 D-S 证据理论的方法来量化多重不确定性。D-S 证据理论由 Dempster 首先提出，采用上、下限概率解决多值映射问题，随后由 Shafer 进一步发展改进。由表 3-1 可知，D-S 证据理论不仅能够强调事物的客观性，还能强调人类对事物认知的主观性。

表 3-1　　　　　　　　　　　不确定性理论比较

方法	优点	缺点
概率理论	能够较准确地拟合不确定性变量的概率分布，信息全面	需要大量的统计数据
模糊理论	可以融合主观意愿，处理认知不确定性；所需数据量少于概率理论	需要可信的数据建立隶属度函数
区间理论	需要的数据数量较少，一般只需要知道不确定性参数的上下边界	出现区间扩张的问题
D-S 证据理论	可以直接表达"不确定"和"不知道"； 满足比概率理论更弱的条件； 根据证据积累可以缩小假设区间	—

3.3.3.2　随机—认知混合不确定性的参数模型

1. 认知不确定性参数模型

在 D-S 证据理论中，对于具有认知不确定性参数的量化方法，是将其表示成带有基本概率分布的区间，如式（13）所示

$$x_{\mathrm{E}} \sim \left\{ ([\underline{x_{\mathrm{E}1}}, \overline{x_{\mathrm{E}1}}], p_{\mathrm{E}1}), ([\underline{x_{\mathrm{E}2}}, \overline{x_{\mathrm{E}2}}], p_{\mathrm{E}2}), \cdots, ([\underline{x_{\mathrm{E}n}}, \overline{x_{\mathrm{E}n}}], p_{\mathrm{E}n}) \right\} \tag{3-13}$$

式中：$\overline{x}_{\mathrm{E}}$ 为具有认知不确定性的参数；$\overline{x}$、$\underline{x}$ 分别为区间的上、下边界；$p_{\mathrm{E}n}$ 为第 n 个区间的基本概率。可以看出，当区间的上、下边界相等时，该参数的概率分布将服从经典的离散随机变量分布；当 $n=1$ 时，x_{E} 的概率分布则退化为一个

区间。基于 D–S 证据理论的认知不确定性描述如图 3–4 所示，需要指出的是这些区间可以是离散的，也可以是有部分重合的。

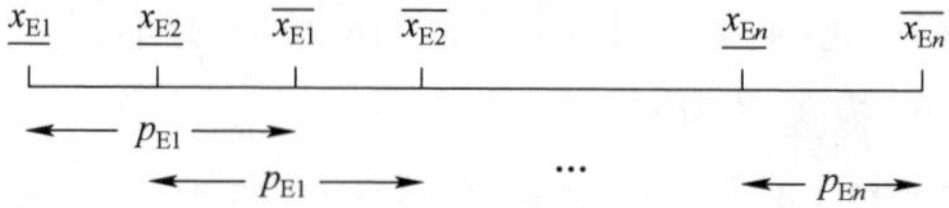

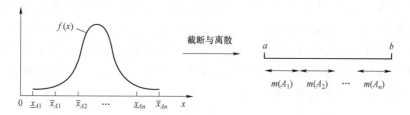

图 3–4　基于 D–S 证据理论的认知不确定性描述

　　对于认知不确定性参数的基本概率分配，其证据来源通常是对历史数据的分析，或者是专家基于经验对参数的估计。为了得到更加准确可信的概率分配，一般可以结合多种证据来源，利用合成规则对证据信息进行整合，最终结果可以近似看作参数的实际信息。合成规则定义如下

$$(p_1 \oplus p_2)(A) = \frac{1}{K} \sum_{A_1 \cap A_2 = A} p_1(A_1)p_2(A_2) \tag{3-14}$$

$$K = \sum_{A_1 \cap A_2 \neq \varnothing} p_1(A_1)p_2(A_2) \tag{3-15}$$

式中：$\oplus$ 为两种证据结构分布的合成符号；p_1、p_2 为不同证据来源下的两种证据结构分布；K 为归一化因子，反映了证据之间的冲突程度，K 越小说明证据的冲突程度越大。

　　2. 随机不确定性参数模型

　　具有随机不确定性的参数通常采用概率密度函数来描述，但是为了与认知不确定性参数的表征方式一致，需要将概率密度函数进行分割离散，以具有基本概率分配的区间形式来表达，如图 3–5 所示。

图 3–5　基于 D–S 证据理论的随机不确定性描述

　　例如，假设 x_A 服从 $N(\mu, \sigma^2)$ 的正态分布，考虑概率密度函数的对称性，将其以 μ 为中心，选取 σ 的 γ 倍截断成区间 $[a, b]$，即 $[a, b] = [\mu - \gamma\sigma, \mu + \gamma\sigma]$，再对截断区间进行离散，每个区间的基本概率定义为

$$p_{Aj} = \int_{\underline{x_{Aq}}}^{\overline{x_{Aq}}} f(x)\,\mathrm{d}x \quad q \in (1, 2, \cdots, m) \tag{3-16}$$

式中：$f(x)$ 是的概率密度函数。可见，每个区间的基本概率分配即为原来概率密度函数在这个区间内所覆盖的面积。

如果在不确定模型中同时存在多种不确定性参数，且各参数之间相互独立，则处理方法如下：首先，将随机不确定性参数和认知不确定性参数分别量化成带有基本概率分布的区间形式。然后对各独立参数的概率区间进行笛卡尔积运算形成联合概率区间。例如，如果存在两个独立参数，则区间范围为平面矩形；对于三个独立参数，区间范围为三维六面体图形；当存在 n 个独立参数时，则为 n 维空间中的多面体。联合概率区间的基本概率为参与运算的单个区间概率的乘积。

3.4 微能源网双层容量配置优化模型

微能源网优化配置的总体目标是在满足负荷需求的条件下，对资源进行优化利用，实现系统经济性最优，打破传统"以热定电"或者"以电定热"的刚性约束，以经济性最优为目标函数进行运行优化，且由于本书在规划中计及综合需求响应，运行调度结果随负荷变化具有较大差别。因此，为实现最优化配置的同时运行调度成本也达到最低，本书采用双层规划理论。

上层优化以微能源网总规划成本最低为目标函数，对设备型号和数量进行决策。同时，由于电价直接决定综合需求响应量，进而影响运行成本和总体规划成本，因此，上层规划中还需要协同优化电价，采用分时电价，对峰、谷、平三种电价的实施时段及价格进行决策。下层以运行成本最低为目标函数，在上层决策结果的基础上，优化各种设备出力。由于本书以年为单位进行设备规划，如果对全年 8760h 进行运行调度仿真，优化过程计算量巨大。为简化计算，本书引入规划场景，按季节选取典型日计算日运行成本，再与该场景的规划天数相乘即认为是年运行成本，返回上层目标函数。

3.4.1 上层规划

3.4.1.1 目标函数

上层规划的目标是实现运营商建设微能源网的经济性最优，在考虑系统投资和运行成本最低的同时还要计及实施需求响应对其收益的影响。上层规划的目标

函数具体数学模型可表示为

$$\min f = C_{\text{inv}} + C_{\text{o}} + C_{\text{re}} \qquad (3-17)$$

式中：C_{inv} 为设备投资年等值费用，即投资成本；C_{o} 为微能源网年运行成本；C_{re} 为运营商由于实施需求响应而减少的供电收入，即供能收入减少成本。

1. 投资成本

投资成本主要包括设备的初始投资费用、设备运行维护费用及设备残值，可表示为

$$C_{\text{inv}} = \sum_{i=1}^{N} \sum_{j \in \Omega_i} \left[(C_{\text{f}ij} + C_{\text{m}ij} - C_{\text{r}ij}) R_{ij} a_{ij} \sigma_{ij} \right] \qquad (3-18)$$

$$R_{ij} = \frac{r(1+r)^{l_{ij}}}{(1+r)^{l_{ij}} - 1} \qquad (3-19)$$

式中：i 为不同微能源网中的设备类型，分别表示 CHP 机组、燃气锅炉、吸收式制冷机及电制冷机，$N=4$；Ω_i 为设备 i 的备选类型集合；$C_{\text{f}ij}$ 为设备 i 的备选类型 j 的初始投资费用，元；$C_{\text{r}ij}$ 为设备残值，元，取初始投资的 5%；$C_{\text{m}ij}$ 为设备运行维护费用，一般包括人工费和维修费，元，取初始投资的 3%；a_{ij} 为设备 j 的安装台数；σ_{ij} 为设备的安装状态，是一个 0—1 变量，0 表示未被采用，1 表示选择到微能源网中参与运行；R_{ij} 为设备的资本回收系数；r 为贴现率，本书取 6.7%；l_{ij} 为设备 j 的寿命期望值。

2. 运行成本

由于冷热负荷特性与季节具有明显关系，主要表现为夏季冷负荷远远超过热负荷，而冬季正好相反，春秋两季负荷特性相似，冷热负荷数量基本持平。因此，本书选取三个典型日进行运行优化计算，微能源网总体运行成本为每种典型日运行成本与该季天数乘积之和，具体可表示为

$$C_{\text{o}} = \sum_{\text{sea}=1}^{3} C_{\text{op}}^{\text{sea}} d_{\text{sea}} \qquad (3-20)$$

式中：$C_{\text{op}}^{\text{sea}}$ 为某种典型日的日运行成本，元，其中典型日包括春秋、夏、冬三种类型；d_{sea} 为该类型典型日的天数。

3. 供能收入减少成本

由于刚性负荷不参与需求响应，所以实施 IDR 前后，刚性负荷的供能收入不发生变化，供能收入减少部分由柔性负荷的用量变化产生，可表示为

$$C_{re} = \sum_{sea=1}^{3} (C_{before}^{sea} - C_{after}^{sea}) d_{sea} \qquad (3-21)$$

$$C_{before} = \sum_{t=1}^{24} \sum_{k=1}^{3} \left[p_t^{e0} \left(\overline{P}_{k,t}^{CL0} + \overline{P}_{k,t}^{SL0} + \overline{P}_{k,t}^{TL0} \right) + p_t^{g} \overline{P}_{k,t}^{TLG0} \right] \qquad (3-22)$$

$$C_{after} = \sum_{t=1}^{24} \sum_{k=1}^{3} \left[p_t^{e} \left(\overline{P}_{k,t}^{CL} + \overline{P}_{k,t}^{SL} + \overline{P}_{k,t}^{TL} \right) + \sum_{t' \in [t+1, t+T_R]} p_{t'}^{e} \overline{P}_{k,t't}^{SLC} + p_t^{g} \overline{P}_{k,t}^{TLG} \right] \qquad (3-23)$$

式中：C_{before} 为实施需求响应之前运营商的柔性负荷供能收入，元；C_{after} 为实施需求响应之后的供能收入，元；$\overline{P}_{k,t}^{CL0}$、$\overline{P}_{k,t}^{SL0}$、$\overline{P}_{k,t}^{TL0}$ 和 $\overline{P}_{k,t}^{CL}$、$\overline{P}_{k,t}^{SL}$、$\overline{P}_{k,t}^{TL}$ 分别为在基准电价和动态电价下 t 时刻对应的 k 类可削减负荷、可转移负荷、可替代负荷，kWh。

3.4.1.2 约束条件

1. 电价约束

为了避免用户需求响应过度而出现峰谷倒置的情况，一般规定峰时段电价最高，平时段高于谷时段电价，并要求峰谷电价的比例在一定范围内。此外，根据边际成本理论，谷时段电价应大于该时段运行边际成本，具体如下

$$p_P > p_F > p_V \qquad (3-24)$$

$$q_1 \leqslant \frac{p_P}{p_V} \leqslant q_2 \qquad (3-25)$$

$$p_V \geqslant p_{ma} \qquad (3-26)$$

式中：p_P、p_F 和 p_V 分别为峰时段电价、平时段电价和谷时段电价，元/kWh；q_1、q_2 为峰谷电价比值的限制常数，我国峰谷电价比一般取 2～5；p_{ma} 为谷时段边际成本，元。此外，规定每种时段的单次持续时间不得低于 2h，且每种时段的总体实施时间至少为 6h。

2. 容量约束

$$\sum_{i=3}^{4} \sum_{j \in \Omega_i} (X_{ij} \eta_{ij} a_{ij} \sigma_{ij}) > L_c^{max} \qquad (3-27)$$

$$\sum_{i=1}^{2} \sum_{j \in \Omega_i} (X_{ij} \eta_{ij} a_{ij} \sigma_{ij}) > L_h^{max} \qquad (3-28)$$

式中：X_{ij} 为设备 j 的安装容量，kWh；L_c^{max}、L_h^{max} 分别为冷、热负荷中的最大值，kWh。

3. 供电收益约束

本书采用价格型需求响应，用户将根据价格信号提高谷时段用电量，同时降低峰时段用电量，用户的购电支出必然减少，因此运营商的供电收益在实施需求响应前后也应减少，即

$$C_{re} \geqslant 0 \qquad (3-29)$$

3.4.2　下层规划

3.4.2.1　目标函数

下层优化以日运行成本最低为目标函数优化各种设备出力，具体数学模型为

$$\min C_{op} = C_g + C_e + C_{en} \qquad (3-30)$$

式中：C_{op} 为日运行成本，元；C_g 为天然气购买成本，元；C_e 为与大电网交互成本，元；C_{en} 为环境处理成本，元。

1. 天然气购买成本

天然气购买成本由热电联产装置消耗的天然气量和燃气锅炉消耗的天然气量两部分产生，可表示为

$$C_g = p_g \sum_{t=1}^{24} V_{g,t} = p_g \sum_{t=1}^{24} \left(\frac{P_{CHP,t}}{\beta} \Delta t + \frac{P_{GB,t}^h}{\eta_{GB}^h \beta} \Delta t \right) \qquad (3-31)$$

式中：p_g 为天然气的购买价格，元/m³；$V_{g,t}$ 为 t 时刻消耗的天然气量，m³；β 为热电联产装置的转换系数，kWh/m³。

2. 与大电网交互成本

微能源网遵循 "自发自用，余电上网" 的运行准则，当设备出力不能满足负荷需求时，将从大电网处购电；反之，则将多余电力出售给上级电网。因此，微能源网与大电网的交互成本包括购电成本和售电收益两部分，净成本为购电成本与售电收益的差值，具体可表示为

$$C_e = \sum_{t=1}^{24} (p_t^{e,in} g_{PG,t}^{in} \Delta t - p_t^{e,out} g_{PG,t}^{out} \Delta t) \qquad (3-32)$$

式中：$p_t^{e,in}$、$p_t^{e,out}$ 分别为 t 时刻从大电网购电和向电网售电的单位收益，元/kWh；$g_{PG,t}^{in}$、$g_{PG,t}^{out}$ 分别为 t 时刻从电网购买的电量和出售给电网的电量，kWh。

3. 环境处理成本

环境处理成本主要考虑 CO_2 的治理成本，由使用天然气产生的污染物处理成

本和使用从电网处购得的电能产生的污染物治理成本两部分构成，可表示为

$$C_{en} = \xi \times 10^{-3} \times \sum_{t=1}^{24} (P_{PG,t} \Delta t \mu_{pc} + V_{g,t} \beta \mu_{gc}) \qquad (3-33)$$

式中：ξ 为污染物单位处理成本，元/g；μ_{pc} 为使用电能时污染物的排放系数，g/kWh；μ_{gc} 为使用天然气时污染物的排放系数，g/kWh。

3.4.2.2 约束条件

1. 母线功率平衡约束条件

$$L_t^e + P_{EC,t} + g_{PG,t}^{out} = g_{PG,t}^{in} + P_{GT,t} / \Delta t \qquad (3-34)$$

$$L_t^c = (P_{EC,t}^c + P_{AC,t}^c) / \Delta t \qquad (3-35)$$

$$L_t^h + P_{AC,t}^h \Delta t = (P_{HE,t}^h + P_{GB,t}^h) / \Delta t \qquad (3-36)$$

$$P_{PG,t}^{out} - P_{PG,t}^{in} = 0 \qquad (3-37)$$

式中：L_t^e、L_t^c 和 L_t^h 分别为 t 时刻用户侧的电、冷和热负荷需求，kWh；$g_{PG,t}^{in}$、$g_{PG,t}^{out}$ 分别为 t 时刻从电网购买的电量和出售给电网的电量，kWh。

2. 设备出力约束条件

$$P_{ij}^{min} \leqslant P_{ij,t} \leqslant P_{ij}^{max} \qquad (3-38)$$

式中：$P_{ij,t}$ 为 t 时刻设备 i 的备选类型 j 的输出功率，kW；P_{ij}^{min}、P_{ij}^{max} 分别为设备输出功率的最小值和最大值，kW。

3. 耦合设备出力约束条件

$$P_{HE,t}^h \geqslant P_{k,t}^{CL} + P_{k,t}^{SL} + P_{k,t}^{TL}, k=2 \qquad (3-39)$$

$$P_{EC,t}^c \geqslant P_{k,t}^{CL} + P_{k,t}^{SL} + P_{k,t}^{TL}, k=3 \qquad (3-40)$$

由于本书考虑综合需求响应时规定冷、热负荷中可参与需求响应的部分均按照电价响应，因此需要由电—热耦合设备和电—冷耦合设备出力满足这部分负荷需求。

本书所提出的双层规划模型，上层模型决策设备型号、数量，同时还进行电价优化，为混合整数非线性规划（mixed integer nonlinear programming，MINLP）模型，采用计及自适应交叉概率的改进差分进化算法；下层运行属于线性规划问题，基于 YALMIP 平台直接采用求解器直接求解。算法流程图

如图 3-6 所示。

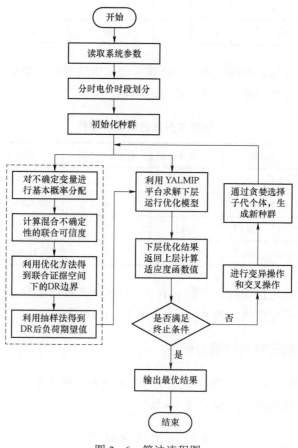

图 3-6　算法流程图

3.4.3　算例分析

3.4.3.1　基本数据

下面选取北方某商务区为例进行微能源网的优化配置，分别给出三种 CHP 机组、燃气锅炉、吸收式制冷机和电制冷机的备选型号负荷数据按照季节选取春秋、夏季和冬季 3 个典型日。天然气价格为 2.63 元/m³，购电电价和上网电价分别为 0.5 元/kWh 和 0.4 元/kWh，模型其他参数见表 3-2。

表 3-2 模 型 其 他 参 数

参数	β (kWh/m³)	ϖ_k	T_R (h)	μ_{pc} (g/kWh)	μ_{gc} (g/kWh)	ξ (元/kg)
数值	10.8	0.2	4	968	220	0.02

根据不确定信息认知程度的不同证据来源，价格弹性系数的基本概率分配利用合成规则得到的合成证据空间结构见表 3-3。

表 3-3 价格弹性系数合成证据结构

合成证据结构	子区间	基本概率分配	合成证据结构	子区间	基本概率分配
1	[-0.3, -0.2]	0.061	5	[-0.7, -0.6]	0.203
2	[-0.4, -0.3]	0.092	6	[-0.8, -0.7]	0.055
3	[-0.5, -0.4]	0.213	7	[-0.9, -0.8]	0.018
4	[-0.6, -0.5]	0.356	8	[-1, -0.9]	0.002

对于随机不确定性参数，选取 γ 为 3，将区间离散截断为 6 个子区间，每个区间的基本概率分配值依次为 0.021 5、0.013 5、0.341 3、0.341 3、0.013 5、0.021 5。

3.4.3.2　IDR 负荷特性结果分析

由于负荷特性不同，按季节将分时电价划分为三种类型，每种类型的分时电价的时段划分和优化电价结果见表 3-4。

表 3-4 分 时 电 价 优 化 结 果

季节	峰时段		平时段		谷时段	
	时段（h）	电价（元/kWh）	时段（h）	电价（元/kWh）	时段（h）	电价（元/kWh）
春秋	0～6	1.296 3	7～9、16～18、22～23	0.851 4	10～15、19～21	0.463 7
夏季	0～7、23	1.281 4	8～10、19～22	0.803 4	11～18	0.452 1
冬季	0～6、23	1.258 6	7～9、20～22	0.815 1	10～19	0.420 2

用户按照表 3-4 确定的分时电价进行综合需求响应，原始负荷和优化后的负荷期望值对比曲线如图 3-7 所示。

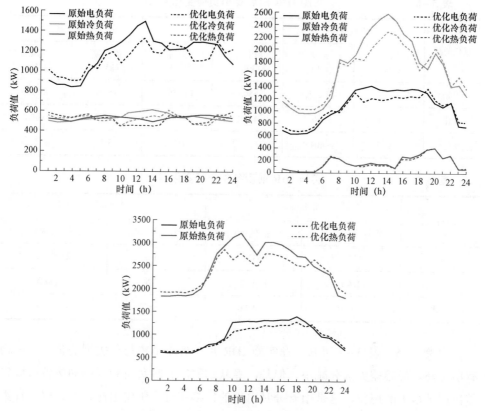

图 3-7　实施 IDR 前后春秋季、夏季和冬季负荷期望值对比曲线

由图 3-7 可知,在实施 IDR 后,峰时段负荷值减小,谷时段负荷增大,峰谷差明显减小,说明基于分时电价的 IDR 能够有效调节负荷曲线,达到削峰填谷的效果。本书对比峰谷差和负荷总量两个指标的变化量,进一步分析实施 IDR 对系统负荷的影响,结果见表 3-5~表 3-7。

表 3-5　　　　　　　　实施 IDR 前后春秋季负荷变化量

优化前后	电负荷		冷负荷		热负荷	
	峰谷差（kW）	总量（kWh）	峰谷差（kW）	总量（kWh）	峰谷差（kW）	总量（kWh）
原始	264.1	11 182.2	52.2	5152.8	28.8	5104.8
优化	242.3	10 322.6	139.4	4835.1	154.1	4824.3
变化	-21.8	-859.6	87.2	-317.7	125.3	-280.5

表 3-6   实施 IDR 前后夏季负荷变化量

优化前后	电负荷		冷负荷		热负荷	
	峰谷差（kW）	总量（kWh）	峰谷差（kW）	总量（kWh）	峰谷差（kW）	总量（kWh）
原始	315.6	10 275.6	650.4	16 259.4	157.8	1582.8
优化	301.9	9670.7	407.1	15 187.9	163.5	1469.2
变化	−13.7	−604.9	−243.3	−1071.5	5.7	−113.6

表 3-7   实施 IDR 前后冬季负荷变化量

优化前后	电负荷		热负荷	
	峰谷差（kW）	总量（kWh）	峰谷差（kW）	总量（kWh）
原始	327.0	9532.2	561.6	23 821.2
优化	274.1	8540.2	393.5	21 688.4
变化	−52.9	−992.0	−168.1	−2132.8

由表 3-5～表 3-7 可知，在实施 IDR 后，各季节中每种类型的负荷总量均有所下降，峰谷差大部分减小。但是，春秋季的冷、热负荷和夏季的热负荷峰谷差出现了增大的现象，这是由于分时电价的价格和时段优化由冷、热、电三种柔性负荷的总和决定，而春秋季的冷、热负荷与电负荷相比较小，且不同时段的用电量较为平均，因此在实施 IDR 后，冷、热负荷在峰时段降低较多，从而拉大了峰谷差。

与现有研究相比，本书在 IDR 模型中计及了随机—认知不确定性，以夏季冷负荷为例，在考虑 IDR 多重不确定性的条件下，负荷曲线的响应范围如图 3-8 所示。

由图 3-8 知，计及不确定性后，负荷响应结果实际上是以一定的概率分布在乐观响应曲线和悲观响应曲线之间波动。为验证计及多重不确定性的必要性，下面将分别分析随机不确定性和认知不确定性对 IDR 的影响：

（1）对于随机不确定性，分别考虑负荷基准值预测误差为±10%、±15%、±20%、±25%和±30%，分析预测误差波动对负荷响应范围的影响。不同预测误差下的负荷波动范围对比如图 3-9 所示。

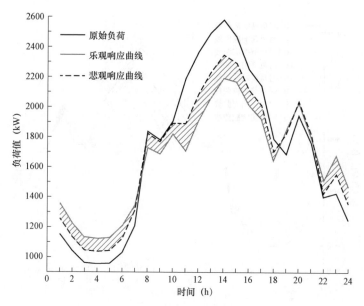

图 3-8　计及不确定性的负荷需求响应范围

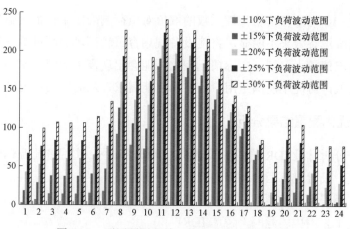

图 3-9　不同预测误差下的负荷波动范围对比

由图 3-9 可知，随着负荷预测波动性的增加，实施 IDR 后的负荷波动范围增大，进而导致系统运行成本波动范围增大，说明负荷预测的不确定性将直接影响微能源网的经济性。

（2）对于具有认知不确定性的价格弹性系数，假设其在每个时刻的值为固定值，分别从 -0.2～-0.9，以 0.1 为间隔进行取值，其他参数不变，得到负荷响应曲线如图 3-10 所示。

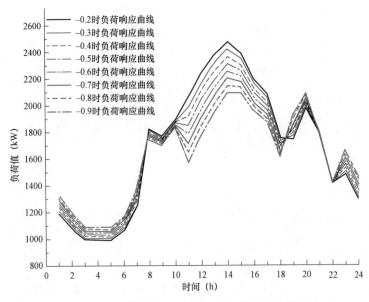

图 3-10 不同弹性价格系数下的负荷响应曲线对比

由图 3-10 可知，价格弹性系数的取值对负荷响应结果有很大影响，若取值较小，则削峰填谷效果不明显，将使设备规划容量较高，进而可能导致设备利用率降低；若取值较大，则与实际情况相比可能会出现需求响应过度的现象，规划时设备容量低，可能不能满足用户的实际用能需求，从而影响系统的可靠性。

3.4.3.3 优化配置结果分析

为充分分析计及 IDR 的经济效益及建立微能源网，实现多能源耦合对经济性的提高程度，设置以下四种场景进行比较分析：

场景 1 不采用微能源网，不考虑 IDR；

场景 2 不采用微能源网，考虑 IDR；

场景 3 采用微能源网，不考虑 IDR；

场景 4 采用微能源网，同时考虑 IDR。

各场景的优化配置结果及成本对比见表 3-8。

表 3-8 各场景优化配置结果及成本对比

场景	CHP 机组	燃气锅炉	吸收式制冷机	电制冷机	投资成本（万元）	运行成本（万元）	总成本（万元）
1		1 台 GB2 + 2 台 GB3		2 台 EC3	30.95	876.18	907.14

续表

场景	CHP 机组	燃气锅炉	吸收式制冷机	电制冷机	投资成本（万元）	运行成本（万元）	总成本（万元）
2		1 台 GB1+2 台 GB3		1 台 EC2+1 台 EC3	30.92	849.06	878.01
3	1 台 CHP2+1 台 CHP3	1 台 GB1+1 台 GB3	1 台 AC3	1 台 EC3	173.46	697.44	870.90
4	1 台 CHP1+1 台 CHP3	1 台 GB1+1 台 GB3	1 台 AC2	1 台 EC2	157.43	673.54	830.97

由表 3-8 可知，场景 2 相比于场景 1 仅考虑了 IDR 的影响，由于实施 IDR 缩小了负荷的峰谷差，负荷峰值降低，因此设备安装容量减小，初始投资降低，同时由于实施 IDR 后，负荷总量减小，运行成本也随之降低，总成本进一步减少；场景 3 相比于场景 1，由于新增 CHP 机组和吸收式制冷机等耦合设备，使设备初始投资增加，但是由于 CHP 机组运行效率更高，消耗燃料更少，同时加入吸收式制冷机改变用能方式，实现了能源的梯级利用，提高了能源利用效率，减少了从电网购电的成本，且天然气成本远低于电力成本，因此运行成本大大降低，总成本减少；场景 4 则在采用微能源网的基础上综合考虑 IDR 的影响，虽然投资成本有所增加，但是运行成本相比于前三种场景显著降低，经济性达到最优。可见，建立计及 IDR 的微能源网，一方面能够有效调整负荷，实现"削峰填谷"；另一方面则体现出"多能互补"的特性，有利于系统经济性的提高。

3.4.3.4　运行策略对优化配置结果的影响分析

为比较分析协同优化运行策略的优势，在现有分时电价的基础上，分别采用"以热定电"和"以电定热"作为运行策略进行微能源网优化配置，结果见表 3-9。

表 3-9　　　　　　不同运行策略下微能源网优化配置结果对比

运行策略	以热定电	以电定热
CHP 机组	1 台 CHP2+3 台 CHP3	2 台 CHP3
燃气锅炉		1 台 GB1+1 台 GB3
吸收式制冷机	2 台 AC3	1 台 AC1+1 台 AC2
电制冷机		1 台 EC1
投资成本（万元）	329.15	193.63
运行成本（万元）	646.88	692.09
总成本（万元）	976.03	885.72

由表 3-9 可知，采用"以热定电"运行策略的微能源网与协同优化运行策略的微能源网相比，投资成本大大增加，原因是采用"以热定电"后，微能源网中的热负荷全部由 CHP 机组提供，而 CHP 机组成本远高于燃气锅炉成本。但是，相比之下运行成本却有所减少，主要是由于冬季热负荷明显高于电负荷，采用"以热定电"的运行策略后发电量大于用户用电量，向电网出售多余电力获得了较大利润，最终由于投资成本增幅过大，整体成本增加。采用"以电定热"运行策略的微能源网与协同优化运行策略的微能源网相比，初始投资成本和运行成本都有所增大，一方面是因为 CHP 机组和燃气锅炉消耗了更多的天然气；另一方面是采用"以电定热"在春秋季造成了一部分热损失，总体经济性较差。可见，协同优化运行策略具有更高的能源利用效率和更好的经济性。

3.4.3.5 价格因素对优化结果的影响分析

为验证优化分时电价的必要性，假设微能源网采用固定电价，电价为 0.8 元/kWh，不同电价策略下微能源网的优化配置结果对比见表 3-10。

表 3-10　　　　　不同电价策略下微能源网优化配置结果对比

电价策略	固定电价	分时电价
CHP 机组	1 台 CHP1+1 台 CHP3	1 台 CHP1+1 台 CHP3
燃气锅炉	1 台 GB1+1 台 GB3	1 台 GB1+1 台 GB3
吸收式制冷机	1 台 AC3	1 台 AC2
电制冷机	1 台 EC2	1 台 EC2
投资成本（万元）	160.57	157.43
运行成本（万元）	684.14	673.54
总成本（万元）	844.71	830.97

由表 3-10 可知，采用固定电价与采用分时电价相比，运行成本和投资成本都有所增加，其主要原因是采用固定电价，峰时段负荷降低较少，削峰填谷效果不明显，且负荷总量降低较少，导致设备装机容量增加，运行成本也随之增加。可见，优化分时电价更有助于微能源网提高经济性。

为分析天然气价格变化对优化结果的影响，在现有优化分时电价的基础上，设置天然气价格在±20%范围内以 10%的变化率进行取值，得到的运行成本结果见表 3-11。

表 3-11　天然气价格对运行成本的影响

天然气价格（元/m³）	-20%	-10%	0	10%	20%
	2.10	2.37	2.63	2.89	3.16
购气成本	431.32	486.77	540.17	593.57	447.127
购电成本	116.21	116.21	116.21	116.21	295.38
环境成本	17.16	17.16	17.16	17.16	37.69
总运行成本	564.69	620.14	673.54	726.94	780.19

由表 3-11 可知，天然气价格在运行成本中占主要部分，当天然气价格不高于 2.89 元/m³ 时，运行成本随天然气价格的升高而增加。当天然气价格高于现有价格的 20% 时，购电成本突然增高而购气成本减少，此时系统更倾向于从电网购电。由此说明当天然气价格高于一定数值时，构建微能源网与各能源系统单独供应相比将不再经济。

3.5　本 章 小 结

本章提出了一种计及不确定需求响应的微能源网容量配置优化方法，通过算例分析验证，得到如下主要结论：

（1）实施 IDR 能够有效调节负荷曲线，平抑负荷峰谷差，从而减小系统装机容量，提高整体经济性。在 IDR 模型中计及随机—认知不确定性能够帮助运营商更加准确地评价 IDR 的真实贡献，具有实际工程意义。

（2）与不同能源系统单独规划、独立供应相比，构建微能源网通过"多能互补"能够有效减少设备投资成本和运行成本，而在规划中协同优化运行策略与直接采用"以热定电"和"以电定热"的运行策略相比，能够更有效地提高微能源网能源利用效率，经济性更优。

（3）电价和天然气价格对微能源网的优化配置具有较大影响：与实施固定电价相比，优化分时电价能够更加有效地实现削峰填谷，降低系统投资成本和运行成本；购气成本占运行成本中的大部分，而当天然气价格高于一定数值时，构建微能源网将不再具有优势。

第4章

微能源网内多能协同互补
双层调度优化模型

随着全球能源消耗逐渐增加和环境问题日益严重，传统能源供给模式因缺乏灵活性，已难以满足社会经济的发展需求，以清洁能源为主要一次能源的分布式能源网络体系受到越来越多的关注[184]。然而，微能源网中大量分布式能源具有强不确定性，给微能源网稳定运行带来了极大的挑战，如何应对这种强不确定性是微能源网规模化发展亟待解决的关键问题。微能源网中引入需求响应能够削峰填谷和平抑新能源接入波动，有利于促进风力发电、光伏发电等清洁能源消纳。除了电能调度可引入需求响应机制外，热、冷、天然气等能源还可以引入需求响应来提升微能源网的运行效益。因此，本章基于两阶段优化理论，构造不同的能源转换策略和能源需求反应条件下的微能源网双层协调调度优化模型。

4.1 引　　言

2011 年，美国学者杰里米·里夫金在《第三次工业革命》中首先提出了能源互联网的愿景[185]，但受制于目前的技术水平壁垒及传统能源行业封闭性，短期内实现大型能源互联网运行较为困难。微能源网（micro energy grid，MEG）作为微电网的自然延伸，将是能源互联网的终端供能系统，研究其能量管理对能源互联网发展具有重要意义[186]。2016 年，国家发展改革委提出《关于推进"互联网＋"智慧能源发展的指导意见》，指出要加强多能协同综合能源网络建设，开展电、气、热、冷等不同类型能源之间的耦合互动和综合利用[187]。

目前，针对微能源网的研究主要集中在能量流分析、能量流建模、协同规划与优化运行等方面[188]，本文重点分析微能源网优化运行策略。现有研究主要以运营成本和环境效益最优为目标，协同优化各能源设备运行[189]。文献［190］基于热电联产机组热电比的可调模式构建了双层优化模型，上层优化以用能成本最低为目标，下层优化以用能效率最高为目标。文献［191］以能源成本和温室气体排放量最小为目标，建立微能源网多目标协同优化模型。文献［192］以耗能和环境总成本最小为优化目标，构建微能源网的优化运行模型。文献［193］基于能源枢纽模型提出一种模拟微能源网稳态能量平衡方程的通用方法。文献［194］提出一种多能源微电网在可再生能源、电力负荷、微电网与公用电网间交易电价等多种不确定性下的时间协调运行方法。上述研究成果为微能源网优化运行提供了重要的决策支撑，但均未考虑不确定性问题，实际上微能源网中大量分布式能源带来了诸多不确定性，将会影响微能源网运行的安全性和可靠性。

一般来说，风、光等间歇性能源在协调调度模型中需作为随机变量考虑，而含随机变量的建模方法包括随机规划和鲁棒优化等[195]。随机规划采用随机变量描述不确定性，基于随机变量的概率分布，将系统约束描述为机会约束[196]，但依赖随机变量概率分布信息，而概率分布难以准确得出，且往往需要大量数据样本，增大了问题的复杂性。鲁棒优化采用不确定参数区间描述不确定性，对随机变量概率分布信息要求少，但优化过程中侧重极端情况，得到结果往往过于保守[197]。不同于上述研究思路，两阶段优化理论通过将决策过程划分为事前决策与实时决策两个阶段，根据随机变量预测结果进行事前决策，根据随机变量实际结果进行实时决策，这与微能源网调度过程相互匹配。已有文献将两阶段优化理论应用于电力系统优化调度，文献［198］以风力发电日前预测功率作为随机变量构建日前调度模型，以系统运行成本最小为目标，在不改变机组调度状态的前提下，根据风力发电实际出力修正日前调度方案。文献［199］提出多微能源网的互动调度模式与竞价策略，讨论日前调度结果和时前调度结果，为解决含不确定性变量的微能源网优化调度决策提供了新思路。

此外，随着智能电网技术的不断发展和成熟，其双向互补技术为需求侧资源参与电力系统运行控制提供了可行条件[200]，文献［201］提出需求响应的基本概念，并将其划分为基于价格的需求响应（PBDR）和基于激励的需求响应（IBDR）。需求响应参与电力调度能够削峰填谷和平抑新能源接入波动，有利于促进以风力发电、光伏发电为主要组件的 VPP 发电并网。文献［202］以风力发电、光伏发电、燃气轮机和 IBDR 组成虚拟电厂，讨论 IBDR 对虚拟电厂运行的影响。文献［203］讨论 IBDR 如何优化分配能量调度和备用调度中的功率输出。实际上，除电力需求响应外，供热、制冷和天然气也存在需求响应[204]，如何充分利用电、热、冷等多种能源需求响应，促进微能源网的优化运行，是微能源网运行面临的又一重要问题。因此，本章基于两阶段优化理论，构造不同的能源转换策略和能源需求反应条件下的微能源网双层协调调度优化模型。

4.2 微能源网结构框架

微能源网是一种微型综合能源互联系统，通过优化设计和协调运行，充分利用当地的光伏、风能、地热等可再生能源，满足终端用户的冷、热、电、气等多种能源需求。本章将多种能源生产服务、能源转换服务及储能服务接入微能源网，研究微能源网最优化运行问题。其中，能源生产设备包括风电场（WPP）、光伏发电站（PV）、燃气轮机（CGT）和燃气锅炉（GB）；能源转换设备包括燃气动力设备（P2G）、电制热设备（P2H）、电制冷机（P2C）和热制冷机（H2C）；储能设备包括保冷装置（CS）、蓄热装置（HS）、储能装置（PS）及储气装置（GS），如图4-1所示。

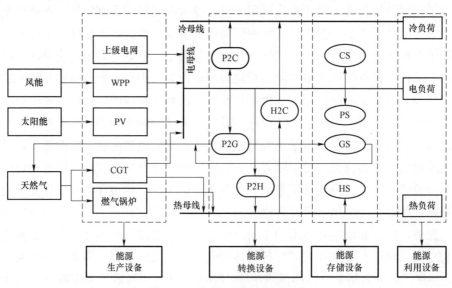

图 4-1 微能源网结构框架图

需求响应能利用分时电价引导用户根据负荷需求分布调整用能行为，平缓负荷需求曲线，故电、热、冷、气等多种类型能量已被纳入考虑。同时，燃气动力（P2G）系统和储气罐（GST）能将低谷时段电能转化为天然气，并根据电、热负荷需求，将其转化为电能或热能，也可通过 P2C 或 H2C 转化为冷能，实现电—

气—电（热）—冷多向能量梯级转换。最后，当微能源网与上级能源网络相连时，两者间可进行灵活的能量互动，实现能量最优供给。因此，本章对比分析 PBDR 和 P2G 对微能源网运行的优化效应，并讨论并网运行与孤岛运行两种状态下微能源网最优调度策略的差异性，以期为微能源网可持续发展提供有效的决策建议。

4.2.1　能源生产（EP）模型

1. WPP 出力模型

WPP 出力主要取决于自然来风风速，当风速低于切入风速或高于切出风速时，WPP 不发电。当风速介于额定风速和切出风速之间时，WPP 按照额定功率运行；当风速介于切入风速和额定风速之间时，WPP 出力与风速正相关，具体出力模型为

$$P_{\mathrm{WPP},t}^{*}=\begin{cases}0, & 0\leqslant v_t<v_{\mathrm{in}},\;\;v_t>v_{\mathrm{out}}\\[2mm]\dfrac{v_t-v_{\mathrm{in}}}{v_{\mathrm{rated}}-v_{\mathrm{in}}}P_{\mathrm{WPP,R}}, & v_{\mathrm{in}}\leqslant v_t\leqslant v_{\mathrm{rated}}\\[2mm]P_{\mathrm{WPP,R}}, & v_{\mathrm{rated}}\leqslant v_t\leqslant v_{\mathrm{out}}\end{cases} \tag{4-1}$$

式中：$P_{\mathrm{WPP},t}^{*}$ 为 WPP 在 t 时刻的可用出力；$P_{\mathrm{WPP,R}}$ 为 WPP 的额定功率，kW；v_t 为 t 时刻的自然来风风速，m/s；v_{in}、v_{out} 和 v_{rated} 分别为切入风速、切出风速和风速速率，m/s。

2. PV 出力模型

PV 出力主要取决于太阳能辐射强度，且呈正相关关系。同时，PV 出力与光伏板面积及其运行效率也直接相关，具体出力模型为

$$P_{\mathrm{PV},t}^{*}=\eta_{\mathrm{PV}}S_{\mathrm{PV}}\theta_t \tag{4-2}$$

式中：$P_{\mathrm{PV},t}^{*}$ 为 PV 在 t 时刻的可用出力，kW；η_{PV}、S_{PV} 分别为 PV 的工作效率及其光伏板面积，m^2；θ_t 为 PV 在 t 时刻的太阳能辐射强度，$\mathrm{MJ/m}^2$。

3. 燃气轮机出力模型

天然气在进入燃气轮机燃烧室后，通过燃烧产生热蒸汽推动涡轮机做功，而排出的热蒸汽可以通过热回收器向用户提供热能，从而实现能源的梯级利用，提高能源综合利用效率。关于燃气轮机的运行原理，现有研究已很成熟，具体可见文献 [11]。本节直接引用 CGT 的供电及供热出力模型，具体模型为

$$P_{\mathrm{CGT},t}=V_{\mathrm{CGT},t}H_{\mathrm{ng}}\eta_{\mathrm{CGT},t} \tag{4-3}$$

$$P_{CGT,t}^{h} = V_{CGT,t}\left(1 - \eta_{CGT,t} - \lambda_{CGT}^{loss}\right)H_{ng}\eta_{hr} \qquad (4-4)$$

式中：$P_{CGT,t}$、$P_{CGT}^{h,t}$ 分别为 CGT 在 t 时刻输出的电功率和热功率，kW；$V_{CGT,t}$ 为 CGT 在 t 时刻消耗的天然气量，m^3；H_{ng} 为天然气的热值，J/m^3；$\eta_{CGT,t}$ 为 CGT 在 t 时刻的发电效率；λ_{CGT}^{loss} 为 CGT 的热损失率；η_{hr} 为 CGT 的热回收效率。

4. 燃气锅炉出力模型

在冬季采暖高峰时段，燃气轮机供热不足时，可通过燃气锅炉进行补充供热。燃气锅炉的运行模型为

$$P_{GB,t}^{h} = V_{GB,t}H_{ng}\eta_{GB}^{h} \qquad (4-5)$$

式中：$P_{GB,t}^{h}$ 为 GB 在 t 时刻的热功率，kW；$V_{GB,t}$ 为 GB 在 t 时刻消耗的天然气量，m^3；H_{ng} 为天然气的热值，J/m^3；η_{GB}^{h} 为 GB 的热效率。

4.2.2 能源转换（EC）模型

1. 燃气动力设备（P2G）

P2G 可利用弃风和弃光将 CO_2 转化为 CH_4，实现电—气网络互联，增加系统对分布式能源的消纳能力，降低系统碳排放量，提升微能源网运营的经济效益和环境效益。P2G-GS 运行技术原理如图 4-2 所示。

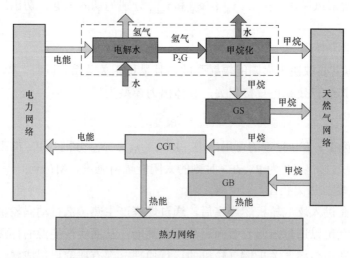

图 4-2　P2G-GS 运行技术原理图

P2G 能够将水电解为 H_2 和 O_2，由于 H_2 难以大规模存储，利用甲烷化设备将 H_2 和 CO_2 制成 CH_4。P2G 产生的 CH_4 流向天然气网络、CGT、GB 及 GST。由于

P2G 制造 CH_4 的化学反应中 H_2O 的投入量和产出量相同，仅消耗 CO_2，这意味着 P2G 能降低微能源网发电的碳排放，具体原理为

$$V_{\text{P2G},t} = g_{\text{P2G},t} \eta_{\text{P2G}} / H_{\text{ng}} \qquad (4-6)$$

式中：$V_{\text{P2G},t}$ 为 P2G 在 t 时刻产生的 CH_4 量，m^3；$g_{\text{P2G},t}$ 为 P2G 在 t 时刻所消耗的电量，kWh；η_{P2G} 为 P2G 的电气转换效率。

进一步，设定 P2G 产生的天然气流向 CGT、GB、GST，以及天然气网络的效率分别为 $\eta_{\text{P2G},t}^{\text{CGT}}$、$\eta_{\text{P2G},t}^{\text{GB}}$、$\eta_{\text{P2G},t}^{\text{GST}}$ 和 $\eta_{\text{P2G},t}^{\text{NG}}$，则根据式（4-3）～式（4-5），可分别计算出 P2G 产生天然气所带来的 CGT 新增发电功率 $\Delta P_{\text{CGT},t}^{\text{P2G}}$ 和热功率 $\Delta P_{\text{CGT},t}^{\text{P2G,h}}$ 及 GB 新增热功率 $\Delta P_{\text{GB},t}^{\text{P2G,h}}$。

2. 其他能源转换设备

除 P2G 外，微能源网中还包括 P2C、P2H、H2C 三种能源转换设备。P2C 主要是电制冷机，其运行原理是依靠电动机驱动压缩机做功，促使工质完成一系列的热交换达到制冷的目的。P2H 主要是不同类型的热泵，通过消耗电能将从外界获取的低位热能转换为高位热能。H2C 是指吸收式制冷机，利用能源生产设备产生的余热作为热源，借助二元溶液作为工质，通过蒸发溶液制冷。需要指出的是，不同能源间的转换存在一定的效率，虽然该效率不为常数，但通常设备在稳定运行时其变化幅度并不大，参考相关文献 [205] 可以将其视作常数处理，因此可以将能源转换单元的数学模型简单表示为

$$\begin{bmatrix} P_{\text{P2C},t}^{\text{c}} \\ P_{\text{P2H},t}^{\text{h}} \\ P_{\text{H2C},t}^{\text{c}} \end{bmatrix} = \begin{bmatrix} g_{\text{P2C},t} & 0 & 0 \\ 0 & g_{\text{P2H},t} & 0 \\ 0 & 0 & Q_{\text{H2C},t} \end{bmatrix} \begin{bmatrix} \eta_{\text{P2C}} \\ \eta_{\text{P2H}} \\ \eta_{\text{H2C}} \end{bmatrix} \qquad (4-7)$$

式中：$P_{\text{P2C},t}^{\text{c}}$ 为 P2C 在 t 时刻产生的冷功率，kW；$P_{\text{P2H},t}^{\text{h}}$ 为 P2H 在 t 时刻产生的热功率，kW；$P_{\text{H2C},t}^{\text{c}}$ 为 H2C 在 t 时刻产生的冷功率，kW；$g_{\text{P2C},t}$、$g_{\text{P2H},t}$ 分别为 P2C、P2H 在 t 时刻的用电量，kWh；$Q_{\text{H2C},t}$ 为 H2C 在 t 时刻的用热量，kWh；η_{P2C}、η_{P2H}、η_{H2C} 分别为 P2C、P2H、H2C 的能源转换效率。

4.2.3　储能运行（ES）模型

1. 保冷装置（GS）

GS 能够从 P2G 存储剩余天然气，根据气价、电价、热价关系，选择进入天然气网络 CGT 和 GB。首先，计算进入 GS 的天然气量，即

$$V_{\text{GS},t}^{\text{P2G}} = V_{\text{P2G},t} \left(\eta_{\text{P2G},t}^{\text{GS}} - \lambda_{\text{P2G},t}^{\text{loss}} \right) \qquad (4-8)$$

式中：$V_{GS,t}^{P2G}$ 为由 P2G 在 t 时刻产生的进入 GS 的天然气量，m^3；$\eta_{P2G,t}^{GS}$ 为 P2G 在 t 时刻进入 GS 的比例；$\lambda_{P2G,t}^{loss}$ 为 P2G 在 t 时刻的天然气损失率。GS 中天然气存储的能量状态表示为

$$V_{GS,t} = V_{GS,t_0} + \sum_{t=1}^{T} \left(V_{GS,t}^{P2G} - V_{GS,t}^{CGT} - V_{GS,t}^{GB} - V_{GS,t}^{NG} \right) \tag{4-9}$$

式中：$V_{GS,t}$ 为 GS 在 t 时刻的储气量，m^3；V_{GS,t_0} 为 GS 在初始 t_0 时刻的储气量，m^3；$V_{GS,t}^{CGT}$ 为 GS 在 t 时刻进入 CGT 的天然气量，m^3；$V_{GS,t}^{GB}$ 为 GS 在 t 时刻进入 GB 的天然气量，m^3；$V_{GS,t}^{NG}$ 为 GS 在 t 时刻进入天然气网络的天然气量，m^3。

根据 GS 中 CH_4 不同的能量流向，根据式（4-3）～式（4-5），可分别计算出 GS 中天然气所带来的 CGT 新增发电功率 $\Delta P_{CGT,t}^{GS}$ 和热功率 $\Delta P_{CGT,t}^{GS,h}$ 及 GB 新增热功率 $\Delta P_{GB,t}^{GS,h}$。根据上述分析，能够确定出 CGT 机组的最终发电出力及供热出力。

2. 其他储能设备

除 GS 外，微能源网还包括 PS、HS 和 CS 三种储能设备。PS 主要通过不同储电设备（机械储能、电磁储能、化学储能），在负荷低谷时段进行充电蓄能，在负荷高峰时段进行放电释能，从而获取价差收益。HS 的主要设备类型包括大型蓄热罐、蓄热槽及蓄热式电锅炉等，进行充热蓄能和放热释能。CS 借助蓄冰槽进行制冰蓄能和融冰释能。上述三种储能设备的运行机理基本一致，具体运行模型为

$$P_{ES,t} = u_{ES,t}^{ch} P_{ES,t}^{ch} - u_{ES,t}^{dis} P_{ES,t}^{dis} \tag{4-10}$$

式中：$P_{ES,t}$ 为 ES 设备在 t 时刻的净输出功率，kW，ES 包括 PS、HS 和 CS；$P_{ES,t}^{ch}$、$P_{ES,t}^{dis}$ 分别为 ES 在 t 时刻的蓄能功率和释能功率，kW；$u_{ES,t}^{ch}$、$u_{ES,t}^{dis}$ 分别为 ES 的蓄能状态变量和释能状态变量。

当 ES 处于蓄能状态时，$u^{ch}=1, u^{dis}=0$；当 ES 处于释能状态时，$u^{ch}=0, u^{dis}=1$。

$$S_{ES,t} = \left(1 - \lambda_{ES,t}^{loss}\right) S_{ES,t-1} + \left[P_{ES,t}^{ch} \eta_{ES,t}^{ch} \Delta t - P_{ES,t}^{dis} \Delta t / \eta_{ES,t}^{dis} \right] \tag{4-11}$$

式中：$S_{ES,t}$、$S_{ES,t-1}$ 为 ES 在 t、$t-1$ 时刻的蓄能量，kWh；$\lambda_{ES,t}^{loss}$ 为 ES 在时刻 t 的能量损失率；$P_{ES,t}^{ch}$、$P_{ES,t}^{dis}$ 分别为 ES 在 t 时刻的蓄能功率和释能功率，kW；Δt 为单位时间，h；$\eta_{ES,t}^{ch}$、$\eta_{ES,t}^{dis}$ 分别为 ES 在 t 时刻的蓄能效率和释能效率。

4.3 微能源网双层调度优化模型

由于微能源网能量调度属于事前调度，即根据 WPP 和 PV 的预测功率安排调度计划，但 WPP 和 PV 的出力受外部自然条件影响具有较强的随机特性，故如何应对 WPP 和 PV 在实际调度时发生的偏差，是制定微能源网最优运行策略的关键

问题。

4.3.1　前提假设

在实际调度计划安排过程中，可将 WPP 和 PV 的出力作为一个随机变量，将实际可用出力视为随机变量的实现，这类问题可属于一个两阶段优化问题[20]。因此，本书利用两阶段优化理论构造微能源网双层调度优化模型，将调度阶段划分为日前调度和时前调度两层优化问题。上层日前调度模型将 WPP 和 PV 的日前预测出力作为随机变量安排调度，以确立最优的微能源网运行策略。图 4-3 所示为微能源网调度模型结构框架。

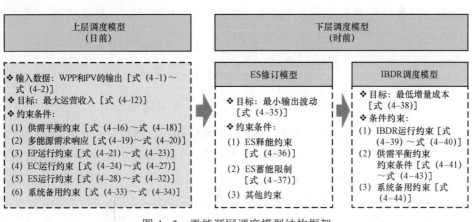

图 4-3　微能源网调度模型结构框架

在上层日前调度模型中，将 WPP 和 PV 的可用出力作为随机变量，根据 WPP 和 PV 的日前预测出力安排调度计划，确定各单元的启停状态及出力计划。由于风力发电和光伏发电具有较强的不确定性。在日前调度阶段，将其申报的出力作为负荷，综合考虑不同能源设备运行约束及系统旋转备用约束，从而安排其他能源生产、能源转换设备的出力计划。

在下层时前调度模型中，将 WPP 和 PV 的时前出力结果作为上层随机变量的实现，并通过修正 ES 运行状态来应对 WPP 和 PV 的出力偏差，若无法满足偏差调整需求，则进一步调用 IBDR，以平衡电、热、冷等能量负荷需求，确立微能源网最优运行策略。

4.3.2　上层调度模型

上层调度模型根据不确定性变量的日前预测结果，安排调度运行计划，确定

不同单位的启停状态。该模型以微能源网运行收益最大化作为优化目标，具体目标函数为

$$\max R_{\text{upper}} = \sum_{j=1}^{\tilde{N}} q_j \sum_{t=1}^{T} \left[\underbrace{\left(\begin{array}{c} R_{\text{WPP},t} + R_{\text{PV},t} + \\ R_{\text{CGT},t} + R_{\text{GB},t} \end{array} \right)_j}_{R_{\text{EP},t}} + \underbrace{\left(\begin{array}{c} R_{\text{P2G},t} + R_{\text{P2H},t} + \\ R_{\text{P2C},t} + R_{\text{H2C},t} \end{array} \right)_j}_{R_{\text{EC},t}} + \underbrace{\left(\begin{array}{c} R_{\text{PS},t} + R_{\text{GS},t} + \\ R_{\text{HS},t} + R_{\text{CS},t} \end{array} \right)_j}_{R_{\text{ES},t}} \right]$$

$$(4-12)$$

式中：R_{upper} 为微能源网上层收益，元；t 为时间，对于 WPP 和 PV，发电边际成本基本为零，故运营收益等于电量和电价的积。对于 CGT，运营收益等于供电和供热收益减去供能成本，包括天然气消费成本和启停成本，计算公式为

$$R_{\text{CGT},t} = \left(p_{\text{CGT},t}^{\text{e}} P_{\text{CGT},t} + p_{\text{CGT},t}^{\text{h}} Q_{\text{CGT},t}^{\text{h}} \right) - \left\{ p_{\text{ng},t} \left[\begin{array}{c} a_i \left(P_{\text{CGT},t} + \theta_{\text{h}}^{\text{e}} Q_{\text{CGT},t}^{\text{h}} \right)^2 + \\ b_i \left(P_{\text{CGT},t} + \theta_{\text{h}}^{\text{e}} Q_{\text{CGT},t}^{\text{h}} \right) + c_i \end{array} \right] \right\} -$$

$$\left\{ \left[\mu_{\text{CGT},t}^{\text{up}} (1 - \mu_{\text{CGT},t-1}^{\text{up}}) \right] C_{\text{CGT},t}^{\text{up}} + \left[\mu_{\text{CGT},s}^{\text{dn}} (1 - \mu_{\text{CGT},s+1}^{\text{dn}}) \right] C_{\text{CGT},s+1}^{\text{dn}} \right\}$$

$$(4-13)$$

式中：$p_{\text{CGT},t}^{\text{e}}$、$p_{\text{CGT},t}^{\text{h}}$ 分别为 t 时刻 CGT 的供电价格和供热价格，元/kWh；$p_{\text{ng},t}$ 为 t 时刻天然气价格，元/m³；$\theta_{\text{h}}^{\text{e}}$ 为电热转换系数；a_i、b_i 和 c_i 为 CGT 发电的成本系数；$\mu_{\text{CHP},t}^{\text{u}}$、$\mu_{\text{CHP},t}^{\text{d}}$ 为 t 时刻 CHP 的运行状态参数，是介于 $0\sim1$ 之间的变量；$C_{\text{CHP},t}^{\text{u}}$、$C_{\text{CHP},s+1}^{\text{d}}$ 分别为 t、$s+1$ 时刻的 CHP 启停成本，元。

对于 GB，若供热价格为 $p_{\text{GB},t}^{\text{h}}$（元/kWh），$Q_{\text{GB},t}$ 为供热量（kWh），则其运营收益 $R_{\text{GB},t}$ 等于供热收益减去天然气消费成本（元），即 $p_{\text{GB},t}^{\text{h}} Q_{\text{GB},t} - p_{\text{ng},t} V_{\text{GB},t}$。

对于能源转换设备，运营收益计算类似于 GB，即供能收益减去用能成本（元），用矢量矩阵表示为

$$R_{\text{EC},t} = p_{\text{EC},t}^{\text{out}} E_{\text{EC},t}^{\text{out}} \eta_{\text{EC},t}^{\text{out}} - p_{\text{EC},t}^{\text{in}} E_{\text{EC},t}^{\text{in}} / \eta_{\text{EC},t}^{\text{in}} \qquad (4-14)$$

式中：$R_{\text{EC},t}$ 为 t 时刻 EC 的运营收益，元，EC 包括 P2C、P2G、H2C、P2H；$p_{\text{EC},t}^{\text{out}}$、$p_{\text{EC},t}^{\text{in}}$ 分别为 t 时刻 EC 的供能价格和用能价格，元/kWh；$E_{\text{EC},t}^{\text{out}}$、$E_{\text{EC},t}^{\text{in}}$ 分别为 t 时刻 EC 的供能量和用能量，kWh；$\eta_{\text{EC},t}^{\text{out}}$、$\eta_{\text{EC},t}^{\text{in}}$ 分别为 t 时刻 EC 的供能效率和用能效率。

对于 ES，其运营收益主要等于释能收益减去蓄能成本，具体计算公式为

$$R_{\text{ES},t} = p_{\text{ES},t}^{\text{dis}} P_{\text{ES},t}^{\text{dis}} \eta_{\text{ES},t}^{\text{dis}} - p_{\text{ES},t}^{\text{ch}} P_{\text{ES},t}^{\text{ch}} / \eta_{\text{ES},t}^{\text{ch}} \qquad (4-15)$$

式中：$R_{\text{ES},t}$ 为 t 时刻 ES 的运营收益，元，包括 $R_{\text{PS},t}$、$R_{\text{GS},t}$、$R_{\text{HS},t}$ 和 $R_{\text{CS},t}$；$p_{\text{ES},t}^{\text{dis}}$、$p_{\text{ES},t}^{\text{ch}}$ 分别为 t 时刻 ES 的释能价格和蓄能价格，元/kW；$P_{\text{ES},t}^{\text{dis}}$、$P_{\text{ES},t}^{\text{ch}}$ 分别为 t 时刻

的释能功率和蓄能功率，kW；$\eta_{\text{ES},t}^{\text{dis}}$、$\eta_{\text{ES},t}^{\text{ch}}$ 分别为 t 时刻 ES 的释能效率和蓄能效率。

进一步，为确保微能源网的优化运行，需综合考虑能量供需平衡、能源生产设备、能源转换设备及储能设备等约束条件。

1. 能量供需平衡约束

电负荷供需平衡约束

$$\left(P_{\text{CGT},t}\Delta t + \Delta g_{\text{CGT},t}^{\text{P2G}} + \Delta g_{\text{CGT},t}^{\text{GS}}\right)(1-\varphi_{\text{CGT}}) - Q_{\text{PS},t}^{\text{dis}} + g_{\text{UG},t} = L_t^{\text{e}} - P_{\text{RE},t}\Delta t + g_{\text{P2C},t} + g_{\text{P2H},t}$$
$$+ g_{\text{P2G},t} + Q_{\text{PS},t}^{\text{ch}} + \Delta L_t^{\text{PB,e}}$$

$$(4-16)$$

热负荷供需平衡约束

$$Q_{\text{CGT},t}(1-\varphi_{\text{CGT}}) + Q_{\text{GB},t}(1-\eta_{\text{GB}}) + \Delta Q_{\text{GB},t}^{\text{GS}} + \Delta Q_{\text{GB},t}^{\text{P2G}} + \Delta Q_{\text{CGT},t}^{\text{P2G}} + \Delta Q_{\text{CGT},t}^{\text{GS}} + Q_{\text{P2H},t} - Q_{\text{HS},t}^{\text{dis}}$$
$$= L_t^{\text{h}} + Q_{\text{H2C},t} + Q_{\text{HS},t}^{\text{ch}} + \Delta L_t^{\text{PB,h}}$$

$$(4-17)$$

冷负荷供需平衡约束

$$Q_{\text{H2C},t} + Q_{\text{P2C},t} - Q_{\text{CS},t}^{\text{dis}} = L_t^{\text{c}} + Q_{\text{CS},t}^{\text{ch}} + \Delta L_t^{\text{PB,c}} \qquad (4-18)$$

式中：φ_{CGT} 为 CGT 的常用电率；$g_{\text{UG},t}$ 为 t 时刻公共电网的供电量，kWh；$P_{\text{RE},t}$ 为 t 时刻清洁能源发电功率，kW，包括 WPP 和 PV；L_t^{e}、L_t^{h}、L_t^{c} 分别为 t 时刻的电、热、冷的负荷需求，kWh；$\Delta L_t^{\text{PB,e}}$、$\Delta L_t^{\text{PB,h}}$ 和 $\Delta L_t^{\text{PB,c}}$ 分别为 t 时刻 PBDR 所产生的电、热、冷负荷的变动量，kWh。

由于 WPP、PV 具有较强的不确定性，在日前阶段将 WPP 和 PV 看作负向负荷。根据微观经济学原理，价格型需求响应可由需求价格弹性进行描述，具体为

$$E_{st} = \frac{\Delta L_s / L_s^0}{\Delta p_t / p_t^0}\begin{cases} E_{st} \leq 0, s=t \\ E_{st} \geq 0, s\neq t \end{cases} \qquad (4-19)$$

式中：ΔL_s、Δp_t 分别为基于价格型需求响应（PBDR）后需求与价格的变化量。

根据式（4-19），PBDR 后的电、热、冷负荷变动量可由式（4-20）计算，即

$$\Delta L_t^{\text{PB,(e,h,c)}} = L_t^{\text{e,h,c}} \times \left\{ E_{tt}^{\text{e,h,c}} \cdot \frac{\left[p_t^{\text{e,h,c}} - p_t^{(\text{e,h,c}),0}\right]}{p_t^{(\text{e,h,c}),0}} + \sum_{\substack{s=1 \\ s\neq t}}^{24} E_{st}^{\text{e,h,c}} \cdot \frac{\left[p_s^{\text{e,h,c}} - p_s^{(\text{e,h,c}),0}\right]}{p_s^{(\text{e,h,c}),0}} \right\} \qquad (4-20)$$

式中：$\Delta L_t^{\text{PB,(e,h,c)}}$、$L_t^{\text{e,h,c}}$ 分别为 PBDR 在 t 时刻前后的负荷变动量和初始负荷，kWh；$p_t^{\text{e,h,c}}$、$p_t^{(\text{e,h,c}),0}$ 分别为 PBDR 在 t 时刻前后的电、热、冷价格，元/kWh；$E_{st}^{\text{e,h,c}}$ 为电、热、冷负荷需求—价格弹性，当 $s=t$ 时，$E_{st}^{\text{e,h,c}}$ 表示自弹性，当 $s\neq t$ 时，$E_{st}^{\text{e,h,c}}$ 表示交叉弹性，详细的数学描述见文献［206］。

2. EP 运行约束

对于 CGT，发电功率和供热功率间的关系称为"电热特性"。在给定热功率下，发电功率具有一定的可调节性，这是由于在给定的抽汽量下，CHP 通过调整凝汽发电蒸汽量来调整整个汽轮机输出的电功率，但抽汽量越大，可用于调节的凝汽发电蒸汽比例就越小，因此调节范围就越小，具体约束条件为

$$\max\left\{P_{\text{CGT}}^{\min} - c_{\min}P_{\text{CGT}}^{\text{h}}, c_{\text{m}}\left(P_{\text{CGT}}^{\text{h}} - P_{\text{CGT}}^{\text{h0}}\right)\right\} \leq P_{\text{CGT}} \leq P_{\text{CGT}}^{\max} - c_{\max}P_{\text{CGT}}^{\text{h}} \quad （4-21）$$

$$0 \leq P_{\text{CGT}}^{\text{h}} \leq P_{\text{CGT}}^{\text{h,max}} \quad （4-22）$$

$$u_{\text{CGT},t}\left(P_{\text{CGT},t}^{\min} + \theta_{\text{h}}P_{\text{CGT},t}^{\text{h,min}}\right) \leq P_{\text{CGT},t} + \theta_{\text{h}}P_{\text{CGT},t}^{\text{h}} \leq u_{\text{CGT},t}\left(P_{\text{CGT},t}^{\max} + \theta_{\text{h}}P_{\text{CGT},t}^{\text{h,max}}\right) \quad （4-23）$$

$$c_{\text{m}} = \Delta P_{\text{CGT}} \big/ \Delta P_{\text{CGT}}^{\text{h}} \quad$$

式中：$c_{\min}$、$c_{\max}$ 分别为最小和最大电功率下对应的 c 值；c 为进汽量不变时多抽取单位供热量下电功率的减小值；c_{m} 为背压运行时的电功率和热功率的弹性系数；$P_{\text{CGT}}^{\text{h0}}$ 为常数；$P_{\text{CGT}}^{\text{h,max}}$ 为 CGT 最大热功率，kW；$P_{\text{CGT}}^{\text{h,min}}$ 为 CGT 电功率最小时的汽轮机热功率，kW；$P_{\text{CGT}}^{\min}$、$P_{\text{CGT}}^{\max}$ 分别为 CGT 在纯凝工况下的最小电功率和最大电功率，kW；$u_{\text{CGT},t}$ 为 CGT 在 t 时刻的启停状态变量；$P_{\text{CGT},t}^{\text{h,min}}$ 为 CGT 在 t 时刻的最小热功率，kW。

对于 CGT 机组，还需满足上下爬坡约束及启停时间约束，具体约束条件见文献 [206]。同样，对于 WPP、PV 均需满足最小和最大功率约束。对于 GB，既需要满足最小、最大功率约束，还需满足上下爬坡约束及启停时间约束。

3. EC 运行约束

EC 主要包括 P2G、P2C、P2H 和 H2C。P2G 需要满足最小和最大制气约束，其余 EC 设备需满足用能上下限约束及供能上下限约束，具体约束条件为

$$u_{\text{P2G},t}V_{\text{P2G},t}^{\min} \leq V_{\text{P2G},t} \leq u_{\text{P2G},t}V_{\text{P2G},t}^{\max} \quad （4-24）$$

$$u_{\text{EC},t}^{\text{out}}E_{\text{EC},t}^{\text{out,min}} \leq E_{\text{EC},t}^{\text{out}} \leq u_{\text{EC},t}^{\text{out}}E_{\text{EC},t}^{\text{out,max}} \quad （4-25）$$

$$u_{\text{EC},t}^{\text{in}}E_{\text{EC},t}^{\text{in,min}} \leq E_{\text{EC},t}^{\text{in}} \leq u_{\text{EC},t}^{\text{in}}E_{\text{EC},t}^{\text{in,max}} \quad （4-26）$$

式中：$V_{\text{P2G},t}^{\min}$、$V_{\text{P2G},t}^{\max}$ 分别为 P2G 在 t 时刻的最小制气量和最大制气量，m³；$E_{\text{EC},t}^{\text{out,min}}$、$E_{\text{EC},t}^{\text{out,max}}$ 分别为 EC 在 t 时刻的供能上限、供能下限，kWh；$E_{\text{EC},t}^{\text{in,min}}$、$E_{\text{EC},t}^{\text{in,max}}$ 分别为 EC 在 t 时刻的用能上限、用能下限，kWh；$u_{\text{P2G},t}$ 为 P2G 在 t 时刻的启停状态变量；$u_{\text{EC},t}^{\text{in}}$、$u_{\text{EC},t}^{\text{out}}$ 分别为 EC 在 t 时刻的用能状态变量和供能状态变量。

同时，为最优化 EC 运行，限定 EC 不能同时进行用能和供能操作，具体约束条件为

$$u_{\text{EC},t}^{\text{in}} + u_{\text{EC},t}^{\text{out}} \leqslant 1 \qquad (4-27)$$

4. ES 运行约束

ES 主要包括 PS、CS、HS 和 CS，运行约束包括蓄能功率上下限约束、释能功率上下限约束及容量上下限约束，具体约束条件为

$$u_{\text{ES},t}^{\text{ch}} P_{\text{ES},t}^{\text{ch,min}} \leqslant P_{\text{ES},t}^{\text{ch}} \leqslant u_{\text{ES},t}^{\text{ch}} P_{\text{ES},t}^{\text{ch,max}} \qquad (4-28)$$

$$u_{\text{ES},t}^{\text{dis}} P_{\text{ES},t}^{\text{dis,min}} \leqslant P_{\text{ES},t}^{\text{dis}} \leqslant u_{\text{ES},t}^{\text{dis}} P_{\text{ES},t}^{\text{dis,max}} \qquad (4-29)$$

$$S_{\text{ES},t}^{\text{min}} \leqslant S_{\text{ES},t} \leqslant S_{\text{ES},t}^{\text{max}} \qquad (4-30)$$

$$u_{\text{GS},t}^{\text{P2G}} V_{\text{GS},t}^{\text{P2G,min}} \leqslant V_{\text{GS},t}^{\text{P2G}} \leqslant u_{\text{GS},t}^{\text{P2G}} V_{\text{GS},t}^{\text{P2G,max}} \qquad (4-31)$$

$$S_{\text{ES},T_0} = S_{\text{ES},T} \qquad (4-32)$$

式中：$u_{\text{ES},t}^{\text{ch}}$、$u_{\text{ES},t}^{\text{dis}}$ 分别为 ES 在 t 时刻的蓄能状态变量和释能状态变量；$P_{\text{ES},t}^{\text{ch,min}}$、$P_{\text{ES},t}^{\text{ch,max}}$ 分别为 ES 在 t 时刻的最小蓄能功率和最大蓄能功率，kW；$P_{\text{ES},t}^{\text{dis,min}}$、$P_{\text{ES},t}^{\text{dis,max}}$ 分别为 ES 在 t 时刻的最小释能功率和最大释能功率，kW；$S_{\text{ES},t}^{\text{min}}$、$S_{\text{ES},t}^{\text{max}}$ 分别为 ES 在 t 时刻的最小蓄能量和最大蓄能量，kWh；$u_{\text{GS},t}^{\text{P2G}}$ 为 GS 在 t 时刻运行的启停状态；$V_{\text{GS},t}^{\text{P2G,min}}$、$V_{\text{GS},t}^{\text{P2G,max}}$ 分别为 GS 在 t 时刻的最小制气量和最大制气量，m³。同时，为给下一调度周期预留一定的调节裕度，将运行一个周期后的蓄能量恢复到初始时刻的蓄能量，T_0、T 分别为调度周期始末，h。

5. 系统备用约束

对于微能源网，需预留一定的电备用容量，以保证微能源网的能量安全可控供给；进而，为应对 WPP、PV 负荷的不确定性，需预留一定的电空间，具体约束条件为

$$P_{\text{IES},t}^{\text{max}} - P_{\text{IES},t} + P_{\text{PS},t}^{\text{dis}} \geqslant r_e L_t^e / \Delta t + r_{\text{WPP}} P_{\text{WPP},t} + r_{\text{PV}} P_{\text{PV},t} \qquad (4-33)$$

$$P_{\text{IES},t} - P_{\text{IES},t}^{\text{min}} + P_{\text{PS},t}^{\text{ch}} \geqslant r_{\text{WPP}} P_{\text{WPP},t} + r_{\text{PV}} P_{\text{PV},t} \qquad (4-34)$$

式中：$P_{\text{IES},t}$ 为微能源网在 t 时刻提供的电功率，kW；$P_{\text{IES},t}^{\text{max}}$、$P_{\text{IES},t}^{\text{min}}$ 分别为微能源网在 t 时刻的最大电功率和最小电功率，kW；r_e 为电负荷的旋转备用系数；r_{WPP}、r_{PV} 分别为 WPP 和 PV 的负荷旋转备用系数。

同样，微能源网还需满足热旋转备用约束和冷旋转备用约束，数学公式同式（4-33）和式（4-34）。

4.3.3　下层调度模型

在不考虑风、光、负荷不确定性的条件下，根据上层调度模型确立微能源网调度计划，实际上，由于微能源网能量调度属于实时调度，当风、光、负荷实际

值与预测值发生偏差时，需要对其偏差进行处理。因此，在下层模型中，分别通过修正 ES 运行出力和调用 IBDR 来应对以上不确定性。首先，针对风、光不确定性，通过修正 ES 出力计划，以应对不确定性带来的偏差，具体如下

$$\min F_{\text{lower}}^{\text{ES}} = \sum_{j=1}^{\bar{N}} q_j \sum_{t=1}^{T} \left\{ \left| -\left[\left(P_{\text{ES},t}^{\text{dis}} - P_{\text{ES},t}^{\text{ch}} \right) + P_{\text{PV},t} + P_{\text{WPP},t} \right] + \left[\left(P_{\text{ES},t}^{\text{dis}} - P_{\text{ES},t}^{\text{ch}} \right)^* + P_{\text{PV},t}^* + P_{\text{WPP},t}^* \right] \right|_j \right\}$$

$$(4-35)$$

式中：$F_{\text{lower}}^{\text{ES}}$ 为修正出力偏差调用的 ES 出力，kW；q_j 为 j 场景的发生概率；$P_{\text{PV},t}^*$、$P_{\text{WPP},t}^*$ 分别为 PV 和 WPP 在 t 时刻的实际可用出力，kW；$\left(P_{\text{ES},t}^{\text{dis}} - P_{\text{ES},t}^{\text{ch}} \right)^*$ 为 ES 在 t 时刻的修正出力，kW。同时，t 时刻的 ES 运行修正出力不应影响 t 时刻之后的出力计划，具体约束如下：

当 ES 处于释能状态时

$$Q_{\text{ES},t'+1} = Q_{\text{ES},t'} - P_{\text{ES},t'}^{\text{dis}} \left(1 + \rho_{\text{ES},t'}^{\text{dis}} \right) \Delta t \qquad (4-36)$$

当 ES 处于蓄能状态时

$$Q_{\text{ES},t'+1} = Q_{\text{ES},t'} + P_{\text{ES},t'}^{\text{ch}} \left(1 - \rho_{\text{ES},t'}^{\text{ch}} \right) \Delta t \qquad (4-37)$$

式中：t' 为时间，h，$t' = t+1$；$Q_{\text{ES},t'}$ 为 t' 时刻 ES 的容量，kWh；$\rho_{\text{ES},t'}^{\text{dis}}$ 为 t' 时刻的释能损耗率；$\rho_{\text{ES},t'}^{\text{ch}}$ 为 t' 时刻的蓄能损耗率。对于 ES，还需满足式（4-16）～式（4-32）的约束条件。

然后，针对负荷不确定性，设定微能源网通过与终端用户签订事前需求响应协议，当负荷发生偏差时，若无法通过修正 ES 出力计划，保障负荷供需平衡，则可利用基于激励的需求响应（IBDR）方式，调研需求响应提供者，提供虚拟出力，具体模型为

$$\min F_{\text{lower}}^{\text{IBDR}} = \sum_{j=1}^{\bar{N}} q_j \sum_{t=1}^{T} \left[\begin{array}{l} C_t^{\text{IB,(e,h,c)}} + \left(R_{\text{CGT},t} - R_{\text{CGT},t}^* \right) + \left(R_{\text{GB},t} - R_{\text{GB},t}^* \right) \\ + p_{\text{GC},t}^{\text{e,h,c}} P_{\text{GC},t}^{\text{e,h,c}} + p_{\text{SP},t}^{\text{e,h,c}} P_{\text{SP},t}^{\text{e,h,c}} \end{array} \right]_j \qquad (4-38)$$

式中：$P_{\text{GC},t}^{\text{e,h,c}}$ 为 GC 的计划调用功率，kW；$P_{\text{SP},t}^{\text{e,h,c}}$ 为 SP 的计划调用功率，kW；$F_{\text{lower}}^{\text{IBDR}}$ 为修正出力偏差调用的 IBDR 功率，kW；$R_{\text{CGT},t}^*$、$R_{\text{GB},t}^*$ 分别为 t 时刻修正 CGT 和 GB 出力后的运营收益，元，其中，当临时修正 CGT 和 GB 出力为 $P_{\text{CGT},t}^*$、$P_{\text{CGT},t}^{\text{h},*}$ 和 $P_{\text{GB},t}^*$ 时，属于调峰服务，需要给予更高的价格，即 $p_{\text{CGT}}^{\text{e},*}$、$p_{\text{CGT}}^{\text{h},*}$ 及 $p_{\text{GB},t}^*$，将其代入式（4-21），可以求取修正后的运营收益；$C_t^{\text{IB,(e,h,c)}}$ 为微能源网在 t 时刻调用电、热、冷 IBDR 的成本，元，具体见文献 [206]。IBDR 产生的出力既可参与能量市场调度，又可参与备用市场调度，具体为

$$\Delta P_{\text{IB},t}^{\text{E}} + \Delta P_{\text{IB},t}^{\text{up}} \leqslant \Delta P_{\text{IB},t}^{\text{max}} \qquad (4-39)$$

$$\Delta P_{\text{IB},t}^{\text{E}} + \Delta P_{\text{IB},t}^{\text{dn}} \geqslant \Delta P_{\text{IB},t}^{\min} \tag{4-40}$$

式中：$\Delta P_{\text{IB},t}^{\text{E}}$ 为 IBDR 在 t 时刻参与能量调度市场的出力，kW；$\Delta P_{\text{IB},t}^{\text{up}}$、$\Delta P_{\text{IB},t}^{\text{dn}}$ 分别为 IBDR 在 t 时刻参与备用调度市场的上备用出力和下备用出力，kW；$\Delta P_{\text{IB}}^{\max}$ 为 IBDR 在 t 时刻的最大出力，kW；$\Delta P_{\text{IB}}^{\min}$ 为 IBDR 在 t 时刻的最小出力，kW。相似的，IBDR 也需要满足爬坡约束和启停时间约束，具体见文献［206］。

当调用 IBDR 来应对负荷不确定性偏差时，CGT 和 GB 的潜在调峰能力也可被用于保证负荷供需平衡，但在上层调度模型中已确立 CGT 和 GB 的运行状态，故下层模型只能对其出力进行调整，将 $P_{\text{CGT},t}^{*}$、$P_{\text{CGT},t}^{\text{h},*}$ 和 $P_{\text{GB},t}^{*}$ 代入式（4-16）~式（4-18），可获得修正后的负荷供需平衡约束，具体约束条件为

$$\left(P_{\text{CGT},t}^{*} + \Delta P_{\text{CGT},t}^{\text{P2G},*} + \Delta P_{\text{CGT},t}^{\text{GS},*} \right)(1-\eta_{\text{CGT}}) - P_{\text{PS},t}^{\text{dis}} + P_{\text{UG},t} = L_t^{\text{e}} / \Delta t - P_{\text{RE},t} + P_{\text{P2C},t}$$
$$+ P_{\text{P2H},t} + P_{\text{P2G},t} + P_{\text{PS},t}^{\text{ch}} + \Delta P_t^{\text{PB,e}} + \Delta P_t^{\text{IB,e}} \tag{4-41}$$

$$\begin{bmatrix} P_{\text{CGT},t}^{*}(1-\eta_{\text{CGT}}) + P_{\text{GB},t}^{*}(1-\eta_{\text{GB}}) + \Delta P_{\text{GB},t}^{\text{GS},*} + \\ \Delta P_{\text{GB},t}^{\text{P2G},*} + \Delta P_{\text{CGT},t}^{\text{P2G}} + \Delta P_{\text{CGT},t}^{\text{GS},*} + P_{\text{P2H},t} - P_{\text{HS},t}^{\text{dis}} \end{bmatrix} = \begin{pmatrix} L_t^{\text{h}} / \Delta t + P_{\text{H2C},t} + P_{\text{HS},t}^{\text{ch}} + \\ \Delta P_t^{\text{PB,h}} + \Delta P_t^{\text{IB,h}} \end{pmatrix} \tag{4-42}$$

$$P_{\text{H2C},t} + P_{\text{P2C},t} - P_{\text{CS},t}^{\text{dis}} = L_t^{\text{c}} / \Delta t + P_{\text{CS},t}^{\text{ch}} + \Delta P_t^{\text{PB,c}} + \Delta P_t^{\text{IB,c}} \tag{4-43}$$

由于 IBDR 既可参与能量市场调度又可参与备用市场调度，故系统备用约束将发生变化，以电负荷备用约束为例，具体为

$$P_{\text{IES},t}^{\max} - P_{\text{IES},t} + P_{\text{PS},t}^{\text{dis}} + \Delta P_{\text{IB},t}^{\text{up,e}} \geqslant r^{\text{e}} L_t^{\text{e}} / \Delta t + r_{\text{WPP}} P_{\text{WPP},t} + r_{\text{PV}} P_{\text{PV},t} \tag{4-44}$$

$$P_{\text{IES},t} - P_{\text{IES},t}^{\min} + P_{\text{PS},t}^{\text{ch}} + \Delta P_{\text{IB},t}^{\text{dn,e}} \geqslant r_{\text{WPP}} P_{\text{WPP},t} + r_{\text{PV}} P_{\text{PV},t} \tag{4-45}$$

根据式（4-44）和式（4-45）可以确立电负荷的旋转备用约束，同样，热负荷和冷负荷的旋转备用约束也将需进行上述调整。由式（4-35）~式（4-45）可以确立微能源网下层调度优化模型，结合上层协调优化模型，能够形成微能源网双层协调调度优化模型。

4.4　混沌细胞膜粒子群算法

本节将全局寻优能力较强的细胞膜（cell membrane optimization，CMO）算法[207]、收敛性较快的粒子群（particle swarm optimization，PSO）算法[208]和遍历求解精度高的混沌搜索（chaotic search，CS）算法[209]进行融合，提出混沌细胞膜粒子群（chaotic-cell membrane-particle swarm optimization，C2-PSO）算法，用于求解微能源网双层调度优化模型。

4.4.1　算法基本原理

CMO 算法能够根据物质进出细胞的生物学机理,将物质群按照浓度分为不同的物质子群。每个物质子群通过自由扩散、协助运输、主动运输等方式在子群之间运动,搜索空间大,实现全局寻优目标,但对追求解的追逐能力相对较弱。粒子群优化(PSO)根据对鸟类觅食行为的研究,通过自身认知与群体认知进行位置更新,所有粒子搜索规则相同,这样的"趋同性"使该算法的收敛速度较快,但同时也限制了算法的搜索范围。混沌自身就是一种非线性现象,具有随机性、遍历性和对初始条件敏感性的特点,混沌搜索算法能够在有限范围内按照自身规律不重复地遍历所有状态,有效避免陷入局部最小,比随机搜索更具有优越性,易于跳出局部最优解。

因此,本节将 CMO 算法、PSO 算法和 CS 算法进行融合,按照 CMO 算法的分类原则将粒子群分为高浓度粒子群和低浓度粒子群,并进行迭代寻优求解。① 高浓度粒子可直接进入细胞膜,仅考虑社会学习行为直接向子群最优与全局最优解方向飞行。② 对于低浓度粒子,划分为三类粒子:第一类具有能量和载体的粒子,则向全局最优与子群最优方向飞行;第二类有能量没有载体的粒子,则沿着子群最优方向飞行,并对自身位置进行一次混沌搜索,生成新粒子,重新判定粒子是否具有载体,迭代循环上述过程;第三类既没有能量也没有载体的粒子,进行混沌搜索,生成新的粒子,并根据其浓度进行划分寻优。关于 CMO 算法和 PSO 算法的详细介绍可分别见文献 [207] 和文献 [208],本章不再赘述。

4.4.2　算法求解流程

传统 PSO 算法已被应用于诸多领域,并取得了显著的效果,其数学模型及算法步骤见文献 [208],本节不再赘述。为了能够应用 CMO 算法改进传统 PSO 算法,引入浓度划分距离 d,对初始粒子群进行浓度划分,具体计算公式为

$$d = r \max\left(\max_{k \in K} \vec{x}_i^k - \min_{k \in K} \vec{x}_i^k\right) \tag{4-46}$$

式中:d 为浓度划分距离;r 为浓度划分半径,通常取 0.4～0.6;$\vec{x}_i^k$ 为第 i 个粒子在第 k 代的位置向量;K 为粒子总的迭代进化次数。

将每个粒子的浓度按从小到大的顺序排列,按照黄金分割比例[207]将总种群分为低浓度粒子子群与高浓度粒子子群。对于高浓度粒子子群,见文献 [207] 中的迭代寻优原则,进行粒子更新;对于低浓度粒子,分别计算粒子的载体因子 ψ_i 和能量因子 ξ_i,具体为

$$\psi_i = \frac{f\left(x_i^t\right) - f\left(p_l\right)}{\max\limits_{i \in J} f\left(x_i^t\right) - f\left(p_l\right)} \qquad (4-47)$$

$$\xi_i = \frac{\max\limits_{i \in J} f\left(x_i^t\right) - f\left(x_i^t\right)}{\max\limits_{i \in J} f\left(x_i^t\right) - f\left(p_l\right)} \qquad (4-48)$$

式中：J 为低浓度粒子群粒子个数；p_l 为低浓度粒子群最优位置对应的适应度；$f\left(x_i^t\right)$ 为粒子 i 的适应度目标函数，其值越小则能量因子越大，载体因子越小；$\max\limits_{i \in J} f\left(x_i^t\right)$ 为低浓度粒子最差位置所对应的适应度。

rand($\cdot$) 为随机函数。返回的随机数是大于或等于 0 及小于 1 的均匀分布随机实数；当 $\psi_i > $ rand($\cdot$)，且 $\xi_i > $ rand($\cdot$) 时，则粒子 i 为第一类粒子；当 $\psi_i < $ rand($\cdot$)，且 $\xi_i > $ rand($\cdot$) 时，粒子 i 为第二类粒子。粒子位置和速度迭代进化原则为

$$x_{i,k}^{\prime t} = \phi x_{i,k}^t \left(1 - x_{i,k}^t\right) \qquad (4-49)$$

$$v_{i,k}^{t+1} = \omega_i^t v_{i,k}^t + \mu_1 \text{rand}(\cdot)\left(p_k^t - x_{i,k}^{\prime t}\right) + \mu_2 \text{rand}(\cdot)\left(p_{l,k}^t - x_{i,k}^{\prime t}\right) \qquad (4-50)$$

式中：$v_{i,k}^{t+1}$ 为粒子 i 在第 $t+1$ 代第 k 维的速度；$x_{i,k}^t$ 为粒子 i 在第 t 代第 k 维迭代的混沌变量，$x_{i,k}^t \in [0,1]$；$x_{i,k}^{\prime t}$ 为粒子 i 在第 t 代第 k 维通过混沌搜索生成的新粒子；k 为粒子的维数；μ_1 为整个粒子群社会学习因子；μ_2 为低浓度粒子群社会学习因子；ω_i^t 为粒子 i 在第 t 代的迭代惯性权重；ϕ 为状态量。该粒子位置和速度迭代进化原则是模拟生物种群时间演变的数学模型，当 $\phi \in [3.571\,448,4]$ 时，Logistic映射处于混沌状态，特别是当 $\phi = 4$ 时，处于完全混沌状态，此时，混沌变量会遍历在[0, 1]之间的所有状态，但混沌变量初值不能设置为 0.25、0.5 和 0.75 三个不动点。图 4-4 所示为 Logistic 映射分岔图。

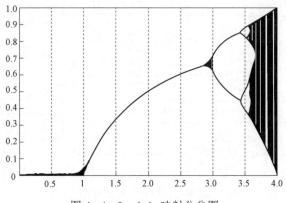

图 4-4　Logistic 映射分岔图

当 $\xi_i <$ rand($\cdot$) 时，粒子 i 为第三类粒子，此时，需参照式（4–39）对粒子进行混沌搜索，重新生成粒子的新位置 $x'''^t_{i,k}$，粒子速度更新公式为

$$v^{t+1}_{i,k} = \omega^t_i v^t_{i,k} + \mu \text{rand}(\cdot)\left(p^t_k - x'''^t_{i,k}\right) \qquad (4-51)$$

式中：μ 为低浓度粒子群社会学习因子；$x'''^t_{i,k}$ 为第三类粒子 i 在第 t 代第 k 维通过混沌搜索生成的新粒子。

图 4–5 所示为联合优化流程图。

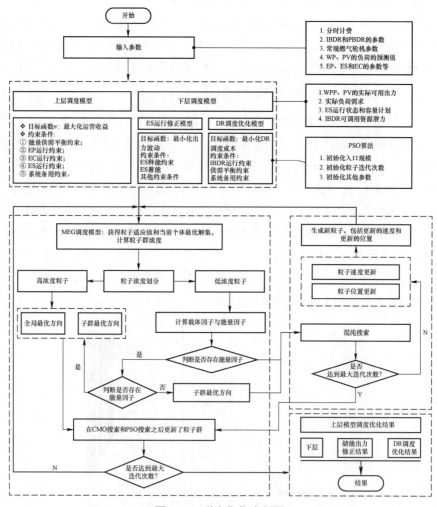

图 4–5　联合优化流程图

4.5　算　例　分　析

4.5.1　基础数据

本章选择深圳市龙岗区国际低碳园区作为实例对象,分析微能源网双层调度优化模型的有效性和适用性[210]。根据园区一期规划数据,配置机组容量:PV 为 800kW,WPP 为 300kW,CGT 为 2000kW。其中,CGT 运行参数参照文献 [206]选取,将其运行成本函数划分为两段函数,两段斜率系数分别为 0.55 元/kW 和 0.15 元/kW。配置直燃机制冷量为 1500kW,直燃机制热量为 1500kW,电制冷量为 1000kW。蓄电池容量为 1000kWh,最大蓄能功率和释能功率分别为 200kW 和 300kW。热储能容量为 1000kWh,最大蓄热功率和释热功率分别为 200kW 和 300kW。蓄冰槽容量为 1000kWh,最大蓄冷功率和释冷功率分别为 500kW 和 500kW。储气罐容量为 500m³,电转气和气转电的最大功率分别为 150kW 和 150kW。为便于分析,设定能源生产设备、转换设备及存储设备的运行效率均为 96%。参照园区一期规划数据,分别选取典型负荷日电、热、冷负荷作为需求负荷。图 4-6 所示为典型负荷日电、热、冷负荷需求。

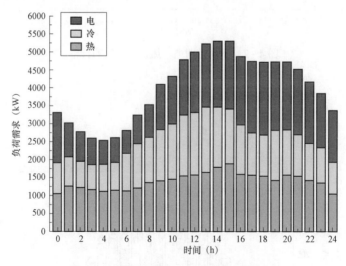

图 4-6　典型负荷日电、热、冷负荷需求

然后,考虑 WPP、PV、CGT 等能源设备均为微能源网所有。根据园区规划

设计数据，设置电、热、冷、气的价格。当微能源网与公共能源网络相连时，微能源网向外部电网、热网、冷网、气网的售能价格也执行上述价格。图4-7所示为不同时期电、热、冷、气的价格。参照文献[206]，设置WPP参数为 $v_{in}=3m/s$、$v_{rated}=14m/s$、$v_{out}=25m/s$，借助文献[15]中所提的场景生成和削减方法，模拟10组风力发电和光伏发电情景，将发生概率最大情景作为日前调度数据，将波动性最大的情景作为时前调度数据，分析时前出力发生偏差时微能源网的运行调度结果。图4-8所示为WPP、PV在日前和日内时段的功率输出。

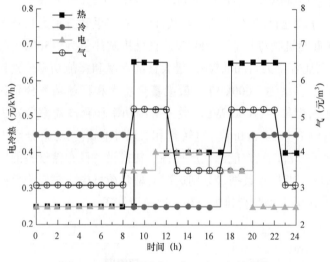

图4-7　不同时期电、热、冷、气的价格

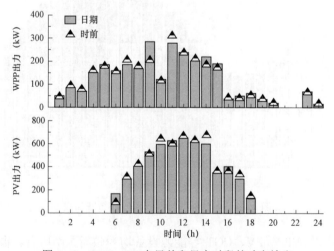

图4-8　WPP、PV在日前和日内时段的功率输出

本章微能源网双层调度优化模型中包括 12 个变量（4 个能源生产设备、4 个能源转换设备、4 个储能设备），每个变量包括 24 个维度（每个调度周期含 24h）。参照文献 [208]，在粒子群算法中，设置初始粒子群规模为 200，学习因子为 0.2，最大迭代权重为 0.8，最小迭代权重为 0.6，最大飞行速度为 10m/s，最大迭代次数为 1500。在细胞膜算法中，设置最大迭代次数为 500，学习因子和迭代权重同粒子群算法。在混沌搜索算法中，设置最大迭代次数为 500，群自身及社会学习因子为 0.2，最大和最小迭代权重分别为 0.8、0.2。为了验证各算法的有效性，分别选取 PSO 算法、Chaotic-PSO 算法及 Cell-PSO 算法进行对比分析，其参数设置同 C2-PSO 算法，并引入模糊满意度指标[210]，评估各求解算法的优劣性。通过设置上述参数，对微能源网两阶段调度优化模型进行求解。

最后，根据负荷需求分布，划分峰、平、谷时段，并通过设置分时电价，平缓负荷需求曲线。其中，电力需求价格弹性参照文献 [15] 设置，由于热能价格弹性和冷能价格弹性现有文献较少涉及，本章设定 PBDR 后，不同时段供热价格变动同电负荷，而峰时段负荷削减 20%，谷时段负荷增加 15%，平时段负荷增加 5%，各时段内不同时刻电等比例分摊负荷。同时，分别对不同类型能源参与 IBDR 设置差异化价格。不同能源需求响应下 PBDR 和 IBDR 的参数见表 4-1。

表 4-1　　　　不同能源需求响应下 **PBDR** 和 **IBDR** 的参数

类型	PBDR						IBDR	
	时段			价格			上	下
	峰	平	谷	峰	平	谷		
电	9:00~11:00、18:00~22:00	12:00~17:00、23:00~24:00	1:00~8:00	0.65元/kWh	0.4元/kWh	0.25元/kWh	0.85元/kWh	0.25元/kWh
热	1:00~8:00、20:00~24:00	17:00~19:00	9:00~16:00	0.45元/kWh	0.35元/kWh	0.25元/kWh	0.55元/kWh	0.15元/kWh
冷	11:00~15:00	8:00~10:00、16:00~19:00	1:00~7:00、20:00~24:00	0.4元/kWh	0.35元/kWh	0.25元/kWh	0.45元/kWh	0.15元/kWh
气	9:00~12:00、18:00~22:00	13:00~17:00	1:00~8:00、23:00~24:00	5.2元/m³	3.10元/m³	3.50元/m³	—	—

4.5.2　算例结果

4.5.2.1　上层调度模型调度优化结果

上层调度模型以 WPP 和 PV 的日前预测出力作为输入数据，以最大化运营收益作为优化目标，求取微能源网中不同类型设备的最优调度计划。上层调度模型中微能源网调度优化结果见表4−2。

表4−2　　　　　　　　　上层调度模型中微能源网调度优化结果

类型	能源生产（kWh）				能量转换（kWh）				能源储存（kWh）				收入（元）
	WPP	PV	CGT	GB	P2H	P2G	P2C	H2C	GST	PS	HS	CS	
电	2728	5406	35 012	—	—	55 042	—	—	798	±2000	—	—	8623
热	—	—	53 994	784	3307	—	—	—	—	—	±2000	—	19 634
冷	—	—	—	—	—	—	203	29 008	—	—	—	2200	2678

由表4−2可知，在微能源网优化运行中，电主要由WPP、PV和CGT满足，PS和GST主要用于电力调峰服务。热主要由CGT和P2H满足，HS用于热力调峰服务，而冷主要由H2C满足。这是由于电能直接供给收益高于转化为冷所带来的收益，而热供能成本又相对较低，为追求最大化运营收益，会优先利用热转化为冷；从ES运行来看，部分能量在负荷谷时段被存储，在峰时段被释放，利用能量价差获取超额收益。图4−9所示为上层调度模型优化结果。

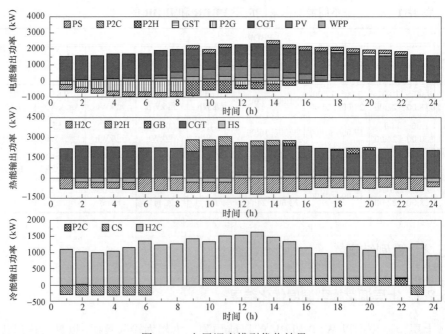

图4−9　上层调度模型优化结果

根据图4-9，从电力调度来看，P2G、P2H、P2C在低谷时段将多余电能转化为天然气、热和冷，PS则是将谷时段电能进行存储，在峰时段进行释放，为WPP和PV并网提供调峰服务。从供热调度来看，P2H在峰时段将电能转化为热能，HS则在谷时段存储热能，在峰时段进行释放，H2C则将CGT产生的热能转化为冷能。从供冷调度来看，与PS和HS一样，CS在低谷时段进行储冷，在峰时段释冷，以满足冷负荷供需平衡。

4.5.2.2　下层调度模型调度优化结果

下层调度模型主要用于分析当WPP和PV的实际出力与日前预测出力发生偏差时，在应对该偏差方面的有效性，包括ES修正模型和DR调度模型两个子过程。ES修正模型以最小化风光出力为目标，通过修正CGT和ES的出力结果，在不改变其上层调度模型中确立的运行状态下，实现能量可靠供给。DR调度模型则在ES修正模型的基础上，以最小化增量成本为目标，通过调用IBDR以应对WPP和PV的日前出力和时前出力偏差。不同层级模型调度优化结果见表4-3。

表4-3　　　　　　　　　不同层级模型调度优化结果

模型	WPP (kWh)	PV (kWh)	CGT (kWh)		ES (kWh)			IBDR (kWh)			效益 (元)
			电	热	电	热	冷	电	热	冷	
上层模型	2728	5406	35 012	53 994	±2000	±2000	2200, −1800	—	—	—	33 935.77
ES 修正模型	2450	4990	35 203	53 960	±2400	±2400	±2400	—	—	—	30 455.02
DR 调度模型	2534	5162	35 514	54 610	±2400	±2400	±2400	400, −1896	900, −1500	100, −2300	33 390.52

根据表4-3，在ES修正模型中，由于WPP和PV的时前出力与日前出力发生偏差，为实现能量供需平衡，需通过修正ES的实时出力，以应对WPP和PV的出力偏差，PS和HS的出力变动±400kW，CS出力波动200kW和−600kW，但相比WPP和PV的发电边际成本为0，ES储能仍需承担谷时段用能成本，故总收益降低了480.75元。在DR调度模型中，为能够提升WPP和PV的并网空间，IBDR被调用为其提供调峰出力，相比ES修正模型，WPP和PV的出力分别增加了84kW和172kW，相应的，运营收益也增加了2935.5元。总的来说，两阶段优化模型能够充分利用ES和IBDR应对WPP和PV的出力偏差，实现微能源网的最优化运行。图4-10所示为下层调度模型优化结果。

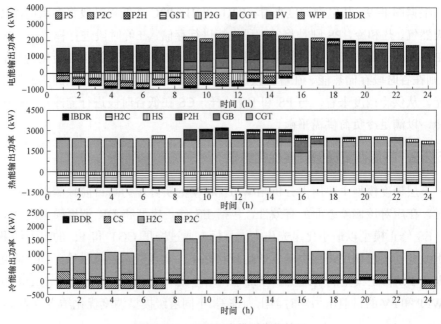

图4-10　下层调度模型优化结果

根据图 4-10，与上层调度模型的优化结果相比，在下层调度模型中考虑了
IBDR。其中，在电力调度方面，IBDR 仅在 18:00～21:00 提供正向出力，即减少
用电负荷，在其余时段通过增加用电负荷提供负向出力。在热力调度方面，IBDR
根据负荷需求曲线峰谷分布，提供正向或负向出力，以平缓负荷需求曲线。在供
冷调度方面，IBDR 通过提供负向出力，增加负荷需求空间，将更多的电（特别
是 WPP 和 PV）转化为冷，以提升微能源网的运营收益。图 4-11 所示为不同层
级调度模型下微能源网的运行调度结果。

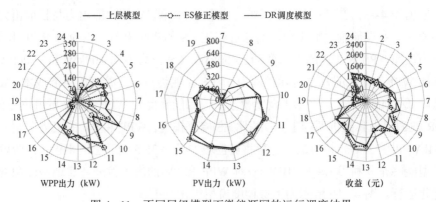

图4-11　不同层级模型下微能源网的运行调度结果

根据图 4-11，分析不同时段 WPP 和 PV 的出力分布及微能源网运营收益。相比上层调度模型，当 WPP 和 PV 的时前出力发生偏差时，部分 WPP 和 PV 不得不被削减，特别是谷时段负荷需求较低时，但 ES 和 IBDR 的调用能在一定程度上应对 WPP 和 PV 的出力偏差，在谷时段通过增加负荷需求以提升 WPP 和 PV 的出力偏差，负荷需求曲线变得平缓，运营收益曲线变动幅度也有所降低。为进一步验证各算法的有效性，通过选取不同类型 PSO 算法进行对比分析，见表 4-4。

表 4-4　　　　　　　　　不同算法求解结果优劣性对比分析

算法	时间（s）	迭代次数	收益（元）			R_{upper}（元）	F_{lower}^{ES}（kW）	F_{lower}^{IBDR}（元）	满意度
			电	热	冷				
PSO	569	1085	8775	20 942	3327	33 163	604	520	0.66
CS	384	868	9093	20 643	3485	33 221	585	504	1.81
CMO	482	974	8642	20 847	3674	33 044	617	495	0.81
C2-PSO	186	549	9086	20 757	3548	33 391	576	489	3.00

根据表 4-4，对比分析不同求解算法的优劣性，可以看到：相比传统应用 PSO 算法，CS 算法和 CMO 算法求解结果均要优于传统 PSO 算法，C2-PSO 算法的求解效果能达到最佳。从微能源网运营收益来看，尽管前三种算法能够在某一方面取得比较优越的结果，但 C2-PSO 算法能够兼顾不同能量属性要求，获得最大的运营收益。从求解时间和迭代次数来看，由于 CMO 算法在全局寻优能力较强，故迭代次数和求解时间要高于 CS 算法；而 CS 算法具备遍历求解精度高的特性，故求解满意度要高于 CS 算法。若将两个算法结合为 C2-PSO 算法，则在求解时间、迭代次数和满意度方面，均优于其他算法。因此，C2-PSO 算法能够更好地用于求解微能源网两阶段优化调度模型。

4.5.3　结果分析

4.5.3.1　PBDR 优化效应

PBDR 能利用分时电价将部分峰时段负荷转移至谷时段，实现负荷曲线削峰填谷，根据表 4-1 中的 PBDR 基本参数，结合不同能源价格需求弹性，计算 PBDR 后的电、热、冷负荷需求。图 4-12 所示为 PBDR 后不同时期的负荷需求和电价。

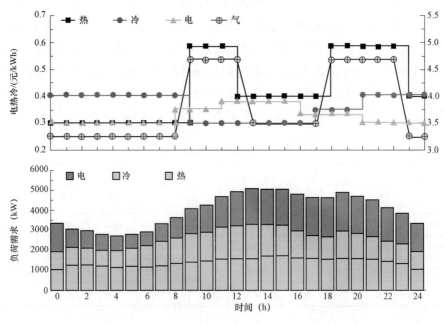

图 4-12　PBDR 后不同时期的负荷需求和电价

由图 4-7 和图 4-12 可知，不同类型能源价格间具有互补特性，例如，电冷互补和电热互补（1:00～7:00）。对比在 PBDR 前，图 4-6 中的负荷需求，由于峰时段能源价格变高、谷时段能源价格变低，电、热、冷等不同类型负荷需求变得更加平缓，这为 WPP 和 PV 提供了更大的并网空间，增加了微能源网的运营收益。PBDR 前后的负荷需求和运营收入见表 4-5。

表 4-5　　　　　　　　　PBDR 前后的负荷需求和运营收入

方案	供电		制热		制冷		峰谷比		
	收入（元）	成本（元）	收入（元）	成本（元）	收入（元）	成本（元）	供热	制热	制冷
PBDR 前	29 479	20 393	22 700	1943	12 234	8686	1.80	2.61	3.21
PBDR 后	29 517	14 512	22 744	866	12 255	9027	1.64	2.25	2.78

根据表 4-5，应用 PBDR 时，电、热、冷负荷曲线峰谷比均明显下降，这表明负荷需求曲线变得更加平缓。一方面，微能源网会调用更多的 WPP 和 PV 满足电负荷需求，以提升自身运营收益，相比 PBDR 前，电力收益增加 138 元，而运

营成本降低 5888 元。另一方面，为充分利用峰谷价差，微能源网会在谷时段存储能量，在峰时段释放能量，以热为例：运营收益增加 44 元，但运营成本降低 1077元。然而，对于制冷需求，主要由 P2C 和 H2C 满足，由于峰时段用能价格上涨，导致用能成本有所增加。从总的运营收益来看，应用 PBDR 后，微能源网运营收益增加 6720 元。进一步分析 PBDR 后微能源网的实时调度出力计划变动情况。图 4-13 所示为 PBDR 后微能源网调度模型的优化结果。

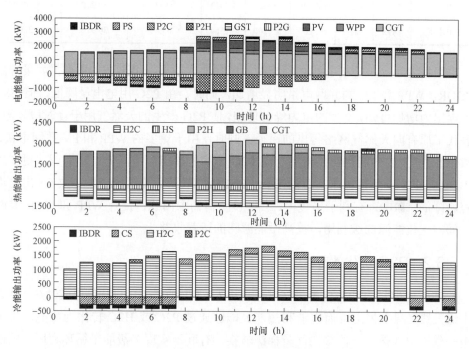

图 4-13　PBDR 后微能源网调度模型的优化结果

　　根据图 4-13，应用 PBDR 后，CGT 供电出力基本维持在恒定值，即 1486.4kW，这表明 PBDR 降低了 CGT 的调峰需求，PS 和 IBDR 能够为 WPP 和 PV 并网提供充足的调峰服务。谷时段 P2G 将部分电能转化为天然气，并在峰时段进行发电，从而获取超额的经济收益。从热力调度来看，CGT 仍为主要的供热主体，P2H 在峰时段将电能转化为热能，满足热负荷需求。同时，为满足冷负荷需求，热能被转化为冷能，且 CS 在低谷时段蓄冷，在峰时段释冷，从而保证冷负荷需求。PBDR前后调度优化结果见表 4-6。

表 4-6　　　　　　　　　　PBDR 前后调度优化结果　　　　　　　　kWh

方案	WPP	PV	GST	CGT		IBDR		
				电	热	电	热	冷
PBDR 前	2534	5162	674	35 514	54 610	400，-1896	900，-1500	100，-2300
PBDR 后	2619	5334	1045	36 440	54 019	1150，-1200	100，-2300	-2400

方案	P2H	GB	HS	PS	P2G	P2C	H2C	CS
PBDR 前	3109	1957	±2400	±2400	-3313	1193	30 217	±2400
PBDR 后	7493	37	±2200	±2200	-1564	659	30 915	±2200

根据表 4-6，分析 PBDR 前后微能源网调度结果，相比 PBDR 前，如果应用 PBDR，WPP 和 PV 的并网电量明显增加，同时，由 P2G 用电电量降低，但 GST 供电出力增加可知，更大的电力峰谷价差，使 P2G 产生的天然气用于峰时段发电，替代了原有向天然气网络售出的途径。同时，由于更多的 WPP 和 PV 并网电量，故 P2H 产生的热能也明显增加，而 P2C 产生的冷能有所降低，转而调用更多的 IBDR 来平衡冷负荷需求。总的来看，PBDR 降低了负荷调峰需求，故 ES 出力均有所降低。PBDR 有利于平缓电、热、冷负荷需求曲线，提升 WPP 和 PV 的并网空间，优化能源梯级利用，提高微能源网的运营收益。

4.5.3.2　P2G 优化效应

P2G 能够将电能转化为天然气，再进入 CGT 或者 GB 进行供电或供热，或向上级天然气网络售出，而电能和热能又能够通过 P2C 或 H2C 转化为冷能，实现电—气—电（热）—冷多向能量梯级转换，有利于实现多级能量循环利用，因而本节重点分析 P2G 对微能源网运行的影响。图 4-14 所示为不考虑 P2G 的微能源网调度模型的优化结果。

根据图 4-14，若不引入 P2G，原有通过 P2G 转化为天然气的电能，部分被 P2H 利用转化为热能，进而影响冷能供给结构，对比图 4-10，P2C 提供的冷能由 0:00～5:00 时段转移至 7:00～8:00，且 CS 被调用更多出力，以平衡冷负荷供需平衡。但相比引入 P2G 的结果，无 P2G 时 WPP 和 PV 的并网电量有所降低。进一步对不同 P2G 规模进行敏感性分析，讨论 P2G 对微能源网运行的优化效应。不同 P2G 规模下微能源网调度优化结果见表 4-7。

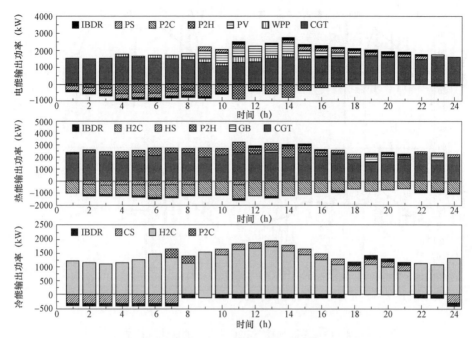

图 4-14　不考虑 P2G 的微能源网调度模型的优化结果

表 4-7　　　　　　　　　不同 P2G 规模下微能源网调度优化结果

容量	WPP	PV	CGT（kWh）		GST	GB	P2G	P2H	P2C	H2C	气（m³）		
（kW）	（kWh）	（kWh）	电	热	（kWh）	（kWh）	（kWh）	（kWh）	（kWh）	（kWh）	P2G	CGT	EG
0	2478	5048	34 122	48 368	—	1546	—	7303	570	30 240	—	—	—
75	2478	5048	33 610	53 129	487	353	3990	3467	1059	30 150	326	59	263
150	2534	5162	33 434	53 880	760	400	4984	4984	1068	30 143	408	91	308
300	2591	5277	33 444	53 508	1100	538	5717	2619	1108	30 305	468	132	327
450	2675	5449	33 582	53 301	1245	365	5863	2767	1218	29 993	480	150	319

根据表 4-7，相比不含 P2G 情景，P2G 的引入能够增加 WPP 和 PV 的并网电量，更多的电能被 P2G 转为天然气，再通过 CGT 转化为电能，当 P2G 额定功率增加至 450kW 时，GST 的总电量增加至 1245kWh，P2G 利用的电量达到 5863kWh。然而，P2G 规模并不是越大越好，就微能源网系统而言，P2G 规模在 150kW 和 300kW 时，电转气的增幅基本一致；P2G 规模为 450kW 时，电转气增幅相对较小。故在进行 P2G 规模选取时，应根据实际条件设置合理的容量规模。图 4-15 所示为不同规模下 P2G-GST 的优化运行结果。

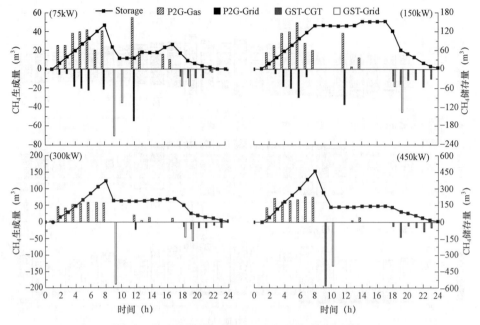

图 4-15　不同规模下 P2G-GST 的优化运行结果

根据图 4-15，分析不同规模下 P2G-GST 的优化运行结果。从整体来看，P2G 在电负荷谷时段（1:00～8:00），将弃能转化为天然气进行存储，当容量小于等于 150kW 时，部分天然气直接售向上级天然气网络；当容量高于 150kW 时，电转气产生的天然气将通过 GST 进行存储，在天然气价格较高时售向上级天然气网络。对比 P2G 规模在 300kW 和 450kW 时，P2G-GST 运行功率曲线基本一致，这表明 P2G 规模已基本达到上限。总的来说，P2G-GST 的引入能够在谷时段将部分 WPP 和 PV 的并网电量转化为天然气，存储于 GST 或向上级天然气网络售出，在峰时段 GST 将天然气转化为电能，最终实现电—气—电（热）—冷能量梯级利用。

4.5.3.3　并网时调度优化结果

本节重点对比微能源网并网运行和孤岛运行的差异性，当微能源网与上级能源网络相连时，两者间可进行灵活的能量互动，当微能源网能量盈余时，可向上级能源网络售出能量以获取经济收益；反之，当微能源网能量短缺时，可向上级能源网络购能保证负荷供需平衡。图 4-16 所示为微能源网与上级能源网络相连时的优化结果。

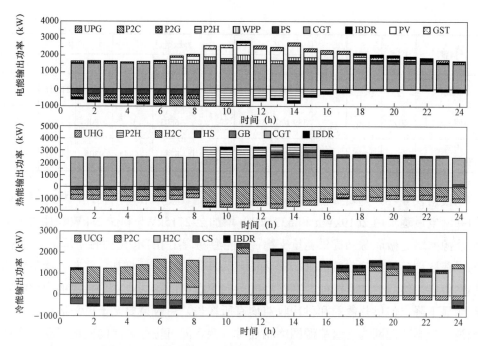

图 4-16　微能源网与上级能源网络相连时的优化结果

根据图 4-16，分析微能源网与上级能源网络相连时的运行优化结果。由于上级能源网络能为微能源网提供能量支撑，故为最小化微能源网运营成本，CGT 供电出力和供热出力基本维持在恒定值，即 1486.4kW 和 2400kW。相比孤岛运行情景，微能源网调用 IBDR 的出力幅度有所降低，更多的 WPP 和 PV 并网电量被转化为热能和冷能。从微能源网与上级能源网络间能量互动来看，峰时段上级电网向微能源网提供电能，以保证电负荷供需平衡，但谷时段微能源网向上级能源网络分别售出电、热和冷，从而为其带来超额经济收益。不同并网情景下微能源网调度的优化结果见表 4-8。

表 4-8　　　　　　　不同并网情景下微能源网调度的优化结果　　　　　　kWh

| 情景 | WPP | PV | GST | PS | P2G | IBDR | | | P2C | H2C | CS |
						电	热	冷			
电网	2619	5334	731	±2400	−1785	1149, −1199	700, −1599	400, −2000	—	—	—
电网＋热网	2685	5452	888	±2400	−1712	1134, −1194	1149, −1199	1100, −1300	5201	24 210	±2400
电网＋ 热网＋冷网	2715	5528	1073	±2400	−1595	600, −1082	1100, −1080	±1050	8401	26 712	±2400

情景	P2H	GB	HS	CGT		外送电量			收益		
				电	热	电	热	冷	电	热	冷
电网	—	—	—	33 395	54 152	3486, −48	0	0	10 949	21 218	3741
电网+热网	4097	136	±2400	339 122	54 580	2147, −1023	−6803	0	9808	24 692	4552
电网+热网+冷网	4751	1209	±2400	35 674	57 600	2109, −910	−6734	−5842	9300	24 742	7618

根据表 4-8，随着微能源网逐步与上级电网、热网和冷网相连，WPP 和 PV 的并网电量逐步由 2619kWh 和 5334kWh 增加至 2715kWh 和 5528kWh，且由于上级能源网络为微能源网提供能量支撑，微能源网调用 IBDR 出力有所降低。同时，为了获取更多的经济收益，CGT 提供的电力和热力均有所增加，并向上级电网和热网售出。然后，由于微能源网在峰时段向上级电网购买电能，导致电力供给收益明显下降，但供热收益和供冷收益均有所增长，总收益要高于孤岛运行。总的来说，当微能源网与上级能源网络相连时，两者间可进行灵活的能量互动，实现内部 WPP 和 PV 并网电量的多种路径送出，提升微能源网的运营收益，实现微能源网的最优化运行。

4.6 本 章 小 结

本章将多种分布式能源生产设备、能源转换设备和储能设备聚合为微能源网，并且考虑电、热、冷等多种能量需求响应对微能源网运行的优化效应。然后，为应对风、光不确定性给微能源网运行带来的影响，本章利用两阶段优化理论，风、光日前预测出力作为随机变量，构造上层日前调度模型，将其时前出力作为随机变量的实现，构造下层时前调度模型。最后，为求解两阶段优化模型，本章提出了 C2-PSO 算法，并选取深圳市龙岗区国际低碳园区进行实例分析，结果表明：两阶段优化模型及 C2-PSO 算法能够实现互补风、光、天然气协同，能够满足电、热、冷等多种能量负荷需求，确立考虑不确定性下的微能源网最优调度运行策略。

第5章

微能源网间多能协同交互
平衡三级优化模型

微能源网具备能源储存、能源转化、需求响应、分布式多能互补等特性，横向能够实现多元互补，纵向能够控制区域内"网—源—荷—储"协同运行。以用户为中心，通过实施需求响应管理，起到削峰填谷效应。但是，在微能源网的容量配置方面，现有研究大多基于固定边界假设开展最优配置方案研究，未能充分发挥多个微能源网地理相近的优势，实际上多微能源网（micro energy grids，MEGs）可实现协同互济。此外，在大力发展新能源过程中，发电侧遇到大量间歇性电源接入的问题。以风能、太阳能为代表的新能源属于一次能源，不具备储存特征，其发电功率具有间歇性和随机性，对新能源渗透比例较高的微能源网稳定运行造成很大的影响。因此，本书针对多微能源网的协同优化运行问题，提出灵活性边界概念，同时设计含日前容量重新配置、日内运行调度、实时备用平衡三级协同优化模型。

5.1 引　　言

随着全球能源危机及环境污染问题的双重挑战加剧，现有能源生产与消费模式难以满足社会发展需求[211]。2011 年，美国学者杰里米·里夫金在《第三次工业革命》中首先提出能源互联网愿景，为全方位调整能源生产和消费方式提供了新技术手段[212]。然而，受制于目前技术水平壁垒及传统能源行业封闭性，短期内实现大型能源互联网运行较为困难。2016 年，国家发展改革委提出《关于推进"互联网＋"智慧能源发展的指导意见》，指出要加强多能协同能源网络建设，开展电、气、热、冷等不同类型能源间的耦合互动和综合利用[213]。微能源网（micro energy grid，MEG）通过能量存储、转换和优化配置，就地互补消纳风、光、天然气等分布式能源，协同满足电、热、冷、气等用能负荷需求，将成为未来分布式能源利用的重要新模式[214]。如何协同运行多个微能源网，发挥不同微能源网间的能量协调互济，将成为能源系统面临的关键问题。

目前，国内外学者围绕微能源网展开了研究，包括容量配置和优化运行两方面[215]。容量配置研究是根据电、热、冷等不同类型负荷需求，合理安排能源生产（energy production，EP）设备、能源转换（energy conversion，EC）设备和能源存储（energy storage，ES）设备，实现能量的最优供给[216]。文献［217］提出微混合能源系统结合燃料电池的供热、发电、风力和光伏装置，并考虑储氢。文献［218］介绍电转气的（power to gas，P2G）原理和技术性能，并研究含P2G的微能源网容量规划优化问题。文献［219］将P2G看成具有较大存储容量，但是效率相对较低的储能系统。文献［219］深度挖掘太阳能和储能对能源消费的影响，构建了含PV和电池储能系统（battery energy storage system，BESS）的微型燃气和电网耦合。文献［220］对含光伏和蓄能的CCHP系统调峰调蓄优化运行进行了评述。文献［221］提出微能源网系统的建模方法，通过耦合矩阵对能源的转化、汇集和存储进行分析。上述相关研究为微能源网容量规划与配置提供了可行的理论方法，但现有研究更多的是基于固定的边界条件，考虑微能源网内能源设备均隶属于统一主体，降低了多微能源网协同运行的灵活性。

微能源网优化运行研究是在满足安全约束的前提下，采用不同目标，合理安排内部各能源设备运行[222]。文献［223］以日运行费用最低为目标构建微能源网运行优化模型。文献［224］计及光伏、储能和太阳能热交换器，以能源成本最小为目标建立居民负荷运行优化模型。文献［225］基于热电联产机组热电比的可调模式构建双层优化模型，上层优化以用能成本最低为目标，下层优化以用能效率最高为目标。文献［226］以能源成本和温室气体排放量最小为目标，建立多微能源网多目标协同优化模型。文献［227］以耗能和环境总成本最小为目标，构建微能源网优化运行模型。文献［228］采用确定性规划方法、两阶段规划方法和多阶段规划方法，构造考虑风力发电不确定性下微能源网的运行策略。文献［229］基于燃气发电机组的快速调节特性研究微能源网中风力发电消纳问题。上述文献从不同视角研究了微能源网的优化运行问题，主要是以综合效益、用能效率最高为目标。然而，WPP和PV的不确定性将给多微能源网运行带来风险，需要对其风险成本进行考虑。

上述研究表明，当前关于多微能源网已经围绕容量配置和优化调度两个方面展开了较多研究，通过文献梳理发现，现有研究存在三方面不足：首先，在容量配置方面，主要是基于固定边界假设开展最优配置方案研究。实际上，在地理位置相邻的条件下，不同能源设备可被多个微能源网共享使用，需开展灵活性边界下的容量配置研究。其次，已有文献将能量调度划分为日前调度（24h）和时前调度（4h）两个阶段，但能量调度属于实时调度（1h），需考虑如何克服日内出力和实际出力的偏差，即三级优化问题。其中，WPP 和 PV 的不确定性给多微能源网运行带来的风险成本需要被度量。最后，现有研究主要将容量配置、优化运行和备用调度划分成三个阶段，独立开展优化研究，特别是较少文献考虑微能源网不同类型能量和备用的耦合关系，未来需考虑协同优化问题。通过以上分析本章提出了多微能源网的优化调度模型。

5.2　三级协同优化框架

　　一般来说，微能源网主要包括气、电、热、冷四个供能子系统。其中，供电子系统通过互补利用 WPP、PV 及微型燃气轮机（conventional gas turbine，CGT）满足电负荷需求，配置储电装置提高系统灵活性。供热子系统以 CGT 和余热锅炉为核心，并配置热气锅炉（gas boiler，GB）协同满足热负荷需求。当热负荷需求较高时，部分电能通过电转热（power to heating，P2H）转换为热能。同样，供热子系统配置储热罐。供冷子系统通过热转冷（heating to cooling，H2C）将热能转换为冷能，通过电制冷（power to cooling，P2C）将电能转换为冷能，与储冷罐协调满足冷负荷需求。从能量传递链视角来看，WPP、PV、CGT、GB 属于能源生产设备，而电转气（power to gas，P2G）、P2H、P2C 和 H2C 属于能源转换设备，储气（gas storage，GS）、储电（power storage，PS）、储热（heating storage，HS）和储冷（cooling storage，CS）属于储能设备。图 5-1 所示为微能源网核心结构图。

　　根据图 5-1，考虑天然气、电、热、冷存在灵活性负荷，通过不同形式响应多微能源网能量优化管理，具体包括价格型需求响应（price-based demand response，PBDR）和激励型需求响应（incentive-based demand response，IBDR）。前者主要通过实施分时电价间接影响用户用能行为,实现负荷曲线的"削峰填谷"，后者则是通过与终端用户签订事前协议，当紧急备用需求发生时，系统直接控制用户负荷。因此，本书设定在日内能量调度阶段，灵活性负荷参与 PBDR 响应，在实时备用调度阶段参与 IBDR 响应微能源网能量管理。

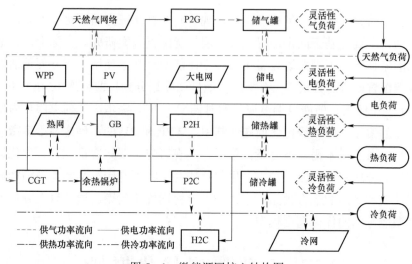

图 5-1　微能源网核心结构图

5.2.1　灵活性边界概念

在传统能源管理模式下，微能源网容量配置是预先设定的，即"固定边界"条件，各类能源设备属于固定的运营主体。微能源网中大量分布式能源及灵活性负荷，导致负荷供需关系存在多变性，固定边界条件下微能源网往往难以满足多种场景的运行需求。本书提出"灵活性边界"概念，即不同微能源网相互连接，各类能源设备不再隶属单一运营主体，而是可以接受不同运营主体的调度，打破了原有"固定边界"的限制。图 5-2 所示为微能源网灵活性边界概念图。

根据图 5-2，相比"固定边界"，当考虑"灵活性边界"时，各类能源设备可以选择不同微能源网进行能量供给，实现微能源网的容量再配置，各微能源网间能通过能量互济，实现多微能源网间能量自平衡，这将有利于降低微能源网对上级能源网络的备用需求。

5.2.2　协同优化框架

微能源网能量调度属于事前调度，即在知道 WPP 和 PV 的实际出力前，确立能量调度计划。WPP、PV、负荷预测阶段包括日前、日内、实时三个阶段。一般来说，日前阶段主要用于确立能量配置方案，日内阶段主要用于确立能量调度计划，而实时阶段主要用于修正预测偏差。因此，设计了多微能源网的重新配置、调度和备用三级协同优化结构，如图 5-3 所示。

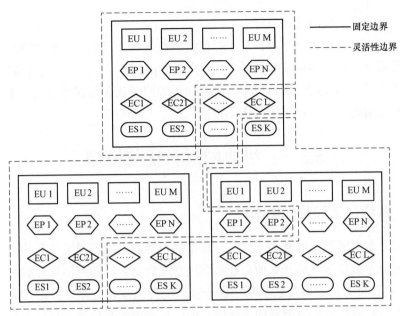

图 5-2　微能源网灵活性边界概念图

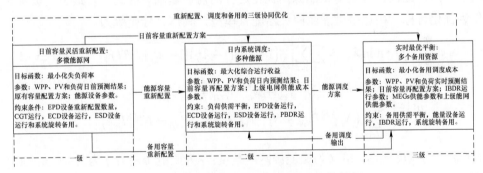

图 5-3　多微能源网运行的三级协同优化框架

根据图 5-3，三级协同优化结构主要功能如下：

（1）一级：系统灵活重新配置。基于原有微能源网容量配置方案，根据 WPP、PV 和负荷的日前预测值，对微能源网内各能源设备进行重新配置。微能源网灵活性再配置的目的是实现电、热、冷、气等多重负荷的高效供给。本节选择失负荷率最小作为优化目标。

（2）二级：能源协同调度。基于微能源网容量再配置方案，根据 WPP、PV 和负荷的日内预测值，考虑微能源网内部电、热、冷、气的最优化供给，结合不同能源设备运行约束，实现微能源网运营收益最大化的目标。本节选择微能源网综合调度收益最大作为优化目标。

（3）三级：备用优化平衡。基于微能源网能源调度结果，分析 WPP、PV 和负荷的日前预测值和实际值间的偏差，确立微能源网电、热、冷、气等备用需求，综合考虑不同备用能源的供给成本，确立微能源网最优备用调度方案。本节选择微能源网备用调度成本最小作为优化目标。

5.3　三级协同运行优化模型

5.3.1　系统灵活配置优化模型

本节设定不同微能源网相互连接，且不同微能源网间不设置边界约束，即各微能源网中能量设备可选择其他微能源网进行能量供给，即灵活边界状态。考虑 WPP、PV 和负荷的不确定性，基于已有多微能源网规划方案，讨论在没有边界条件下多微能源网的容量配置的灵活性。如何根据最大负荷需求开展不同微能源网的灵活性配置，将是多微能源网优化运行的前提基础。因此，以最小失负荷率作为优化目标，构造多微能源网灵活配置模型，具体目标函数为

$$\min \lambda_{\text{loss}} = \sum_{i=1}^{I} \sum_{t=1}^{T} \left[\sqrt[3]{\left(1 - \lambda_{i,t}^{\text{e}}\right)\left(1 - \lambda_{i,t}^{\text{h}}\right)\left(1 - \lambda_{i,t}^{\text{c}}\right)} / (TI) \right] \tag{5-1}$$

$$\eta_{i,t}^{\text{e}} = \left[\begin{array}{c} \left(N_{i,t}^{\text{WPP}} P_{\text{WPP}} + N_{i,t}^{\text{PV}} P_{\text{PV}} + N_{i,t}^{\text{CGT}} P_{\text{CGT}} + N_{i,t}^{\text{ES}} P_{\text{ES}}^{\text{dis}} +\right) + \\ \sum_{k \in I, k \neq i} \left(N_{k,t}^{i,\text{WPP}} P_{\text{WPP}} + N_{k,t}^{i,\text{PV}} P_{\text{PV}} + N_{k,t}^{i,\text{CGT}} P_{\text{CGT}} + N_{k,t}^{i,\text{ES}} P_{\text{ES}}^{\text{dis}} \right) \end{array} \right] \bigg/ L_{i,t}^{\text{e}} \tag{5-2}$$

式中：T 为调度周期，h；I 为微能源网的数量；i 为微能源网 i；t 为时间，h；λ_{loss} 为微能源网的失负荷率；$\lambda_{i,t}^{\text{e}}$、$\lambda_{i,t}^{\text{h}}$、$\lambda_{i,t}^{\text{c}}$ 分别为微能源网 i 在 t 时刻电、热、冷负荷的满足率；$N_{i,t}^{\text{WPP}}$、$N_{i,t}^{\text{PV}}$、$N_{i,t}^{\text{CGT}}$、$N_{i,t}^{\text{ES}}$ 分别为微能源网 i 在 t 时刻 WPP、PV、CGT 和 ES 的数量，设定不同的微能源网均配置相同型号的 WPP、PV、CGT 和 ES；P_{WPP}、P_{PV} 分别为微能源网 i 中 WPP、PV 的日前预测功率，kW；P_{CGT} 为微能源网 i 中 CGT 的电功率，kW；$P_{\text{ES}}^{\text{dis}}$ 为微能源网 i 中 ES 的放电功率，kW；$L_{i,t}^{\text{e}}$ 为微能源网 i 在 t 时刻的电负荷日前预测需求，kW；$N_{k,t}^{i,\text{WPP}}$、$N_{k,t}^{i,\text{PV}}$、$N_{k,t}^{i,\text{CGT}}$、$N_{k,t}^{i,\text{ES}}$ 分别为微能源网 k 在 t 时刻重新划为微能源网 i 的 WPP、PV、CGT 和 ES 的数量。

同样，多微能源网供热设备主要有 CGT、P2H、HS，则热负荷满足率可由式（5-3）计算，即

$$\eta_{i,t}^{\mathrm{h}} = \left[\begin{array}{c} N_{i,t}^{\mathrm{GB}} P_{\mathrm{GB}}^{\mathrm{h}} + N_{i,t}^{\mathrm{CGT}} P_{\mathrm{CGT}}^{\mathrm{h}} + N_{i,t}^{\mathrm{P2H}} P_{\mathrm{P2H}}^{\mathrm{h}} + N_{i,t}^{\mathrm{HS}} P_{\mathrm{HS}}^{\mathrm{h,dis}} + \\ \sum\limits_{k \in I, k \neq i} \left(N_{k,t}^{i,\mathrm{GB}} P_{\mathrm{GB}}^{\mathrm{h}} + N_{k,t}^{i,\mathrm{CGT}} P_{\mathrm{CGT}}^{\mathrm{h}} + N_{k,t}^{i,\mathrm{P2H}} P_{\mathrm{P2H}}^{\mathrm{h}} + N_{k,t}^{i,\mathrm{HS}} P_{\mathrm{HS}}^{\mathrm{h,dis}} \right) \end{array} \right] \Delta t / L_{i,t}^{\mathrm{h}} \quad (5-3)$$

式中：$N_{i,t}^{\mathrm{GB}}$ 为微能源网 i 在 t 时刻 GB 的数量；$P_{\mathrm{GB}}^{\mathrm{h}}$ 为 GB 的热功率，kW；$P_{\mathrm{P2H}}^{\mathrm{h}}$ 为 P2H 的热功率，kW；$N_{i,t}^{\mathrm{P2H}}$ 为微能源网 i 在 t 时刻 P2H 的数量；$P_{\mathrm{HS}}^{\mathrm{h,dis}}$ 为 HS 的放热功率，kW；$N_{k,t}^{i,\mathrm{P2H}}$、$N_{k,t}^{i,\mathrm{HS}}$ 分别为微能源网 k 中重新划为微能源网 i 的 P2H 和 HS 数量；$L_{i,t}^{\mathrm{h}}$ 为微能源网 i 在 t 时刻的热负荷需求，kWh；$P_{\mathrm{CGT}}^{\mathrm{H}}$ 为微能源网 i 的 CGT 的热功率，kW。

多微能源网供冷设备主要有 P2C、H2C、CS，则冷负荷满足率可由式（5-4）计算

$$\eta_{i,t}^{\mathrm{c}} = \left[\begin{array}{c} N_{i,t}^{\mathrm{P2C}} P_{\mathrm{P2C}}^{\mathrm{c}} + N_{i,t}^{\mathrm{H2C}} P_{\mathrm{H2C}}^{\mathrm{c}} + N_{i,t}^{\mathrm{CS}} P_{\mathrm{CS}}^{\mathrm{c,dis}} + \\ \sum\limits_{k \in I, k \neq i} \left(N_{k,t}^{i,\mathrm{P2C}} P_{\mathrm{P2C}}^{\mathrm{c}} + N_{k,t}^{i,\mathrm{H2C}} P_{\mathrm{H2C}}^{\mathrm{c}} + N_{k,t}^{i,\mathrm{CS}} P_{\mathrm{CS}}^{\mathrm{c,dis}} \right) \end{array} \right] \Delta t / L_{i,t}^{\mathrm{c}} \quad (5-4)$$

式中：$N_{i,t}^{\mathrm{P2C}}$、$N_{i,t}^{\mathrm{H2C}}$、$N_{i,t}^{\mathrm{CS}}$ 分别为微能源网 i 在 t 时刻 P2C、H2C、CS 的数量；$P_{\mathrm{P2C}}^{\mathrm{c}}$、$P_{\mathrm{H2C}}^{\mathrm{c}}$ 分别为 P2H、H2C 的冷功率，kW；$P_{\mathrm{CS}}^{\mathrm{c,dis}}$ 表示 CS 的冷功率，kW；$N_{k,t}^{i,\mathrm{P2C}}$、$N_{k,t}^{i,\mathrm{H2C}}$、$N_{k,t}^{i,\mathrm{H2C}}$ 分别为微能源网 k 中重新被划为微能源 i 的 P2C、H2C 和 CS 的数量；$L_{i,t}^{\mathrm{c}}$ 为微能源网 i 在 t 时刻的冷负荷需求，kWh。

在进行多微能源网配置时，需考虑能源设备数量约束、CGT 运行约束、ECD 运行约束和 ESD 运行约束。

1. 能源设备（ED）配置数量约束

ED 包括 EPD、ECD 和 ESD 三类能源设备。EPD 包括 WPP、PV、CGT、GB，而 ECD 包括 P2H、P2C、H2C，且 ESD 包括 ES、HS、CS。各类型能源设备再配置数量总数不能超过已有规划方案的数量，即

$$\sum_{i \in I} \left(N_{i,t}^{\mathrm{ED}} + \sum_{k \in I, k \neq i} N_{k,t}^{i,\mathrm{ED}} \right) \leqslant N_{t}^{\mathrm{ED}} \quad (5-5)$$

式中：N_{t}^{ED} 为在初始规划方案中各类型能源设备的数量。

2. CGT 运行约束

CGT 的电功率和热功率间存在耦合关系，若更多的热蒸汽用于满足热负荷，将会剩余较少的热蒸汽用于满足电负荷，具体约束条件为

$$\max \left\{ P_{\mathrm{CGT}}^{\min} - c_{\min} P_{\mathrm{CGT}}^{\mathrm{h}}, c_{\mathrm{m}} \left(P_{\mathrm{CGT}}^{\mathrm{h}} - P_{\mathrm{CGT}}^{\mathrm{h0}} \right) \right\} \leqslant P_{\mathrm{CGT}} \leqslant P_{\mathrm{CGT}}^{\max} - c_{\max} P_{\mathrm{CGT}}^{\mathrm{h}} \quad (5-6)$$

$$0 \leqslant P_{\mathrm{CGT}}^{\mathrm{h}} \leqslant P_{\mathrm{CGT}}^{\mathrm{h,max}} \quad (5-7)$$

$$c_{m} = \Delta P_{CGT} / \Delta P_{CGT}^{h}$$

式中：c_{min}、c_{max} 分别为最小和最大电功率下对应的 c 值；c 为进汽量不变时多抽取单位供热量下电功率的减小值；c_{m} 为背压运行时的电功率和热功率的弹性系数；P_{CGT}^{h0} 为 CGT 的额定功率，为常数，kW；$P_{CGT}^{h,max}$ 为 CGT 最大热功率，kW；P_{CGT}^{min}、P_{CGT}^{max} 分别为 CGT 在纯凝工况下的最小电功率和最大电功率，kW。

3. ECD 设备运行约束

多微能源网中主要包括 P2G、P2C、P2H 和 H2C 等能源转换设备，实现电、热、冷、气等不同类型能源间的相互转换。尽管不同能源设备的运行效率非常数，但通常设备在稳定运行时其变化幅度并不大，参考文献 [230] 可以将其视作常数处理，则能源转换单元的数学模型表示为

$$\begin{bmatrix} V_{P2G} \\ P_{P2C}^{c} \\ P_{P2H}^{h} \\ P_{H2C}^{c} \end{bmatrix} = \begin{bmatrix} g_{P2G} & 0 & 0 & 0 \\ 0 & g_{P2C} & 0 & 0 \\ 0 & 0 & g_{P2H} & 0 \\ 0 & 0 & 0 & Q_{H2C}^{h} \end{bmatrix} \begin{bmatrix} \eta_{P2G} \\ \eta_{P2C} \\ \eta_{P2H} \\ \eta_{H2C} \end{bmatrix} \leqslant \begin{bmatrix} V_{P2G}^{max} \\ P_{P2C}^{c,max} \\ P_{P2H}^{h,max} \\ P_{H2C}^{c,max} \end{bmatrix} \tag{5-8}$$

式中：V_{P2G} 为 P2G 产生的 CH_4 量，m^3，这部分 CH_4 可进入 CGT、GB 或向公共天然气网络售出；P_{P2C}^{c} 为 P2C 产生的冷功率，kW；P_{P2H}^{h} 为 P2H 产生的热功率，kW；P_{H2C}^{c} 为 H2C 产生的冷功率，kW；g_{P2G}、g_{P2C}、g_{P2H} 分别为用于 P2G、P2C 和 P2H 的电量，kWh；V_{P2G}^{max} 为 P2G 输出 CH_4 的最大量，m^3；$P_{P2C}^{c,max}$ 为 P2C 的最大输出冷功率，kW；$P_{P2H}^{h,max}$ 为 P2H 的最大输出热功率，kW；$P_{H2C}^{c,max}$ 为 H2C 的最大输出冷功率，kW；Q_{H2C}^{h} 为用于 H2C 的热量，不能超过微能源网最大可供热量，kW；η_{P2G}、η_{P2C}、η_{P2H}、η_{H2C} 分别为 P2G、P2C、P2H、H2C 的能源转换效率。

4. ESD 设备运行约束

ESD 主要包括 ES、HS、CS 和 GS，各类型储能设备在进行蓄能和释能时，还需考虑储能容量约束，具体约束条件为

$$S_{ESD,t} = \left(1 - \lambda_{ESD,t}^{loss}\right) S_{ESD,t-1} + \left(P_{ESD,t}^{ch} \eta_{ESD}^{ch} - P_{ESD,t}^{dis} / \eta_{ESD}^{dis}\right) \tag{5-9}$$

$$S_{ESD}^{min} \leqslant S_{ESD,t} \leqslant S_{ESD}^{max} \tag{5-10}$$

$$S_{ESD,T_0} = S_{ESD,T} \tag{5-11}$$

式中：$S_{ESD,t}$、$S_{ESD,t-1}$ 分别为 ESD 在 t、$t-1$ 时刻的蓄能量，kWh；$\lambda_{ESD,t}^{loss}$ 为 ESD 在 t 时刻的能量损失率；$P_{ESD,t}^{ch}$、$P_{ESD,t}^{dis}$ 分别为 ESD 在 t 时刻的蓄能功率和释能功率，kW；η_{ESD}^{ch}、η_{ESD}^{dis} 分别为 ESD 的蓄能效率和释能效率；S_{ESD}^{min}、S_{ESD}^{max} 分别为 ESD

的最小蓄能量和最大蓄能量，kWh；同时，为给下一调度周期预留一定的调节裕度，将运行一个周期后的蓄能量恢复到初始时刻的蓄能量，T_0 和 T 分别为调度周期始末，h。

5. 系统旋转备用约束

设定多微能源网按照以热定电模式运行，即多微能源网优先满足热负荷需求。由于 WPP、PV 和负荷具有随机性，故需对电负荷和冷负荷进行备用容量约束，具体约束条件为

$$
\left.
\begin{array}{l}
\left[\left(N_{i,t}^{\mathrm{CGT}}+\displaystyle\sum_{k\in I,k\neq i} N_{k,t}^{i,\mathrm{CGT}}\right)\left(P_{\mathrm{CGT}}^{\max}-P_{\mathrm{CGT}}\right)+\left(N_{i,t}^{\mathrm{ES}}+\displaystyle\sum_{k\in I,k\neq i} N_{k,t}^{i,\mathrm{ES}}\right)\left(P_{\mathrm{ES}}^{\mathrm{dis},\max}-P_{\mathrm{ES}}^{\mathrm{dis}}\right)\right]\geqslant\rho_{i,t}^{\mathrm{e}} L_{i,t}^{\mathrm{e}} \\[6mm]
\left[\left(N_{i,t}^{\mathrm{P2C}}+\displaystyle\sum_{k\in I,k\neq i} N_{k,t}^{i,\mathrm{P2C}}\right)\left(P_{\mathrm{P2C}}^{\mathrm{c},\max}-P_{\mathrm{P2C}}^{\mathrm{c}}\right)+\left(N_{i,t}^{\mathrm{H2C}}+\displaystyle\sum_{k\in I,k\neq i} N_{k,t}^{i,\mathrm{H2C}}\right)\left(P_{\mathrm{H2C}}^{\mathrm{c},\max}-P_{\mathrm{H2C}}^{\mathrm{c}}\right)+ \\[6mm]
\left(N_{i,t}^{\mathrm{CS}}+\displaystyle\sum_{k\in I,k\neq i} N_{k,t}^{i,\mathrm{CS}}\right)\left(P_{\mathrm{CS}}^{\mathrm{c},\mathrm{dis},\max}-P_{\mathrm{CS}}^{\mathrm{c},\mathrm{dis}}\right)
\end{array}
\right\}\geqslant\rho_{i,t}^{\mathrm{c}} L_{i,t}^{\mathrm{c}}
$$

$$(5-12)$$

式中：$P_{\mathrm{CGT}}^{\max}$、$P_{\mathrm{ES}}^{\mathrm{dis},\max}$ 分别为 CGT 和 ES 的最大电功率，kW；$P_{\mathrm{P2C}}^{\mathrm{c},\max}$ 为 P2C 的最大输出冷功率，kW；$P_{\mathrm{H2C}}^{\mathrm{c},\max}$ 为 H2C 的最大输出冷功率，kW；$P_{\mathrm{CS}}^{\mathrm{c},\mathrm{dis},\max}$ 为 CS 的最大输出冷功率，kW；$\rho_{i,t}^{\mathrm{e}}$、$\rho_{i,t}^{\mathrm{c}}$ 分别为第 i 个微能源网的电、冷负荷备用系数。

通过上述多微能源网灵活配置模型，综合考虑不同类型能源设备的运行特性，以及原始规划方案的设备总量，能够确立不同多微能源网在灵活性边界状态下的各类型能源设备最优配置数量。

5.3.2　多能协同交互优化模型

基于多微能源网日前灵活性配置方案，根据 WPP、PV 和负荷的日内预测结果，考虑不同类型能源设备组合优化问题。同样，WPP 和 PV 发电成本几乎为零，具有较高的经济效益，然而，WPP 和 PV 的不确定性也给多微能源网运行带来较强的风险，如何平衡收益和风险是多微能源网优化调度的关键问题。本书引入条件风险价值描述 WPP 和 PV 的不确定性风险，以多微能源网综合调度收益最大为优化目标，构造日内调度模型，具体目标函数为

$$
\max F=\sum_{i\in I}\sum_{t\in T}\left[\lambda F_{i,t}^{\mathrm{CVaR}}+(1-\lambda)F_{i,t}^{\mathrm{Revuenue}}\right] \tag{5-13}
$$

式中：F 为多微能源网综合调度成本，元；λ 为收益权重系数，该值越大，表明

决策者越追逐 WPP 和 PV 带来的高经济收益，反之，表明决策者越倾向规避多微能源网的运行风险；$F_{i,t}^{\text{Revuenue}}$ 为微能源网 i 在 t 时刻的综合调度收益，元；$F_{i,t}^{\text{CVaR}}$ 为微能源网 i 在 t 时刻的风险收益，元，一般为负值。

$$F^{\text{CVaR}} = \left\{ \alpha + \frac{1}{1-\beta} \int_{g \in R^m} \left[f(\boldsymbol{M}, \boldsymbol{g}) - \alpha \right]^- f(\boldsymbol{g}) \mathrm{d}\boldsymbol{g} \right\}_i \qquad (5-14)$$

$$f(\boldsymbol{M}, \boldsymbol{g}) = \sum_{t \in T} \left[\left(\Delta g_{\text{WPP},t} + \Delta g_{\text{PV},t} + \Delta L_t \right) p_{\text{UEG},t} \right]$$

式中：α 为微能源网运行损失的临界值，用以判定微能源网运行整体风险状况；$f(\boldsymbol{M}, \boldsymbol{g})$ 为 VPP 运行的损失函数；$\Delta g_{\text{WPP},t}$、$\Delta g_{\text{PV},t}$ 分别为 WPP 和 PV 的发单功率预测偏差；ΔL_t 为负荷预测偏差；$p_{\text{UEG},t}$ 为上级电网的备用价格；$\boldsymbol{M}^T = [P_{\text{MEG},t}(1), P_{\text{MEG},t}(2), \cdots, P_{\text{MEG},t}(T)]^{\text{T}}$ 为决策向量；$\boldsymbol{y}^T = [\boldsymbol{P}_{\text{WPP},t}, \boldsymbol{P}_{\text{PV},t}, \boldsymbol{L}_t]^{\text{T}}$ 为多元随机向量；β 为 VPP 运行的置信度。

式（5-14）计算了多微能源网运营的 CVaR 值，关于 CVaR 理论的具体介绍见文献 [230]，本文不再赘述。

当式（5-13）达到最大时的 α 值，即为 VaR 值。VaR 值估算了特定置信水平下的 VPP 调度方案的最大可能损失，但不能考量风险尾部情况，而 CVaR 方法则能够克服上述问题。下面进一步分析多微能源网运营利益，具体计算公式为

$$F_{i,t}^{\text{Revuenue}} = \sum_{t=1}^{24} \left\{ \underbrace{\left(\begin{matrix} R_{\text{RE},t} + R_{\text{CGT},t}^{\text{e}} + \\ R_{\text{CGT},t}^{\text{h}} + R_{\text{GB},t}^{\text{h}} \end{matrix} \right)}_{\textbf{EPD}} + \underbrace{\left(\begin{matrix} R_{\text{P2G},t} + R_{\text{P2C},t} + \\ R_{\text{P2H},t} + R_{\text{H2C},t} \end{matrix} \right)}_{\textbf{ECD}} + \underbrace{\left(\begin{matrix} R_{\text{ES},t} + R_{\text{HS},t} + \\ R_{\text{CS},t} + R_{\text{GS},t} \end{matrix} \right)}_{\textbf{ESD}} + \underbrace{\left(\begin{matrix} R_{\text{PBDR},t} + \\ R_{\text{Shortage},t} \end{matrix} \right)}_{\text{其他}} \right\}_i$$

$$(5-15)$$

式中：$R_{\text{RE},t}$ 为可再生能源机组在 t 时刻的发电收益，包括 WPP 和 PV，元；$R_{\text{GB},t}^{\text{h}}$ 为 GB 在 t 时刻的供热收益，元；$R_{\text{CGT},t}^{\text{e}}$ 和 $R_{\text{CGT},t}^{\text{h}}$ 分别为 CGT 在 t 时刻的供电收益和供热收益，元；$R_{\text{P2G},t}$、$R_{\text{P2C},t}$、$R_{\text{P2H},t}$、$R_{\text{H2C},t}$ 分别为 P2G、P2C、P2H、H2C 在 t 时刻的运营收益，元；$R_{\text{ES},t}$、$R_{\text{HS},t}$、$R_{\text{CS},t}$、$R_{\text{GS},t}$ 分别为 ES、HS、CS、GS 在 t 时刻的运营收益，元；$R_{\text{PBDR},t}$ 为 PBDR 在 t 时刻的收益，元；$R_{\text{Shortage},t}$ 为微能源网在 t 时刻的失负荷收益，取值为负，等于失负荷量和负荷价格的乘积，元。

各类型能量设备的运营收益可由式（5-16）计算，即

$$R_{\text{EPD},t} = Q_{\text{EPD},t} p_{\text{EPD},t} - C_{\text{EPD},t} \qquad (5-16)$$

式中：$R_{\text{EPD},t}$ 为 EPD 在 t 时刻的能量供给收益，元；$Q_{\text{EPD},t}$、$p_{\text{EPD},t}$ 分别为 EPD 在 t 时刻的能量供给量和供给价格，元/kWh；$C_{\text{EPD},t}$ 为 EPD 在 t 时刻的能量供给成本，元。其中，WPP 和 PV 的发电成本基本为零，GB 的供热成本主要取决于燃料成本，而 CGT 的能量供给成本则取决于燃料成本和启停成本，具体计算公式为

$$
\begin{aligned}
C_{\text{CGT},t} &= C_{\text{CGT},t}^{\text{fuel}} + C_{\text{CGT},t}^{\text{sd}} \\
&= \left\{ \begin{array}{l} a\left(P_{\text{CGT},t} + \theta_{\text{h}}^{\text{e}} P_{\text{CGT},t}^{\text{h}}\right)^2 + \\ b\left(P_{\text{CGT},t} + \theta_{\text{h}}^{\text{e}} P_{\text{CGT},t}^{\text{h}}\right) + c \end{array} \right\} + \left\{ \begin{array}{l} \left[\mu_{\text{CGT},t}^{\text{u}}\left(1 - \mu_{\text{CGT},t-1}^{\text{u}}\right)\right] C_{\text{CGT},t}^{\text{u}} + \\ \left[\mu_{\text{CGT},s}^{\text{d}}\left(1 - \mu_{\text{CGT},s+1}^{\text{d}}\right)\right] C_{\text{CGT},s+1}^{\text{d}} \end{array} \right\}
\end{aligned} \tag{5-17}
$$

式中：$C_{\text{CGT},t}^{\text{fuel}}$、$C_{\text{CGT},t}^{\text{sd}}$ 分别为 CGT 在 t 时刻的燃料成本和启停成本，元；$u_{\text{CGT},t}$ 为 CGT 的启停状态变量；$P_{\text{CGT},t}$、$P_{\text{CGT},t}^{\text{h}}$ 分别为 CGT 在 t 时刻的电功率和热功率，kW；$\theta_{\text{h}}^{\text{e}}$ 为 CGT 的电热转换系数；a、b、c 为 CGT 的供能成本系数；$\mu_{\text{CGT},t}^{\text{u}}$ 为 CGT 在 t 时刻的启动状态变量；$\mu_{\text{CGT},s}^{\text{d}}$ 为 CGT 在 s 时刻的停机状态变量；$C_{\text{CGT},t}^{\text{u}}$ 和 $C_{\text{CGT},s+1}^{\text{d}}$ 分别为 CGT 在 t 时刻的启动成本和在 $s+1$ 时刻的停机成本，元。

$$
R_{\text{ECD},t} = E_{\text{ECD},t}^{\text{out}} p_{\text{ECD}}^{\text{out}} \eta_{\text{ECD}}^{\text{out}} - E_{\text{ECD},t}^{\text{in}} p_{\text{ECD}}^{\text{in}} / \eta_{\text{ECD}}^{\text{in}} \tag{5-18}
$$

$$
R_{\text{ESD},t} = E_{\text{ESD},t}^{\text{out}} p_{\text{ESD}}^{\text{out}} \eta_{\text{ESD}}^{\text{out}} - E_{\text{ESD},t}^{\text{in}} p_{\text{ESD}}^{\text{in}} / \eta_{\text{ESD}}^{\text{in}} \tag{5-19}
$$

式中：$E_{\text{ECD},t}^{\text{in}}$、$E_{\text{ECD},t}^{\text{out}}$ 分别为 ECD 在 t 时刻的用能量和供能量，kWh；$p_{\text{ECD}}^{\text{in}}$、$p_{\text{ECD}}^{\text{out}}$ 分别为 ECD 的用能价格和供能价格，元/kWh；$\eta_{\text{ECD}}^{\text{in}}$、$\eta_{\text{ECD}}^{\text{out}}$ 分别为 ECD 的用能效率和供能效率；$E_{\text{ESD},t}^{\text{in}}$ 和 $E_{\text{ESD},t}^{\text{out}}$ 分别为 ESD 在 t 时刻的用能量和供能量，kWh；$p_{\text{ESD}}^{\text{in}}$、$p_{\text{ESD}}^{\text{out}}$ 分别为 ESD 的用能价格和供能价格，元/kWh；$\eta_{\text{ESD}}^{\text{in}}$、$\eta_{\text{ESD}}^{\text{out}}$ 分别为 ESD 的用能效率和供能效率。

$$
R_{\text{PBDR},t} = \sum_{t=1}^{24}\left(p_t^{\text{before}} L_t^{\text{before}} - p_t^{\text{after}} L_t^{\text{after}}\right) \tag{5-20}
$$

式中：p_t^{before}、p_t^{after} 分别为 PBDR 前后的能源价格，元/kWh；L_t^{before}、L_t^{after} 分别为 PBDR 前后的能量需求，kWh。

在构造多微能源网优化调度模型时，需要综合考虑负荷供需平衡约束，EPD、ECD、ESD 的运行约束及系统旋转备用约束。同时，由于 WPP、PV 和负荷的随机性仍旧存在，为降低随机性对多微能源网运行的影响，设定该阶段实施价格型需求响应，以刺激终端用户响应多微能源网调度优化。

1. 负荷供需平衡约束

$$
\left(P_{\text{CGT},t} + P_{\text{WPP},t} + P_{\text{PV},t} + P_{\text{ES},t}^{\text{out}}\right)\Delta t + g_{\text{P2G},t}^{\text{out}} = L_t^{\text{e}} + \left(P_{\text{ES},t}^{\text{in}} + P_{\text{P2G},t}^{\text{in}}\right)\Delta t + g_{\text{P2H},t}^{\text{in}} + g_{\text{P2C},t}^{\text{c,in}} + \Delta L_t^{\text{PB,e}}
$$

$$
\tag{5-21}
$$

$$(P_{\text{CGT},t}^{\text{h}} + P_{\text{GB},t}^{\text{h}} + P_{\text{P2H},t}^{\text{h,out}})\Delta t + P_{\text{HS},t}^{\text{h,out}} = L_t^{\text{h}} + P_{\text{HS},t}^{\text{h,in}}\Delta t + Q_{\text{H2C},t}^{\text{in}} + \Delta L_t^{\text{PB,h}} \quad (5-22)$$

$$(P_{\text{P2C},t}^{\text{c,out}} + P_{\text{H2C},t}^{\text{c,out}})\Delta t + P_{\text{CS},t}^{\text{c,out}} = L_t^{\text{c}} + P_{\text{CS},t}^{\text{c,in}}\Delta t + \Delta L_t^{\text{PB,c}} \quad (5-23)$$

式中：$P_{\text{WPP},t}$、$P_{\text{PV},t}$ 分别为 WPP 和 PV 在 t 时刻的电功率，kW；$P_{\text{CGT},t}$ 为 CGT 在 t 时刻的电功率，kW；$P_{\text{ES},t}^{\text{in}}$、$P_{\text{ES},t}^{\text{out}}$ 分别为 ES 在 t 时刻的用电功率和供电功率，kW；$g_{\text{P2G},t}^{\text{in}}$、$g_{\text{P2G},t}^{\text{out}}$ 分别为 P2G 在 t 时刻的用电量和供电量，kWh；$g_{\text{P2H},t}^{\text{in}}$ 和 $g_{\text{P2C},t}^{\text{c,in}}$ 分别为 P2H 和 P2C 在 t 时刻的用电量，kWh；$\Delta L_t^{\text{PB,e}}$ 为 PBDR 在 t 时刻的电负荷需求，kWh；$P_{\text{CGT},t}^{\text{h}}$、$P_{\text{GB},t}^{\text{h}}$ 分别为 CGT 和 GB 的供热功率，kW；$P_{\text{P2H},t}^{\text{h,out}}$ 为 P2H 在 t 时刻的供热功率，kW；$P_{\text{HS},t}^{\text{h,in}}$、$P_{\text{HS},t}^{\text{h,out}}$ 分别为 HS 在 t 时刻的用热功率和供热功率，kW；$Q_{\text{H2C},t}^{\text{in}}$ 为 H2C 在 t 时刻的用热量，kWh；$\Delta L_t^{\text{PB,h}}$ 为 PBDR 在 t 时刻的热负荷需求，kWh；$P_{\text{P2C},t}^{\text{c,out}}$、$P_{\text{H2C},t}^{\text{c,out}}$ 分别为 P2C 和 H2C 在 t 时刻的供冷功率，kW；$P_{\text{CS},t}^{\text{c,in}}$、$P_{\text{CS},t}^{\text{c,out}}$ 分别为 CS 在 t 时刻的用冷功率和供冷功率，kW；$\Delta L_t^{\text{PB,c}}$ 表示 PBDR 在 t 时刻的冷负荷需求，kWh。

2. EPD 运行约束

EPD 主要包括 WPP、PV、GB 和 CGT。其中，WPP、PV、GB 主要运行约束是输出功率不能超过最大可用功率或规定功率；CGT 主要运行约束包括最大输出功率和上下爬坡功率，设定 $\theta_{\text{h}}^{\text{e}}$ 为电热转换系数，则 CGT 的总输出功率为 $P_{\text{CGT},t}' = P_{\text{CGT},t} + \theta_{\text{h}}^{\text{e}}P_{\text{CGT},t}^{\text{h}}$，则具体约束条件为

$$u_{\text{CGT},t}\left(P_{\text{CGT},t}^{\text{min}} + \theta_{\text{h}}^{\text{e}}P_{\text{CGT},t}^{\text{h,min}}\right) \leqslant P_{\text{CGT},t}' \leqslant u_{\text{CGT},t}\left(P_{\text{CGT},t}^{\text{max}} + \theta_{\text{h}}^{\text{e}}P_{\text{CGT},t}^{\text{h,max}}\right) \quad (5-24)$$

$$u_{\text{CGT},t}\Delta P_{\text{CGT}}'^{-} \leqslant P_{\text{CGT},t}' - P_{\text{CGT},t-1}' \leqslant u_{\text{CGT},t}\Delta P_{\text{CGT}}'^{+} \quad (5-25)$$

式中：$P_{\text{CGT}}^{\text{h,max}}$ 为 CGT 最大热功率，kW；$P_{\text{CGT}}^{\text{h,min}}$ 为 CGT 发电功率最小时的汽轮机热功率，kW；$P_{\text{CGT}}^{\text{min}}$、$P_{\text{CGT}}^{\text{max}}$ 分别为 CGT 在纯凝工况下的最小电功率和最大电功率，kW；$\Delta P_{\text{CGT}}'^{-}$、$\Delta P_{\text{CGT}}'^{+}$ 分别为 CGT 的上、下爬坡功率限制，kW。

3. ECD 运行约束

ECD 主要包括 P2H、P2C、H2C、P2G，根据式（5-8）能够确立不同设备的能源转换关系。不同能源转换设备均有自身的功率限制，具体约束条件为

$$u_{\text{ECD},t}^{\text{out}}E_{\text{ECD},t}^{\text{out,min}} \leqslant E_{\text{ECD},t}^{\text{out}} \leqslant u_{\text{ECD},t}^{\text{out}}E_{\text{ECD},t}^{\text{out,max}} \quad (5-26)$$

$$u_{\text{ECD},t}^{\text{in}}E_{\text{ECD},t}^{\text{in,min}} \leqslant E_{\text{ECD},t}^{\text{in}} \leqslant u_{\text{ECD},t}^{\text{in}}E_{\text{ECD},t}^{\text{in,max}} \quad (5-27)$$

式中：$E_{\text{ECD},t}^{\text{out,min}}$、$E_{\text{ECD},t}^{\text{out,max}}$ 分别为 ECD 供能量上下限，kWh；$E_{\text{ECD},t}^{\text{in,min}}$、$E_{\text{ECD},t}^{\text{in,max}}$ 分别为 ECD 用能量上下限，kWh；$u_{\text{ECD},t}^{\text{out}}$、$u_{\text{ECD},t}^{\text{in}}$ 为 ECD 的状态变量。

4. ESD 运行约束

ESD 主要包括 ES、HS、CS 和 GS，根据式（5－9）～式（5－11）能够约束不同类型能源设备的储能容量，同时，还需考虑各类型储能设备的蓄能功率和释能功率的限值，具体约束条件为

$$u_{\text{ESD},t}^{\text{dis}} S_{\text{ESD},t}^{\text{dis,min}} \leqslant S_{\text{ESD},t}^{\text{dis}} \leqslant u_{\text{ESD},t}^{\text{dis}} S_{\text{ESD},t}^{\text{dis,max}} \tag{5-28}$$

$$u_{\text{ESD},t}^{\text{ch}} S_{\text{ESD},t}^{\text{ch,min}} \leqslant S_{\text{ESD},t}^{\text{ch}} \leqslant u_{\text{ESD},t}^{\text{ch}} S_{\text{ESD},t}^{\text{ch,max}} \tag{5-29}$$

式中：$S_{\text{ESD},t}^{\text{dis,min}}$、$S_{\text{ESD},t}^{\text{dis,max}}$ 分别为 ESD 释能量的上、下限，kWh；$S_{\text{ESD},t}^{\text{ch,min}}$、$S_{\text{ESD},t}^{\text{ch,max}}$ 分别为 ESD 蓄能量的上、下限，kWh；$u_{\text{ESD},t}^{\text{dis}}$、$u_{\text{ESD},t}^{\text{ch}}$ 为 ESD 的状态变量。

5. PBDR 运行约束

PBDR 通过实施峰谷分时电价引导终端用户合理用能，实现负荷曲线的"削峰填谷"，根据微观经济学原理，价格型需求响应可由需求价格弹性进行描述，具体约束条件为

$$E_{st} = \frac{\Delta L_s / L_s^0}{\Delta p_t / p_t^0} \begin{cases} E_{st} \leqslant 0, s = t \\ E_{st} \geqslant 0, s \neq t \end{cases} \tag{5-30}$$

式中：E_{st} 为能量需求价格弹性矩阵，具体介绍见文献 [9]。当 $s = t$ 时，$E_{st}^{\text{e,h,c}}$ 为自弹性，当 $s \neq t$，$E_{st}^{\text{e,h,c}}$ 为交叉弹性；Δp_t、ΔL_s 分别为 PBDR 后的价格变动量和负荷变量。相应的，PBDR 后的能量需求负荷变动量计算公式为

$$L_t^{\text{after}} = L_t^{\text{before}} \left\{ E_{tt} \frac{p_t^{\text{after}} - p_t^{\text{before}}}{p_t^{\text{before}}} + \sum_{\substack{s=1 \\ s \neq t}}^{24} E_{st} \frac{p_s^{\text{after}} - p_s^{\text{before}}}{p_s^{\text{before}}} \right\} \tag{5-31}$$

式中：$\Delta L_t^{\text{after}}$、$L_t^{\text{before}}$ 分别为 PBDR 前后的负荷变动量和初始负荷，kWh。同时，为了避免 PBDR 引起的负荷变动量过大，导致负荷曲线峰谷倒挂现象发生，引入最大负荷波动比例 σ，具体约束条件为

$$\sum_{t=1}^{T} \left| L_t^{\text{after}} - L_t^{\text{before}} \right| \leqslant \sum_{t=1}^{T} \sigma L_t \tag{5-32}$$

6. 系统备用约束

设定多微能源网按照以热定电模式运行，故需预留部分电负荷备用容量和冷负荷备用容量；此外，WPP 和 PV 的随机性也要求多微能源网预留一定的备用容量，具体约束条件为

$$(P_{\text{MEG},t}^{\text{max}} - P_{\text{MEG},t} + P_{\text{ES},t}^{\text{dis}}) \Delta t + \left[L_t^{\text{e,after}} - L_t^{\text{e,before}}, 0 \right]^+ \geqslant r_{\text{e}} L_t^{\text{e}} + (r_{\text{WPP}}^{\text{up}} P_{\text{WPP},t} + r_{\text{PV}}^{\text{up}} P_{\text{PV},t}) \Delta t$$

$$\tag{5-33}$$

$$(P_{\text{MEG},t} - P_{\text{MEG},t}^{\min} + P_{\text{ES},t}^{\text{ch}})\Delta t + \left[L_t^{\text{e,after}} - L_t^{\text{e,before}}, 0 \right]^- \geqslant (r_{\text{WPP}}^{\text{dn}} P_{\text{WPP},t} + r_{\text{PV}}^{\text{dn}} P_{\text{PV},t})\Delta t \quad (5-34)$$

$$(P_{\text{MEG},t}^{\text{c,max}} - P_{\text{MEG},t}^{\text{c}} + P_{\text{CS},t}^{\text{dis}})\Delta t + \left[L_t^{\text{c,after}} - L_t^{\text{c,before}}, 0 \right]^+ \geqslant r_{\text{c}} L_t^{\text{c}} \quad (5-35)$$

式中：$P_{\text{MEG},t}^{\max}$、$P_{\text{MEG},t}^{\min}$ 分别为微能源网提供的最大电功率和最小电功率，kW；$P_{\text{MEG},t}$ 为微能源网提供的电功率，kW；$P_{\text{ES},t}^{\text{dis}}$、$P_{\text{ES},t}^{\text{ch}}$ 为 ES 的放电与充电功率，kW；$P_{\text{MEG},t}^{\max}$、$P_{\text{MEG},t}^{\min}$ 分别为微能源网的最大电功率和最小电功率，kW；r_{e}、r_{c} 分别为电负荷和冷负荷的上旋转备用系数；$r_{\text{WPP}}^{\text{up}}$、$r_{\text{PV}}^{\text{up}}$ 分别为 WPP 和 PV 的上旋转备用系数；$r_{\text{WPP}}^{\text{dn}}$、$r_{\text{PV}}^{\text{dn}}$ 分别为 WPP 和 PV 的下旋转备用系数。

5.3.3 备用多元平衡优化模型

在以热定电模式下，多微能源网备用需求主要考虑电负荷和冷负荷备用需求。其中，多微能源网运行的备用需求主要包括两个部分：一部分是 WPP 和 PV 在二级模型确立的日内出力与实时出力的偏差；另一部分是日内负荷与实时负荷偏差。其中，冷负荷主要由 P2C 和 H2C 提供，故在考虑电备用调度时，需考虑 P2C 所需的电量。电负荷和冷负荷的备用需求计算公式为

$$R_t^{\text{e}} = \left(P_{\text{WPP},t}^{\text{Real-time}} - P_{\text{WPP},t}^{\text{Intr-day}} \right)\Delta t + \left(P_{\text{PV},t}^{\text{Real-time}} - P_{\text{PV},t}^{\text{Intr-day}} \right)\Delta t + \left(L_t^{\text{e,Real-time}} - L_t^{\text{e,Intr-day}} \right) + \left(L_{\text{P2C},t}^{\text{c,Real-time}} - L_{\text{P2C},t}^{\text{c,Intr-day}} \right)/\varphi_{\text{P2C}} \quad (5-36)$$

$$R_t^{\text{c}} = L_t^{\text{c,Real-time}} - L_t^{\text{c,Intr-day}} \quad (5-37)$$

式中：R_t^{e} 和 R_t^{c} 分别为电负荷和热负荷的备用需求，kWh；$P_{\text{WPP},t}^{\text{Real-time}}$、$P_{\text{WPP},t}^{\text{Intr-day}}$ 分别为 WPP 实时出力和日内最优出力，kW；$P_{\text{PV},t}^{\text{Real-time}}$、$P_{\text{PV},t}^{\text{Intr-day}}$ 分别为 PV 实时出力和日内最优出力，kW；$L_t^{\text{e, Real-time}}$ 和 $L_t^{\text{e, Intr-day}}$ 分别为电负荷实时需求和日内预测结果，kWh；$L_t^{\text{c,Real-time}}$、$L_t^{\text{c,Intr-day}}$ 分别为冷负荷实时需求和日内预测结果，kWh；$L_{\text{P2C},t}^{\text{c,Real-time}}$、$L_{\text{P2C},t}^{\text{c,Intr-day}}$ 分别为 P2C 承担的实时冷负荷和日内冷负荷，kWh；φ_{P2C} 为 P2C 的备用容量系数。

根据系统灵活配置模型确立的微能源网新的配置方案，各微能源网包含的设备数量为

$$N_{i',t}^m = N_{i,t}^m + \sum_{k \in I, k \neq i} N_{k,t}^m \quad (5-38)$$

式中：m 为能源设备，包括 EPD、ECD、EHD；i' 为微能源网，$i' \in I$。

考虑不同微能源网的电、冷负荷备用需求，结合不同微能源网可提供备用的能力，对多微能源网边界进行重新划分，以备用调度成本最小为目标，构造多备

用源调度优化模型，具体目标函数为

$$\min R = \sum_{i' \in I} \sum_{t \in T} \left(R_{i',t} + \sum_{k' \in I, k' \neq i} R_{k',t}^{i'} + R_{i',t}^{\mathrm{IBDR}} + R_{i',t}^{\mathrm{UEG}} \right) \qquad (5-39)$$

式中：$R_{i',t}$ 为微能源网 i' 在 t 时刻自身的备用调度成本，元；$R_{k',t}^{i'}$ 为微能源网 k' 向微能源网 i' 在 t 时刻提供的备用调度成本，元；$R_{i',t}^{\mathrm{IBDR}}$ 为微能源网 i' 在 t 时刻调用 IBDR 的备用成本，元；$R_{i',t}^{\mathrm{UEG}}$ 为微能源网 i' 在 t 时刻向上级能源网络购买的备用成本，元。

不同备用源的备用成本计算公式为

$$R_{i',t} = \sum_{m \in \mathrm{EPD}} \Delta g_{i',t}^{\mathrm{e},m} p_{i',t}^{\mathrm{e},m} + \Delta L_{i',t}^{\mathrm{H2C}} p_{i',t}^{\mathrm{H2C}} + \Delta L_{i',t}^{\mathrm{P2C}} p_{i',t}^{\mathrm{P2C}} \qquad (5-40)$$

式中：$\Delta g_{i',t}^{\mathrm{e},m}$、$p_{i',t}^{\mathrm{e},m}$ 分别为微能源网 i' 中能源设备 m 在 t 时刻提供的备用电量和备用价格，kWh、元/kWh；$\Delta L_{i',t}^{\mathrm{H2C}}$、$p_{i',t}^{\mathrm{H2C}}$ 分别为微能源网 i' 中 H2C 在 t 时刻提供的冷负荷备用量和备用价格，kWh、元/kWh；$\Delta L_{i',t}^{\mathrm{P2C}}$、$p_{i',t}^{\mathrm{P2C}}$ 分别为微能源网 i' 中 P2C 在 t 时刻提供的冷负荷备用量和备用价格，kWh、元/kWh。

$$R_{k',t}^{i'} = \sum_{m \in \mathrm{EPD}} \Delta g_{k',t}^{i',\mathrm{e},m} p_{k',t}^{i',\mathrm{e},m} + \Delta L_{k',t}^{i',\mathrm{H2C}} p_{k',t}^{i',\mathrm{H2C}} + \Delta L_{k',t}^{i',\mathrm{P2C}} p_{k',t}^{i',\mathrm{P2C}} \qquad (5-41)$$

式中：$\Delta g_{k',t}^{i',\mathrm{e},m}$、$p_{k',t}^{i',\mathrm{e},m}$ 分别为微能源网 k' 中能源设备 m 在 t 时刻向微能源网 i' 在 t 时刻提供的备用电量和备用价格，kWh、元/kWh；$\Delta L_{k',t}^{i',\mathrm{H2C}}$、$p_{k',t}^{i',\mathrm{H2C}}$ 分别为微能源网 k' 中 H2C 和 P2C 在 t 时刻向微能源网 i' 提供的冷负荷备用量和备用价格，kWh、元/kWh；$\Delta L_{k',t}^{i',\mathrm{P2C}}$、$p_{k',t}^{i',\mathrm{H2C}}$ 分别为微能源网 k' 中 H2C 和 P2C 在 t 时刻向微能源网 i' 提供的冷负荷备用量和备用价格，kWh、元/kWh。

$$R_{i',t}^{\mathrm{IBDR}} = \left(g_{i',t}^{\mathrm{IB,up}} p_{i',t}^{\mathrm{IB,up}} + g_{i',t}^{\mathrm{IB,dn}} p_{i',t}^{\mathrm{IB,dn}} \right) + \left(L_{i',t}^{\mathrm{c,IB,up}} p_{i',t}^{\mathrm{c,IB,up}} + L_{i',t}^{\mathrm{c,IB,dn}} p_{i',t}^{\mathrm{c,IB,dn}} \right) \qquad (5-42)$$

式中：$g_{i',t}^{\mathrm{IB,up}}$、$g_{i',t}^{\mathrm{IB,dn}}$ 分别为微能源网 i' 在 t 时刻调用 IBDR 提供的上备用电量和下备用电量，kWh；$p_{i',t}^{\mathrm{IB,up}}$、$p_{i',t}^{\mathrm{IB,dn}}$ 分别为微能源网 i' 在 t 时刻调用 IBDR 提供电负荷的上备用价格和下备用价格，元/kWh；$L_{i',t}^{\mathrm{c,IB,up}}$、$L_{i',t}^{\mathrm{c,IB,dn}}$ 分别为微能源网 i' 在 t 时刻调用 IBDR 提供的上冷负荷备用量和下冷负荷备用量，kWh；$p_{i',t}^{\mathrm{c,IB,up}}$、$p_{i',t}^{\mathrm{c,IB,dn}}$ 分别为微能源网 i' 在 t 时刻调用 IBDR 提供冷负荷的上备用价格和下备用价格，元/kWh。

$$R_{i',t}^{\mathrm{UEG}} = E_{i',t}^{\mathrm{UPG}} p_{i',t}^{\mathrm{UPG}} + E_{i',t}^{\mathrm{UCG}} p_{i',t}^{\mathrm{UCG}} \qquad (5-43)$$

式中：$p_{i',t}^{\mathrm{UPG}}$、$p_{i',t}^{\mathrm{UCG}}$ 分别为微能源网 i' 向上级电网和冷网购买能量的价格，元/kWh；$E_{i',t}^{\mathrm{UPG}}$、$E_{i',t}^{\mathrm{UCG}}$ 分别为微能源网 i' 向上级电网和冷网购买的能量，kWh。

同样，对于多备用源调度，需要考虑供需平衡问题，也需要考虑不同能源设备的运行约束，具体约束条件如下。

1. 备用供需平衡约束

$$\sum_{m\in\text{EPD}}\Delta g_{i,t}^{e,m}+\sum_{k'\in I,\, k'\neq i}\sum_{m\in\text{EPD}}\Delta g_{k',t}^{i',e,m}+g_{i',t}^{\text{IB,up}}=R_{i',t}^{e}+g_{i,t}^{\text{IB,dn}}+p_{i',t}^{\text{UPG}} \qquad (5-44)$$

$$\Delta L_{i',t}^{\text{H2C}}+\Delta L_{i',t}^{\text{P2C}}+\sum_{k'\in I,\, k'\neq i}\left(\Delta L_{k',t}^{i',\text{H2C}}+\Delta L_{k',t}^{i',\text{P2C}}\right)+L_{i',t}^{\text{c,IB,up}}+L_{i',t}^{\text{UCG}}=R_{i',t}^{c}+L_{i',t}^{\text{c,IB,dn}} \qquad (5-45)$$

式中：$R_{i',t}^{e}$、$R_{i',t}^{c}$ 分别为微能源网 i' 在 t 时刻的电负荷备用需求量和冷负荷备用需求量，kWh，具体计算公式同式（5-36）和式（5-37）。

2. IBDR 运行约束

为了避免用户过渡响应 IBDR，需对其提供的出力进行约束，同式（5-30）和式（5-31）。同时，IBDR 提供的上下旋转备用总量不能超过最大允许出力，具体约束条件为

$$\sum_{t\in T}\left(\left|g_{i',t}^{\text{IB,up}}\right|+\left|g_{i',t}^{\text{IB,dn}}\right|\right)\leqslant\sum_{t\in T}\varphi_i^{e}L_{i',t}^{e} \qquad (5-46)$$

$$\sum_{t\in T}\left(\left|L_{i',t}^{\text{c,IB,up}}\right|+\left|L_{i',t}^{\text{c,IB,dn}}\right|\right)\leqslant\sum_{t\in T}\varphi_i^{c}L_{i',t}^{c} \qquad (5-47)$$

式中：φ_i^{e}、φ_i^{c} 为 IBDR 提供的备用容量系数。

3. 能源设备数量约束

$$\left\{\Delta g_{i',t}^{e,m},\Delta g_{k',t}^{i',e,m}\right\}\leqslant\left\{N_{i',t}^{e,m}g_{i',t}^{e,m},N_{k',t}^{e,m}g_{k',t}^{e,m}\right\} \qquad (5-48)$$

$$\left\{\Delta L_{i,t}^{c,m},\Delta L_{k',t}^{i',c,m}\right\}\leqslant\left\{N_{i',t}^{c,m}L_{i,t}^{c,m},N_{k',t}^{c,m}L_{k',t}^{c,m}\right\} \qquad (5-49)$$

$$\left\{\sum_{i'\in I}N_{k',t}^{i',e,m},\sum_{i'\in I}N_{k',t}^{i',c,m}\right\}\leqslant\left\{N_{k',t}^{e,m},N_{k',t}^{c,m}\right\} \qquad (5-50)$$

式中：$N_{i',t}^{e,m}$、$N_{k',t}^{e,m}$ 分别为微能源网 i' 和微能源网 k' 中用于满足电负荷的能源设备 m 的数量；$N_{i',t}^{c,m}$、$N_{k',t}^{c,m}$ 分别为微能源网 i' 和微能源网 k' 中用于满足电负荷的能源设备 m 的数量；$N_{k',t}^{i',e,m}$、$N_{k',t}^{i',c,m}$ 分别为微能源网 k' 向微能源网 i' 提供备用的设备数量。

5.4 多级数学模型求解算法

本节将遍历求解精度高的混沌搜索算法（chaotic search algorithm，CS）[231] 和全局寻优能力较强的蚁群算法（ant colony optimization algorithm，ACO）[232]

进行融合，建立混沌蚁群优化算法（chaotic ant colony optimization algorithm，CACO），用于求解多微能源网三级协同优化模型。

5.4.1　基本原理

蚁群算法通过个体间的沟通协作可实现整体寻优，具有较强的自主决策能力和优异的分布式决策能力，关于蚁群算法的详细介绍可参见文献 [232]。尽管蚁群算法在全局寻优方面具有突出的表现，但求解过程中，蚁群算法的变异概率始终保持不变，当种群多样性较小时，依然以较低的概率变异，则易陷入局部最优，且在寻优过程中容易产生重复解。然而，混沌自身就是一种非线性现象，具有随机性、遍历性和对初始条件敏感性的特点，混沌搜索算法能够在有限范围内按照自身规律不重复地遍历所有状态，有效避免陷入局部最小，比随机搜索更具有优越性，易于跳出局部最优解。因此，本书选用混沌搜索改进传统蚁群算法。为衡量种群多样性，引入了信息熵的概念，具体计算公式为

$$H(U) = -\sum_{i=1}^{n} p_i \ln p_i \tag{5-51}$$

式中：U 为所有可能输出的集合；p_i 为第 i 类输出的概率函数。系统越混乱，信息熵越高，且越接近 1，所以，信息熵可以作为系统有序化程度的一个度量。

假设蚁群在一个 n 维空间中搜索，种群包括 m 个粒子，文献 [235] 引入了种群熵以改进算法，该算法是以 m 个粒子适应度的丰富度来衡量种群信息的多样性，这种处理方式有一定缺陷：当种群中各粒子在 n 维空间中的坐标差异较大（各粒子相对距离较远），但由于适应度函数的计算方法等缘故，这些粒子适应度差异却较小时，种群熵会偏高，此时选择变异不仅会使种群偏离原有的正确寻优轨迹、延长计算时间，还有可能会在变异后缩短各粒子的相对距离，降低种群多样性。本节根据粒子各维度坐标差异性，引入如下粒子在维度 d 上维度熵的确定方法，即

$$p(x_{id}) = (x_{id} - x_{id,\min}) \Big/ \sum_{j=1}^{m} (x_{jd} - x_{jd,\min}) \tag{5-52}$$

式中：x_{id} 为第 i 个粒子在维度 d 上的位置坐标；$p(x_{id})$ 为对应位置坐标的概率函数；$x_{id,\min}$ 为 x_{id} 的最小值。种群包含 n 个粒子维度熵，归一化后的粒子维度熵可

由式（5-53）表示为

$$E(x_{id}) = \frac{-\sum_{i=1}^{m} p(x_{id}) \ln[p(x_{id})]}{\ln m} \qquad (5-53)$$

设置维度熵上限为 E_{max}，在迭代过程中若维度 d 的维度熵 $E(x_d) > E_{max}$，则对该部分的部分粒子坐标进行混沌变异。当种群较小时，应设置较高变异个体比例，提高种群多样性；当种群较大时，可适当降低变异个体比例。本节选取种群大小为 50，变异个体比例选取为种群大小的 80%。

$$x_{id}^{k+1} = x_{id,\min} + z^{k+1}\left(x_{id,\max} - x_{id,\min}\right) \qquad (5-54)$$

式中：k 为迭代次数；$x_{id,\max}$ 为 x_{id} 的最大值；z^{k+1} 为第 $k+1$ 次迭代的逻辑斯蒂混沌方程取值，其表达式为

$$z^{k+1} = \mu z^k \left(1 - z^k\right) \qquad (5-55)$$

它是典型的混沌系统，当 $\mu = 4$，且 $0 \leqslant z^0 \leqslant 1(z^0 \neq 0.5)$ 时，z 取值永远不会重复。

5.4.2 求解流程

多微能源网配置、调度和备用三级协同优化模型包含 3 个时间节点，即日前调度（24h）、日内调度（4h）和实时调度（1h）。应用 CACO 算法求解上述模型的具体过程如下（见图 5-4）：

（1）日前调度是根据 WPP、PV 和负荷的日前预测结果，利用式（5-1）~式（5-12）计算多微能源网最优容量重新配置方案，用于确立不同微能源网的最优多能供给策略。

（2）日内调度是根据 WPP、PV 和负荷的日内预测结果，利用式（5-13）~式（5-35）计算不同微能源网内部的最优电、热、冷、气等多能供给方案。为了模拟多能最优供给过程，选择蚁群算法作为模拟工具。实际上，蚁群算法所涉及的选择、交叉、变异的过程与多微能源网的电、热、冷、气等多能供给规则也相互匹配，具体分析如下：

1）选择，最优的多能供给策略是在综合效益最大的目标下产生的，即在竞价过程中，越是能接近系统最大供能效益的运营策略，越容易中标。

2）交叉，多微能源网之间、不同能源间存在相互影响的关系，管理者会根据其他微能源网及不同能源的供给收益，从而改变自身的运营策略。

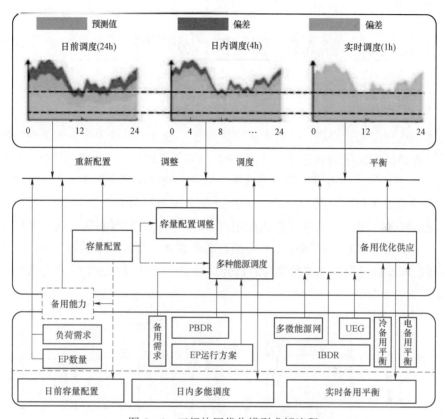

图 5-4　三级协同优化模型求解流程

3）变异，同实际中一样，多微能源网的最优供能策略不可能一直不变，会根据自身情况和掌握的信息，突然降低或提升某种能源的供给量，从而实现最大收益，但这种波动会在一定范围之内。

（3）实时调度是根据 WPP、PV 和负荷的实际值，测算电、冷负荷的供给偏差，确立备用需求量。当发生能量短缺时，以能量备用服务成本最低为目标，调用用户侧 IBDR 资源，向其他微能源网或者 UEG 购能，维持能量供需平衡。

实际上，采用蚁群算法对多微能源网最优供能过程的模拟，是在遵循多微能源网管理者实际情况和电力市场的前提下的模拟方案。优化过程结束后，在种群中选择自身利益最大化的运营方案。该方案同时也能够实现多微能源网失负荷率最低的目标，同时，也能最大化规避因 WPP 和 PV 随机性带来的能量短缺风险，实现终端用户用能质量最高和自身供能收益最大的目标。

5.5 算 例 分 析

5.5.1 基础数据

本节选择深圳市龙岗区国际低碳园区中 3 个独立商务楼宇作为实例对象[233]，由于当前该低碳园区尚未建成，借鉴文献［234］思路选择 IEEE37 节点配电系统和 8 节点天然气系统组成能量传递网络。其中，MEG1 接入配电网节点 742、天然气系统节点 2 和配电网节点 712；MEG2 接入配电网节点 729、天然气系统节点 3 和配电网 744 节点；MEG3 接入配电网节点 735、天然气系统节点 6 和配电网 737 节点。设定多微能源网中不同能源设备可独立运营，即不隶属于统一运营主体，各能源设备可根据能源价格实时选择运营商。图 5-5 所示为多微能源网基本结构。

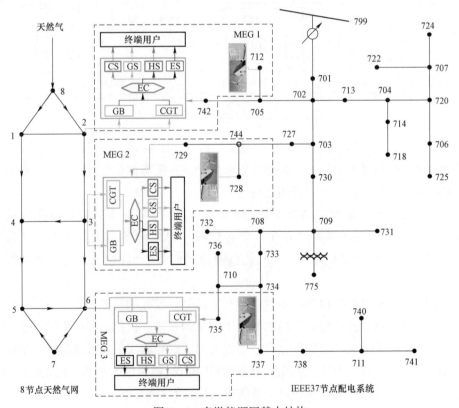

图 5-5 多微能源网基本结构

选择深圳市龙岗区国际低碳园区中 3 个独立商务楼宇作为规划数据[23]。为便于分析，设定不同微能源网配置相同类型的能源设备，即 WPP、PV、CGT、GB 能源生产设备，P2H、P2C、P2G、H2C 能源转换设备和 ES、HS、CS、GS 储能设备。其中，单台 WPP、PV、CGT 和 GB 额定功率分别为 200、100、1000kW 和 500kW。CGT 最大电功率和最大功率的比为 1.2，单台 P2H、P2C、H2C 和 P2G 额定功率分别为 500、500、500kW 及 100kW。单台 ES、HS、CS 和 GS 额定容量分别为 200、200、200kWh 和 200m³。不同园区典型负荷日最大电、热、冷负荷分别为 2025、1701kW 和 1828kW，1000、400kW 和 1260kW，1500、1320kW 和 2600kW。参照规划数据，根据不同商务楼宇特性，确立不同微能源网的容量配置方案。不同微能源网能源设备数量见表 5-1。

表 5-1　　　　　　　　　不同微能源网能源设备数量

微能源网	EPD				ECD				ESD			
	WPP	PV	CGT	GB	P2H	P2C	P2G	H2C	ES	HS	CS	GS
MEG1	3	7	1	2	1	3	1	2	3	2	3	1
MEG2	2	3	1	1	1	1	2	2	2	2	1	1
MEG3	3	2	4	2	1	1	3	4	1	2	1	1

根据园区规划设计数据，选取电、热、冷、气价格[23]，参照文献 [235]，将 CGT 机组发电成本曲线线性化为两部分，斜率分别为 0.137 元/kW 和 0.342 元/kW。同时，选取典型负荷日不同微能源网的电、热、冷等负荷需求数据及 WPP 和 PV 的预测结果，作为日前预测结果，用于园区日前容量重新配置方案。其中，典型负荷日不同微能源网价格型需求响应前电、热、冷负荷需求如图 5-6 所示，价格型需求响应后电、热、冷负荷需求如图 5-7 所示。然后，参照文献 [236] 设置 WPP 和 PV 运行参数，借助场景模拟和削减策略，对 WPP 和 PV 进行随机场景模拟，并选取波动性最大的场景作为日内预测结果，选取发送概率最大的情景作为实际值，分别用于确立日内能量调度计划和实时备用调度计划。图 5-8 所示为不同微能源网中 WPP 和 PV 在不同阶段的可用出力。

为分析 PBDR 和 IBDR 对多微能源网运行的影响，参照文献 [234] 设置电、热、冷价格需求弹性矩阵，并为电、热、冷负荷需求划分峰、平、谷时段，以及不同时段的供能价格。其中，峰时段负荷削减 20%，谷时段负荷增加 15%，平时段负荷增加 5%，各时段内不同时刻电等比例分摊负荷。分别对不同类型能量参

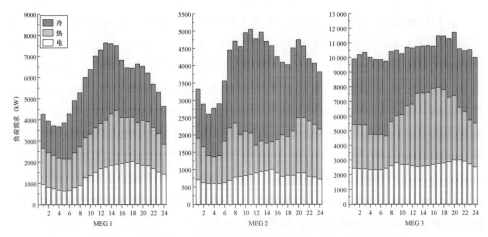

图 5-6 不同微能源网价格型需求响应前电、热、冷负荷需求

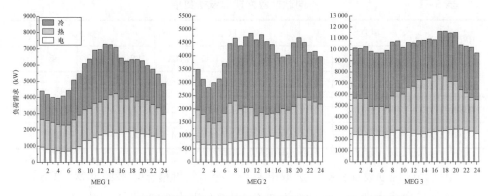

图 5-7 不同微能源网价格型需求响应前电、热、冷负荷需求

与 IBDR 设置差异化价格,其中,电、热、冷负荷参与 IBDR 提供的上下备用出力价格分别为 0.85 元/kWh 和 0.25 元/kWh、0.55 元/kWh 和 0.15 元 kWh、0.45 元/kWh 和 0.15 元/kWh。IBDR 能够产生的负荷波动不超过±50kW,总负荷波动量不超过预期负荷的 5%。微能源网向公共能源网络紧急购电、热、冷的价格分别为 0.85、0.6 元/kWh 和 0.65 元/kWh。

基于上述基础数据,设置算法最大迭代次数 $N_{max} = 200$;各微能源网依据调度策略区间随机生成蚂蚁个体数量 $n = 35$,设定参数 $\alpha = 1.0001$,$\beta = 1.2501$,最小挥发系数 $\rho_{min} = 0.1$,常量 $Q = 1$,并设定变异个体比例选取为种群规模的 70%。同时,为了分析 WPP 和 PV 的不确定性对多微能源网优化调度的影响,设定初始鲁棒系数为 0.75。通过求解多微能源网多级优化模型,能够确立不同微能源网适应不同情景的灵活性边界,并确立多微能源网最优能源调度方案及备用调度方案。

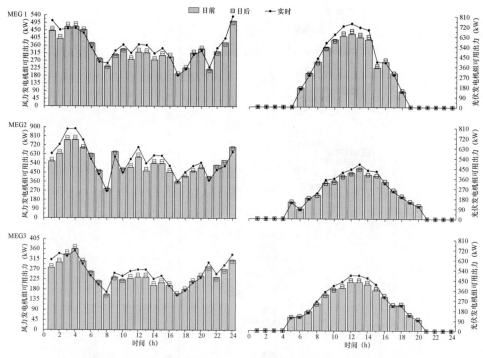

图 5-8　不同微能源网中 WPP 和 PV 在不同阶段的可用出力

5.5.2　算例结果

1. 日前灵活配置结果

本节内容主要基于 WPP、PV 和负荷的日前预测数据，分析多微能源网容量再配置方案。根据原有容量配置方案，以失负荷率最小为目标，对多微能源网的运营边界进行再次划分。由于不同时段负荷需求和 WPP、PV 的实际出力不同，故各时段多微能源网的边界也发生了较大变化。图 5-9 所示为不同微能源网考虑灵活性边界的容量再配置方案。

根据图 5-9，分析灵活性边界条件下多微能源网的容量再配置方案。从整体上看，MEG1 和 MEG2 将更多的能源转换（EP）设备和能源存储（ES）设备划分至 MEG3，而 MEG3 则是将 CGT、P2G 和 WPP 划分至 MEG1 和 MEG2。这是由于 MEG3 预先配置了较高容量的 CGT，故在进行容量再配置时，需要利用更多的 H2C、P2C 将多余电能和热能转化为冷能，以满足负荷需求。同样，MEG1 预先配置了更多的 WPP 和 PV，故需要利用更多的 CGT 及 P2G 进行调峰。MEG2 则是为了满足负荷需求，将 MEG1 和 MEG3 的剩余 WPP 和 PV 充分利用，并利用

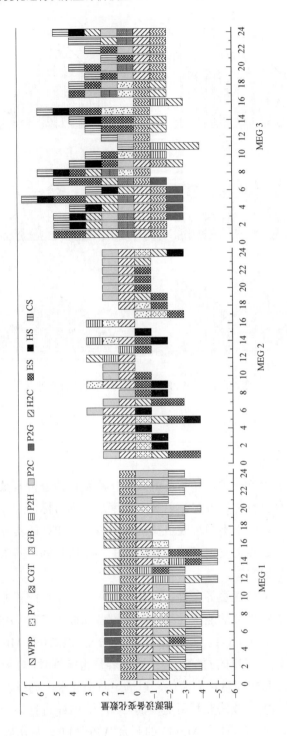

图 5-9　不同微能源网考虑灵活性边界的容量再配置方案

P2H 生产更多的热能,从而实现失负荷率最低的目标。多微能源网灵活性边界前后的配置方案见表 5-2。

表 5-2   多微能源网灵活性边界前后的配置方案

灵活性边界	失负荷率(%)			最大并网容量(kW)				最大上级备用量(kW)			减少投资(10⁴ 元)
	电	热	冷	WPP	PV	CGT	GB	电	热	冷	
前	9.42%	7.25%	7.89%	1800	1700	6000	4000	400	300	200	—
后	7.24%	5.48%	5.67%	2200	1900	7000	4500	100	150	50	537

根据表 5-2,相比固定边界条件,在灵活性边界条件下容量配置方案能够充分利用不同微能源网间的互补特性,使 WPP 和 PV 的并网容量分别增加 400kW 和 200kW。这有利于降低多微能源网对上级能源网络备用的依赖,电、热和冷的备用量分别降低 300、150kW 和 150kW,相应的,减少新增容量投资约 537 × 10⁴ 元。通过开展灵活性边界条件下多微能源网的容量再配置,电、热、冷负荷能够更好地被满足,失负荷率分别降低 1.18%、1.77% 和 2.22%。总的来说,多微能源网通过容量再配置能够充分利用不同微能源网间的互补特性,提升 WPP 和 PV 的并网容量,延缓新增容量投资,经济和环境效益明显。

2. 日内协同调度结果

根据多微能源网容量再配置方案,以及 WPP、PV 和负荷的日内预测数据,设定不同微能源网独立运行,综合考虑 WPP 和 PV 的运营收益和风险成本,以综合收益最大化为目标,确立多微能源网电、热、冷的最优化调度结果。图 5-10 所示为 MEG1 的电、热、冷最优调度结果。

根据图 5-10,对于电负荷和热负荷,CGT 供电功率和供热功率恒定,即为 1486kW 和 2400kW,PV 和 GB 在峰时段提供发电出力和供热出力,WPP 根据可用出力提供发电出力,谷时段相对较高,峰时段相对较低,P2H 则满足剩余供热需求。对于冷负荷,P2C 和 H2C 分别将多余电能和热能转化为冷能,协同满足冷负荷需求。PS、HS、CS 则根据负荷需求,在谷时段蓄能,在峰时段释能,提供灵活性出力,维持负荷供需平衡。图 5-11 所示为 MEG2 的电、热、冷最优调度结果。

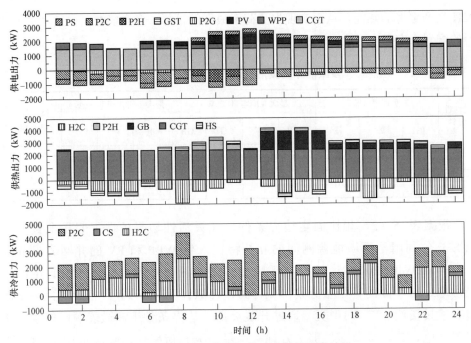

图 5-10 MEG1 的电、热、冷最优调度结果

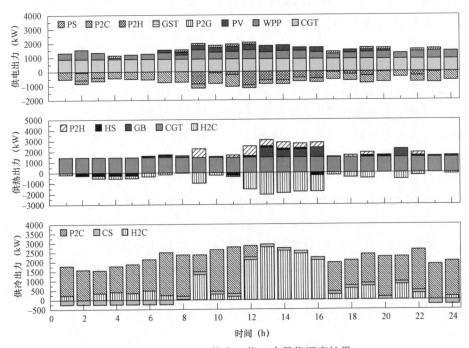

图 5-11 MEG2 的电、热、冷最优调度结果

根据图 5−11，CGT 供电出力和供热出力恒定，分别为 891kW 和 1440kW，WPP 提供更大比例的供电出力，PV 出力集中于峰时段。由于 MEG2 电负荷需求相对较低，故更多的电能被 P2H 转化为热能，与 GB 协同满足剩余热负荷需求。对于冷负荷需求，较多的电能通过 P2C 转化为冷能，但在电负荷峰时段，H2C 则将热能转化为冷能，协同满足冷负荷需求。同样，PS、HS、CS 利用自身的蓄能和释能特性，提供灵活性出力，维持负荷供需平衡。图 5−12 所示为 MEG3 的电、热、冷最优调度结果。

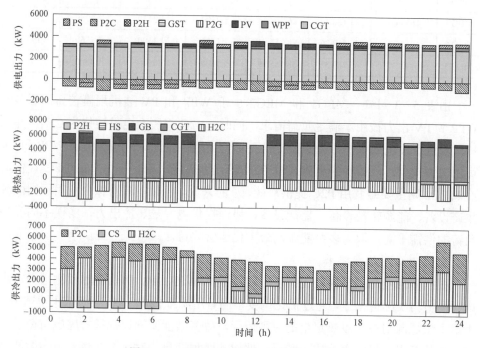

图 5−12　MEG3 电、热、冷最优调度结果

根据图 5−12，不同于 MEG1 和 MEG2，电负荷主要由 CGT 满足，热负荷主要由 CGT 和 GB 满足，冷负荷则主要由 H2C 满足。这是由于 MEG3 的 WPP 和 PV 装机规模相对较低，故 P2H 和 P2C 比例相对较低，特别是热负荷，P2H 未提供供热出力。其中，CGT 提供供电出力和供热出力比较恒定，分别为 2972.8kW 和 4800kW。由于电、热、冷负荷需求较高，故 IBDR 提供出力较高，分别为 ±3600、±3600kWh 和 ±4800kWh，实现不同类型负荷的供需平衡。不同微能源网能源调度结果见表 5−3。

表 5-3　　　　　　　　　不同微能源网能源调度结果

微能源网	综合效益（元）	WPP（kWh）	PV（kWh）	CGT（kWh）		GB（kWh）	P2G（kWh）
				电	热		
MEG 1	36 605.18	6928.35	4915.55	35 673.60	57 600.00	9316.12	−1259.17
MEG 2	30 394.10	11 163.19	3669.45	21 404.16	34 560	4350.11	−57.407
MEG 3	60 161.54	5029.45	3772.30	71 328.00	115 200.00	22 798.57	0

微能源网	P2H（kWh）	P2C（kWh）	H2C（kWh）	ES（kWh）	HS（kWh）	CS（kWh）	GS（kWh）
MEG 1	1638.66	31 150.16	26 468.36	±3500	±3150	±2250	807.78
MEG 2	4943.27	33 219.26	18 717.94	±1500	±1500	±2250	19.68
MEG 3	0	43 789.32	58 551.89	±3600	±3600	±4800	0

由表 5-3 可知，MEG1 和 MEG2 由于 WPP 和 PV 装机规模较高，更多的 WPP 和 PV 出力被用于满足负荷需求，同时，P2G 将剩余电量转化为 CH_4，并在峰时段进行发电或供热，为系统提供更多的灵活性资源。MEG3 由于 WPP 和 PV 可用出力较少，故较少的电量通过 P2H 转化为热能，冷负荷主要由 H2C 提供，而 MEG2 则主要是利用 P2C 提供冷能。总的来说，各微能源网综合利用不同能源生产设备、能源转换设备、储能设备，协同提供电、热、冷出力，实现不同类型负荷的供需平衡，取得多微能源网最大化运营收益。

3. 实时备用优化结果

根据多微能源网日内最优调度方案，根据 WPP、PV 和负荷的预测数据，考虑预测值与实际值偏差，通过优化调度不同备用源维持电、热、冷负荷供需平衡。考虑多微能源网按照以热定电的原则运行，故多微能源网运行只考虑电负荷备用和冷负荷备用，设定固定边界和灵活性边界两种情景，对比不同情景下多微能源网备用调度结果。不同微能源网在实时阶段的电力备用调度结果见表 5-4。

表 5-4　　　　　　　　不同微能源网在实时阶段的电力备用调度结果

边界	MEG1（kWh）		MEG2（kWh）		MEG3（kWh）		IBDR（kWh）			UPG（kWh）		
	自身	其他	自身	其他	自身	其他	MEG1	MEG2	MEG3	MEG1	MEG2	MEG3
固定	250.8	—	155.6	—	66.6	—	(−239.6, 526.7)	(−225.9, 497.64)	(−198.2, 445.1)	268.5	225.5	80.6
灵活性	250.8	132	155.6	323.73	66.6	174.6	(−239.6, 412.8)	(−225.9, 370)	(−198.2, 359.1)	160.3	210.6	40.9

　　根据表 5−4，相比固定边界，在灵活性边界下多微能源网将自身剩余备用能力提供给其他微能源网，这能降低 IBDR 和 UPG 提供的备用出力。UPG 为 MEG1、MEG2 和 MEG3 提供电负荷备用出力降低分别为 108.22、14.90kWh 和 39.68kWh。IBDR 为 MEG1、MEG2、MEG3 提供正备用降低分别为 113.88、127.65kWh 和 86.01kWh。不同微能源网在实时阶段冷备用调度结果见表 5−5。

表 5−5　　　　　　　　不同微能源网在实时阶段冷备用调度结果

边界	MEG1（kWh）		MEG2（kWh）		MEG3（kWh）		IBDR（kWh）			UPG（kWh）		
	自身	其他	自身	其他	自身	其他	MEG1	MEG2	MEG3	MEG1	MEG2	MEG3
固定	130.5	–	85.4	–	53.2	–	(−125.9, 276.2)	(−85.5, 174)	(−99.2, 220.1)	108.5	165.5	48.5
灵活性	130.5	59.4	85.4	145.68	53.2	34.9	(−125.9, 245.6)	(−85.5, 154.3)	(−99.2, 168.1)	54.5	80	10.2

　　根据表 5−5，在灵活性边界下多微能源网备用调度能充分利用其备用潜力，协同满足不同微能源网冷负荷备用需求。其中，UPG 为 MEG1、MEG2 和 MEG3 提供冷负荷备用出力降低分别为 53.95、85.44 kWh 和 38.3 kWh。IBDR 为 MEG1、MEG2、MEG3 提供的正备用降低分别为 30.53、20.21kWh 和 52kWh。总的来说，考虑灵活性边界下多微能源网电负荷备用和冷负荷备用调度结果，不同微能源网间互相提供备用服务，有利于降低其对上级能源网络的备用需求，实现内部资源的最大化利用，取得备用调度成本最小的目标。图 5−13 所示为不同微能源网在实时阶段的电、冷备用调度出力。

　　根据图 5−13，在灵活性边界下，多微能源网会充分调用自身的备用能力并同 UPG 和 IBDR 协同满足不同微能源网运行的备用需求。以电负荷为例，多微能源网会优先调用自身剩余的可用发电出力（以 MEG1 为例，在 8:00～9:00 和 14:00）。然后，根据 IBDR、其他微能源网和 UPG 的供能成本高低关系，有序调用备用主体。其中，由于仅有 IBDR 可提供下旋转备用出力，故在 WPP 和 PV 的实时出力低于预期值时，IBDR 会被调用提供负发电出力，当 IBDR 和多微能源网无法满足备用需求，或备用成本较高时，多微能源网会向 UPG 购买能量（以 MEG3 为例，在 12:00 和 13:00～14:00）。总的来说，多微能源网会根据不同时刻 IBDR、微能源网和 UPG 备用供给成本，确立备用调度成本最低的实时修正策略。

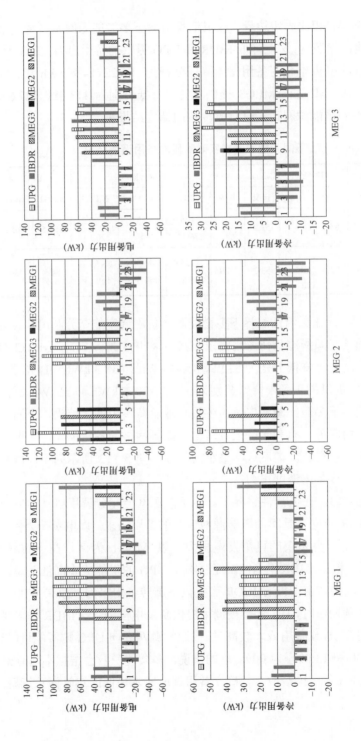

图 5 - 13 不同微能源网在实时阶段的电、冷备用调度出力

5.5.3　结果分析

1. 算法有效性

为验证 CACO 算法的性能，分别采用基本蚁群算法（ACO）、遗传算法（GA）和粒子群优化算法（PSO）对多微能源网三级协同优化模型进行求解，并分别求解多微能源网的失负荷率、综合运营效益和备用成本。不同算法的求解结果对比分析见表 5－6。

表 5－6　　　　　　　不同算法的求解结果对比分析

算法	CACO	ACO	GA	PSO
平均收敛次数	108	132	285	195
失负荷率 λ_{loss}（%）	6.13	6.82	7.45	9.42
综合运营效益 F（10^4 元）	12.72	13.82	14.15	16.25
备用成本 R（10^4 元）	3.52	4.35	5.04	4.95

注　平均收敛次数＝各博弈主体目标函数收敛次数的平均值。

由表 5－6 可知，CACO 算法和 ACO 算法平均收敛次数要小于 GA 算法和 PSO 算法，说明 ACO 算法的全局收敛能力要优于 GA 算法和 PSO 算法。此外，CACO 算法和 ACO 算法的 λ_{loss}、F 和 R 值均优于 GA 算法和 PSO 算法，说明 ACO 算法的全局搜索能力要优于 GA 算法和 PSO 算法，再次证明 ACO 算法在求解多级优化问题时体现出的强大搜索能力和效率性。CACO 算法的平均收敛次数要少于 ACO 算法，且 CACO 算法的 λ_{loss}、F 和 R 值也要优于 ACO 算法，说明混沌搜索算法提高了普通 ACO 算法的全局搜索能力和收敛性能，提高了运算效率，可以得到更优结果。因而，基于 CACO 算法得到的多级优化模型能用于确立不同微能源网的容量再配置、优化运行和备用调度策略。

2. PBDR 优化效应

下面分析 PBDR 对多微能源网优化调度的影响。PBDR 能优化用户用能行为，实现负荷曲线的"削峰填谷"，释放多微能源网运行的调峰压力，使多微能源网能够消纳更多的 WPP 和 PV 出力。图 5－14 所示为 PBDR 后各微能源网在不同时段的电、热、冷负荷变动量。

根据图 5－14，PBDR 后峰时段的电、热、冷负荷需求均有所降低，以 MEG1 为例，最大电、热、冷负荷分别降低 101.25、127.575kW 和 255.85kW，而谷时段

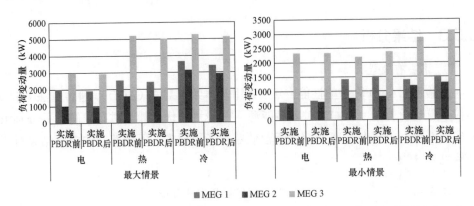

图 5-14　PBDR 后各微能源网在不同时段的电、热、冷负荷变动量

最小电、热、冷负荷分别增加 44.1、99.23kW 和 112.2kW，电、热、冷负荷曲线的峰谷比分别由 3.21、1.80、2.61 降低至 2.85、1.60、2.24，更为平缓的电、热、冷负荷曲线有利于提升多微能源网消纳更多的 WPP 和 PV 出力，且提升多微能源网的运营结果。PBDR 前多微能源网的电、热、冷调度优化结果见表 5-7。

表 5-7　　　　　　　PBDR 前多微能源网的电、热、冷调度优化结果

微能源网	峰谷比			WPP（kWh）	PV（kWh）	CGT（kWh）		GB（kWh）	目标函数		
	电	热	冷			电	热		λ_{loss}（%）	F（10^4元）	R（10^4元）
MEG1	3.21	1.80	2.61	6899	4813	37 457	59 904	9492	7.19%	15.0	4.15
MEG2	1.67	2.11	2.63	11 236	3601	22 474	35 942	4389	6.77%	12.9	3.97
MEG3	1.28	2.36	1.83	4906	3727	74 914	119 808	23 923	5.34%	12.2	2.97

　　根据表 5-7，PBDR 后负荷需求曲线变得更为平缓，不同微能源网利用 WPP 和 PV 的出力均有所增加，且更多的电能通过 P2C 和 P2H 转化为冷能和热能。CGT 提供供电出力和供热出力，以及 GB 提供供热出力均有所降低。可见，PBDR 后，多微能源网整体的供能结构有所优化，不同目标函数也变得更加优化。总的来说，PBDR 有利于平缓电、热、冷负荷需求曲线，优化多微能源网整体的供能结构，促进多微能源网的最优化运行。

　　3. 不同风险态度

　　下面重点分析决策者风险态度对不同优化模型的影响，对置信水平进行敏感性分析。一般来说，当置信水平较高时，决策者属于风险厌恶型，更愿意规避 WPP 和 PV 带来的风险。当置信水平较低时，决策者属于风险偏好型，更愿意追

逐超额收益。图 5−15 所示为不同风险态度下多微能源网运行的目标函数值。

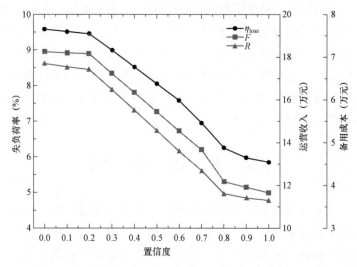

图 5−15　不同风险态度下多微能源网运行的目标函数值

由图 5−15 可知，当置信度小于 0.2 时，决策者对风险的承受能力较强，愿意追逐 WPP 和 PV 带来的超额收益，但也导致失负荷率和备用成本相对较高。当置信度介于 0.3 和 0.8 之间时，随着置信度的增加，目标函数值下降斜率最大，表明决策者风险敏感度较高，更愿意规避 WPP 和 PV 的不确定性风险。当置信度大于 0.8 时，不同微能源网的运营方案已基本达到最保守方案，故随着置信度的增加，目标函数值下降幅度有所降低。总的来说，CVaR 方法能反映决策者的风险态度，制定不确定风险态度下最优决策方案。不同风险态度下多微能源网调度优化结果见表 5−8。

表 5−8　　　　　　　不同风险态度下多微能源网调度优化结果

置信度	WPP（kWh）	PV（kWh）	CGT（kWh）		GB（kWh）	ESD（kWh）				目标函数		
			电	热		ES	HS	CS	GS	λ_{loss}（%）	F（10^4 元）	R（10^4 元）
0.80	25 250	12 854	127 590	206 703	35 808	±9300	±8500	±9500	905	6.25	12.15	3.80
0.85	23 120	12 357	128 406	207 360	36 465	±8600	±8250	±9300	827	6.13	12.72	3.52
0.90	22 152	12 135	129 001	207 658	36 762	±8300	±8000	±9000	805	5.98	11.92	3.70
0.95	21 058	11 854	129 688	208 001	37 106	±7900	±7700	±8600	780	5.92	11.79	3.68
1.00	20 954	11 658	129 839	208 076	37 181	±7800	±7500	±8400	771	5.85	11.65	3.65

根据表 5-8，随着置信度的增加，WPP 和 PV 的并网电量逐渐降低，CGT 和 GB 的出力逐渐增加，多微能源网的备用需求也逐步降低，故 ESD 出力逐步降低。从不同目标函数值来看，随着置信度的增加，CGT 和 GB 的出力逐渐增加，降低了失负荷率，但也导致综合运营效益和备用成本有所降低。与图 5-15 分析结论一致，CVaR 方法能够根据决策者的风险态度，在不同置信度下制定适应不同风险态度下的多微能源网最优调度方案，兼顾不同目标函数的优化需求，确立多微能源网的多级最优调度方案。

5.6 本 章 小 结

随着分布式能源高渗透率接入能源网络，多种分布式能源互补连接为微能源网将成为能源系统新供能模式。如何实现多微能源网协调优化运行，是未来能源系统面临的关键问题。本章引入灵活性边界概念，考虑不同微能源网互通互联，没有固定物理边界，研究配置、调度和备用的多级协同优化，并提出了基于 CACO 算法的模型求解算法。选择我国深圳市龙岗区国际低碳园区作为实例对象，分析模型的有效性和适用性。算例结果显示：在灵活性边界条件下容量配置方案能充分利用不同微能源网间的互补特性，使 WPP 和 PV 的并网容量增加，延缓新增容量投资，经济和环境效益明显。配置、调度、备用多级协同优化能分阶段确立多微能源网最优运行方案。通过改进蚁群算法，多级协同优化模型求解算法能够分阶段确立多微能源网最优运行方案。

第 6 章

微能源网群多能协同分层
协调多级优化模型

全球能源需求的日渐增长，生态环境的日益恶化，追求清洁高效、可持续的能源开发与利用模式是未来能源领域的重要发展趋势[237]。风力发电、光伏发电等清洁能源发展越来越迅速，微能源网为分布式能源发展提供了广阔前景。但是，单一微能源网受分布式能源随机性和分散性的影响，可能面临持续性弱、覆盖度低、抗扰能力差的困扰。如果将地理位置相近的多个微能源网互联集群为一个整体系统，能够弥补单一微能源网的供能缺陷，发挥不同网络间的能量协调互济优势，实现微能源网的可持续发展。微能源网群解决了一般单一微能源网中清洁能源应用不稳定的难题，同时又提升了终端应用的宽度与高度，通过能源存储、能源转化和优化配置，实现区域内能源供需平衡。此外，多个微能源网根据能源供给情况制定竞价策略，提高运行综合效益。因此，本章考虑微能源网群参与上级公共能源网络的竞价博弈优化问题，建立微能源网群多能协同分层协调多级优化模型。

6.1 引　　言

2011 年，美国学者杰里米·里夫金在《第三次工业革命》中首先提出了能源互联网的愿景，但受制于目前的技术水平壁垒及传统能源行业的封闭性，短期内实现大型能源互联网运行较为困难。微能源网能够通过能源存储、转换和优化配置，就地互补消纳风、光、天然气等多类型分布式能源，协同满足电、热、冷、气等用能负荷需求[238]。2016 年，国家发展改革委提出《关于推进"互联网＋"智慧能源发展的指导意见》，指出要加强多能协同综合能源网络建设，开展电、气、热、冷等不同类型能源之间的耦合互动和综合利用[239]。然而，微能源网内分布式能源间歇性强，且分散分布特性，给单一微能源网供能带来持续性弱、覆盖度低、抗扰能力差等难题[240]。若能将地理位置相邻的多个微能源网互联为群集系统，将发挥不同网间的能量协调互济，有利于实现微能源网的可持续发展[241]。

目前，国内外学者陆续开展关于微能源网的相关研究，主要聚焦于容量配置和优化运行两个方面[242]。对于容量配置，文献［243］通过研究实时定价方案（智能电网）对混合 DG 系统（供热和用电的混合发电）和存储单元的影响，构建智能电网。文献［244］深度挖掘了太阳能和储能对能源消费的影响，构建了含 PV 和蓄电池储能系统的微型燃气与电网耦合。文献［245］采用电转气（power to gas，P2G）技术使电—气网络闭环互联，提出了含 P2G 和储气（gas storage tank，GST）的虚拟电厂。文献［246］对含光伏和蓄能的 CCHP 系统调峰调蓄优化运行进行评述。文献［247］提出微混合能源系统考虑储氢的燃料电池热电联产、风力发电和光伏发电。上述相关文献的研究，为微能源网群开展容量配置提供了多元化的决策方案。

如何克服风、光等诸多分布式能源不确定性是微能源网群优化运行需要解决的重要问题，通常应对方法有随机机会约束规划和鲁棒优化等理论方法[248]。文献［249］将随机机会约束规划应用到微能源网能源管理中，分析了含多重不确定性因素时的能源市场均衡价格。文献［250］将鲁棒优化方法应用到微型智能电网优化运行中，构建多目标调度优化模型。然而，随机机会约束规划依赖随机变量概率分布信息，而概率分布难以准确得出，且往往需要大量数据样本，增大了问题的复杂性。鲁棒优化采用不确定参数区间描述不确定性，对随机变量概率分布信息要求少，但优化过程中侧重极端情况，得到结果往往过于保守。不同于上述研究思路，文献［251］将调度阶段划分为日前调度和时前调度，构造两阶段调度优化模型，第一阶段以日前预测功率作为随机变量构建日前调度模型，第二阶段修正日前调度方案在没有改变机组运行状态下确定实际出力，为解决微能源网不确定性提供了新的思路。

当微能源网与上级公共能源网络相连时，两者间可进行灵活的能源互动[252]。上级能源网络能为微能源网提供备用服务，而微能源网在实现自身优化运行后，可将剩余的电、热、冷、气等能源售出至上级能源网络。文献［253］提出含 P2G 和 GST 的微能源网群风险规避模型，并分析了碳排放约束对微能源网群优化运行的影响。文献［254］提出一种新的模型方法来优化多能源载体微电网的电能和热能管理，其目标是实现最小化运行成本，从而满足系统约束。然而，当区域内存在多个微能源网时，上级能源网络需优化选择不同微能源网提供能量，以实现能量供需平稳，这将是多个微能源网竞价博弈问题。文献［255］提出一种多智能体系统（MAS），用于实现两个相连微电网的最优能量管理。文献［241］引入多代理系统（MAS）来实现微能源网群自治协作操作的智能调度模型。文献［256］提出微能源网群互动调度模型及竞价策略，并将竞价博弈问题划分为日前、日内和时前三个阶段，为开展多微能源网协同优化调度及竞价博弈提供了新的思路。

上述研究表明，关于微能源网群已经围绕容量配置和优化调度两个方面展开了较多研究，然而通过文献梳理发现，现有研究主要存在三方面不足：首先，已有文献将能量调度划分为日前调度（24h）和时前调度（4h）两个阶段，但能量调度属于实时调度（1h），如何克服日内功率和实际出力的偏差，是微能源网群优化运行的关键问题。其次，尽管部分文献考虑了多微电网、多 VPP 的优化运行问题，但未能考虑微能源网群的优化运行问题，特别是当微能源网群如何协同满足电、热、冷、气等多能需求。最后，部分文献涉及了多 VPP 竞价博弈问题，由于微能源网群能够提供电、热、冷、气等不同能量出力，不同能量间存在相互转换的空间，如何建立微能源网群电、热、冷、气多能竞价博弈策略，对于提升微能源网群优化运行效益至关重要。

6.2　微能源网群多能竞价博弈体系

6.2.1　多能竞价博弈体系

本书考虑微能源网群由能源生产（energy production，EP）设备、能源转换（energy conversion，EC）设备、能源存储（energy storage，ES）设备及终端用户构成，研究微能源网群优化运行及竞价博弈问题。其中，EP 主要包括 WPP、PV、微型燃气轮机（Convention gas turbine，CGT）和燃气锅炉（gas boiler，GB），EC 主要包括 P2G、电转热（power-to-heating、P2H）、电转冷（power-to-cooling，P2C）和热转冷（heating-to-cooling，H2C），ES 包括储冷（includes storage cooling device，SC）、储热（storage heating，SH）、储电（storage electricity，SE）、储气（storage gas，SG）。同时，为充分调用终端用户的灵活性资源，设定价格型需求响应（price-based demand response，PBDR）被实施，平缓负荷需求曲线。当 WPP 和 PV 的预测出力与实际出力发生偏差时，激励型需求响应（incentive-based demand response，IBDR）可以被调用提供紧急备用出力。

　　本章设定微能源网群内各能源设备均隶属于同一主体，各微能源网根据自身电、热、冷能量需求，安排能量调度计划，并核算单位供能边际成本和可外送能量，分析微能源网群参与电、热、冷等多能竞价博弈问题。考虑区域存在多个独立微能源网，各微能源网在满足自身能量需求后，将剩余供能能力通过竞价博弈的方式，向公共电网（UPG）、公共热网（UHG）和公共冷网（UCG）售出。设定区域存在多个能量竞价交易中心，不同微能源网可自主选择竞价交易中心，竞标价格和可外送电量向竞价交易中心申报，各竞价交易中心汇总不同微能源网竞标信息后，并将交易结果向统一的竞价结算中心进行汇报，由竞价结算中心确立不同微能源网获批的竞价能量份额，确立电、热、冷等多类型能量市场出清价格。竞价结算中心核准竞价交易方案后，将中标价格和中标能量信息返回至各微能源网，从而实现在能源供需平衡的前提下，将多余能量售出至公共能源网络，实现最大化运营收益的目标。图6-1所示为微能源网群电、热、冷多类型能量竞价交易博弈体系。

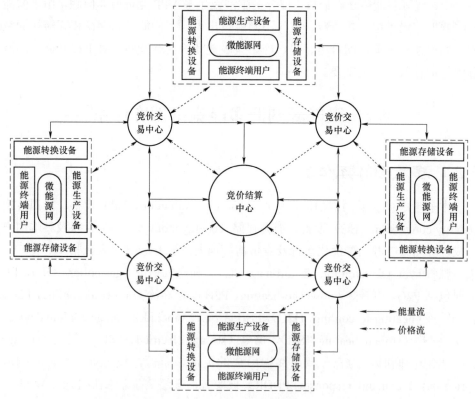

图6-1　微能源网群电、热、冷多类型能量竞价交易图

6.2.2　多阶段竞价博弈体系

微能源网群中 WPP 和 PV 的出力受外部自然条件影响，具有较强的随机性。在能量调度时，需根据 WPP 和 PV 的日前（24h）预测结果安排调度计划，并根据日内（4h）预测结果，通过修正 ES、CGT 和 GB 等出力计划，应对 WPP 和 PV 的出力偏差，并根据实时（1h）出力结果，通过调用 IBDR 或向其他微能源网、上级能源网络购买能量，满足实时能量供需平衡。图 6-2 所示为微能源网群多级调度—竞价博弈框架体系。

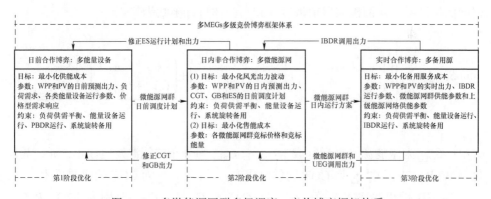

图 6-2　多微能源网群多级调度—竞价博弈框架体系

根据图 6-2，微能源网群能量管理存在三阶段，即日前调度阶段（24h）、日内调度阶段（4h）和实时调度阶段（1h），通过分阶段开展不同微能源网参与电、热、冷等能量博弈优化，确立最优运行策略，具体如下：

（1）日前调度阶段（24h）。根据 WPP 和 PV 的日前预测出力，考虑 EP、EC、ES 等能源设备间相互合作，确立能量供给成本最低的调度计划，该阶段属于多能量设备的合作博弈问题。

（2）日内调度阶段（4h）。根据 WPP 和 PV 的日内预测出力，修正 ES、CGT 和 GB 等出力应对 WPP 和 PV 的出力偏差，进而核算微能源网群单位供能边际成本和可外送能量，将自身竞标价格和竞标能量向能量竞价交易中心申报，获得能量交易份额及市场出清价格。该阶段属于微能源网群非合作博弈问题。

（3）实时调度阶段（1h）。根据 WPP 和 PV 的实时出力，基于日内能量调度计划和竞价交易方案，当 WPP 和 PV 的实际出力与计划出力存在偏差时，通过调用 IBDR 紧急出力或向其他微能源网、UEG 购买能量，维持能量供需平衡。该阶段属于多备用源的合作博弈问题。

6.3 微能源网群多能协同三级博弈优化模型

6.3.1 日前合作调度优化模型

根据微能源网群参与电、热、冷等多能多级竞价博弈体系，考虑日前阶段微能源网群最优化调度问题。根据微能源网群内部的分布式能源可用出力及负荷预测值，考虑不同能源主体相互合作，以运行成本最低为目标，构造多能协同合作调度优化模型，从而确立日前调度计划，具体目标函数为

$$\min S_{\mathrm{MEG}} = \sum_{t=1}^{24} \left\{ \underbrace{\begin{pmatrix} C_{\mathrm{RE},t} + C_{\mathrm{CGT},t}^{\mathrm{e}} + \\ C_{\mathrm{CGT},t}^{\mathrm{h}} + C_{\mathrm{GB},t}^{\mathrm{h}} \end{pmatrix}}_{EP} + \underbrace{\begin{pmatrix} C_{\mathrm{P2G},t} + C_{\mathrm{P2C},t} + \\ C_{\mathrm{P2H},t} + C_{\mathrm{H2C},t} \end{pmatrix}}_{EC} + \underbrace{\begin{pmatrix} C_{\mathrm{SE},t} + C_{\mathrm{SH},t} + \\ C_{\mathrm{SC},t} + C_{\mathrm{SG},t} \end{pmatrix}}_{ES} + \underbrace{\begin{pmatrix} C_{\mathrm{PBDR},t} + \\ C_{\mathrm{Carbon},t} \end{pmatrix}}_{other} \right\}$$

$$(6-1)$$

式中：S_{MEG} 为微能源网群运行成本，元；$C_{\mathrm{RE},t}$ 为分布式能源发电成本，元，具体包括 WPP、PV；$C_{\mathrm{CGT},t}^{\mathrm{e}}$ 为 CGT 的供电成本，元；$C_{\mathrm{CGT},t}^{\mathrm{h}}$ 为 CGT 的供热成本，元；$C_{\mathrm{GB},t}^{\mathrm{h}}$ 为 GB 的供热成本，元；$C_{\mathrm{P2G},t}$、$C_{\mathrm{P2C},t}$、$C_{\mathrm{P2H},t}$、$C_{\mathrm{H2C},t}$ 分别为 P2G、P2C、P2H、H2C 的成本，元；$C_{\mathrm{SE},t}$、$C_{\mathrm{SH},t}$、$C_{\mathrm{SC},t}$、$C_{\mathrm{SG},t}$ 分别为 SE、SH、SC、SG 的成本，元；C_{PBDR} 为价格型需求响应成本，元；$C_{\mathrm{Carbon},t}$ 为碳排放成本，元。CGT 运行成本包括供热成本和供电成本，总运行成本由燃料成本和启停成本两部分构成[9]，具体计算公式为

$$C_{\mathrm{CGT},t}^{\mathrm{fuel}} = a_i \left(P_{\mathrm{CGT},t} + \theta_{\mathrm{h}}^{\mathrm{e}} P_{\mathrm{CGT},t}^{\mathrm{h}} \right)^2 + b_i \left(P_{\mathrm{CGT},t} + \theta_{\mathrm{h}}^{\mathrm{e}} P_{\mathrm{CGT},t}^{\mathrm{h}} \right) + c_i \qquad (6-2)$$

$$C_{\mathrm{CGT},t}^{\mathrm{sd}} = \left[\mu_{\mathrm{CGT},t}^{\mathrm{u}} (1 - \mu_{\mathrm{CGT},t-1}^{\mathrm{u}}) \right] C_{\mathrm{CGT},t}^{\mathrm{u}} + \left[\mu_{\mathrm{CGT},s}^{\mathrm{d}} (1 - \mu_{\mathrm{CGT},s+1}^{\mathrm{d}}) \right] C_{\mathrm{CGT},s+1}^{\mathrm{d}} \qquad (6-3)$$

式中：$C_{\mathrm{CGT},t}^{\mathrm{fuel}}$、$C_{\mathrm{CGT},t}^{\mathrm{sd}}$ 分别为 CGT 在 t 时刻的燃料成本和启停成本，元；$P_{\mathrm{CGT},t}$、$P_{\mathrm{CGT},t}^{\mathrm{h}}$ 分别为 CGT 在 t 时刻的电功率和热功率，kW；$\theta_{\mathrm{h}}^{\mathrm{e}}$ 为 CHP 的电热转换系数；a_i、b_i、c_i 为 CHP 的供能成本系数；$\mu_{\mathrm{CGT},t}^{\mathrm{u}}$ 为 CGT 在 t 时刻的启动状态变量；$\mu_{\mathrm{CGT},s}^{\mathrm{d}}$ 为 CGT 在 s 时刻的停机状态变量；$C_{\mathrm{CGT},t}^{\mathrm{u}}$、$C_{\mathrm{CGT},s+1}^{\mathrm{d}}$ 分别为 CHP 在 t 时刻的启动成本和在 $s+1$ 时刻的停机成本，元。

对 EC 和 ES，两者的运行成本均取决于能源供给收益和能源消费成本间的差值，当差值为正时，表明 EC 和 ES 运行具有正向收益；反之，具有负向成本。具体运行成本计算公式为

$$C_{\mathrm{EC},t} = E_{\mathrm{EC},t}^{\mathrm{out}} p_{\mathrm{EC}}^{\mathrm{out}} \eta_{\mathrm{EC}}^{\mathrm{out}} - E_{\mathrm{EC},t}^{\mathrm{in}} p_{\mathrm{EC}}^{\mathrm{in}} / \eta_{\mathrm{EC}}^{\mathrm{in}} \tag{6-4}$$

$$C_{\mathrm{ES},t} = E_{\mathrm{ES},t}^{\mathrm{out}} p_{\mathrm{EC}}^{\mathrm{out}} \eta_{\mathrm{ES}}^{\mathrm{out}} - E_{\mathrm{ES},t}^{\mathrm{in}} p_{\mathrm{ES}}^{\mathrm{in}} / \eta_{\mathrm{ES}}^{\mathrm{in}} \tag{6-5}$$

式中：$C_{\mathrm{EC},t}$、$C_{\mathrm{ES},t}$ 分别为 EC 和 ES 在 t 时刻的运行成本，元；$E_{\mathrm{EC},t}^{\mathrm{in}}$、$E_{\mathrm{EC},t}^{\mathrm{out}}$ 分别为 EC 在 t 时刻的输入能量和输出能量，kWh；$E_{\mathrm{ES},t}^{\mathrm{in}}$、$E_{\mathrm{ES},t}^{\mathrm{out}}$ 分别为 ES 在 t 时刻的输入能量和输出能量，kWh；$p_{\mathrm{EC}}^{\mathrm{in}}$、$p_{\mathrm{EC}}^{\mathrm{out}}$ 分别为 EC 在 t 时刻的用能价格和供能价格，元/kWh；$p_{\mathrm{ES}}^{\mathrm{in}}$、$p_{\mathrm{EC}}^{\mathrm{out}}$ 分别为 ES 在 t 时刻的用能价格和供能价格，元/kWh；$\eta_{\mathrm{EC}}^{\mathrm{in}}$、$\eta_{\mathrm{EC}}^{\mathrm{out}}$ 分别为 EC 在 t 时刻的用能效率和供能效率；$\eta_{\mathrm{ES}}^{\mathrm{in}}$、$\eta_{\mathrm{ES}}^{\mathrm{out}}$ 分别为 ES 在 t 时刻的用能效率和供能效率。

$$C_{\mathrm{PBDR},t} = \sum_{t=1}^{24} (p_t^{\mathrm{before}} L_t^{\mathrm{before}} - p_t^{\mathrm{after}} L_t^{\mathrm{after}}) \tag{6-6}$$

$$C_{\mathrm{Carbon},t} = \left[\mathrm{META}_t - \left(P_{\mathrm{CGT},t} + \theta_\mathrm{h}^\mathrm{e} P_{\mathrm{CGT},t}^\mathrm{h} \right) \xi_{\mathrm{CGT}}^{\mathrm{Carbon}} - P_{\mathrm{GB},t}^\mathrm{h} \xi_{\mathrm{GB}}^{\mathrm{Carbon}} \right] p_{\mathrm{Carbon},t} \tag{6-7}$$

式中：p_t^{before}、p_t^{after} 分别为 PBDR 前后的能源价格，元/kWh；L_t^{before}、L_t^{after} 分别为 PBDR 前后的能量需求，kWh；META_t 为微能源网允许的最大碳排放限额（maximum emission trade allowance，META）；$\xi_{\mathrm{CGT}}^{\mathrm{Carbon}}$、$\xi_{\mathrm{QB}}^{\mathrm{Carbon}}$ 分别为 CGT 和 QB 出力的碳排放系数；$p_{\mathrm{Carbon},t}$ 为碳排放价格，元/kW。

微能源网群优化运行需满足负荷供需平衡约束，EP、EC、ES 运行约束，DR 运行约束及系统备用约束等。

1. 负荷供需平衡约束

$$(P_{\mathrm{CGT},t} + P_{\mathrm{RE},t} + P_{\mathrm{SE},t}^{\mathrm{out}}) \Delta t = L_t^\mathrm{e} + P_{\mathrm{SE},t}^{\mathrm{in}} \Delta t + g_{\mathrm{EC},t}^{\mathrm{in}} + \Delta L_t^{\mathrm{PB,e}} \tag{6-8}$$

$$(P_{\mathrm{CGT},t}^\mathrm{h} + P_{\mathrm{EC},t}^{\mathrm{h,out}} + P_{\mathrm{SH},t}^{\mathrm{h,out}}) \Delta t = L_t^\mathrm{h} + Q_{\mathrm{SH},t}^{\mathrm{h,in}} + Q_{\mathrm{EC},t}^{\mathrm{h,in}} + \Delta L_t^{\mathrm{PB,h}} \tag{6-9}$$

$$(P_{\mathrm{EC},t}^{\mathrm{c,out}} + P_{\mathrm{SC},t}^{\mathrm{c,out}}) \Delta t = L_t^\mathrm{c} + Q_{\mathrm{ER},t}^{\mathrm{c,dn}} + \Delta L_t^{\mathrm{PB,c}} \tag{6-10}$$

式中：$P_{\mathrm{RE},t}$ 为 RE 在 t 时刻的电功率，kW；$P_{\mathrm{SE},t}^{\mathrm{out}}$ 为 SE 在 t 时刻的供电功率，kW；$P_{\mathrm{SE},t}^{\mathrm{in}}$ 为 SE 在 t 时刻的用电功率，kW；$g_{\mathrm{EC},t}^{\mathrm{in}}$ 为 EC 在 t 时刻的用电量，kWh；$P_{\mathrm{EC},t}^{\mathrm{h,out}}$ 为 EC 在 t 时刻的供热功率，kW；$P_{\mathrm{SH},t}^{\mathrm{h,out}}$ 为 SH 在 t 时刻的供热功率，kW；$Q_{\mathrm{SH},t}^{\mathrm{h,in}}$ 为 SH 在 t 时刻的用热量，kWh；$Q_{\mathrm{EC},t}^{\mathrm{h,in}}$ 为 EC 在 t 时刻的用热量，kWh；$P_{\mathrm{SC},t}^{\mathrm{c,out}}$ 为 EC 在 t 时刻的供冷功率，kW；$P_{\mathrm{SC},t}^{\mathrm{c,out}}$ 为 SC 在 t 时刻的供冷功率，kW；L_t^e、L_t^h 和 L_t^c 分别为电、热、冷负荷需求，kWh；$Q_{\mathrm{ER},t}^{\mathrm{c,dn}}$ 为 ER 在 t 时刻的用冷量，kWh；$\Delta L_t^{\mathrm{PB,e}}$ 为 PBDR 后电负荷的变动量，kWh；$\Delta L_t^{\mathrm{PB,h}}$ 为 PBDR 后在 t 时刻的热负荷变动量，kWh；$\Delta L_t^{\mathrm{PB,c}}$ 为 PBDR 后在 t 时刻的冷负荷变动量，kWh。

2. EP 运行约束

EP 主要包括 RE、CGT 和 GB 三类设备。其中，RE 主要包括 WPP 和 PV，其运行约束是最大发电功率不能超过日前预测可用出力。GB 主要用于提供热负荷，运行约束是指供热功率不能超过最大供热功率。CGT 发电功率和供热功率间存在耦合关系，具体约束条件为

$$\max \left\{ P_{\text{CGT}}^{\min} - c_{\min} P_{\text{CGT}}^{\text{h}}, c_m \left(P_{\text{CGT}}^{\text{h}} - P_{\text{CGT}}^{\text{h0}} \right) \right\} \leqslant P_{\text{CGT}} \leqslant P_{\text{CGT}}^{\max} - c_{\max} P_{\text{CGT}}^{\text{h}} \quad （6-11）$$

$$0 \leqslant P_{\text{CGT}} \leqslant P_{\text{CGT}}^{\text{h,max}} \quad （6-12）$$

$$u_{\text{CGT},t} \left(P_{\text{CGT},t}^{\min} + \theta_{\text{h}}^{\text{e}} P_{\text{CGT},t}^{\text{h,min}} \right) \leqslant P_{\text{CGT},t} + \theta_{\text{h}}^{\text{e}} P_{\text{CGT},t}^{\text{h}} \leqslant u_{\text{CGT},t} \left(P_{\text{CGT},t}^{\max} + \theta_{\text{h}}^{\text{e}} P_{\text{CGT},t}^{\text{h,max}} \right) \quad （6-13）$$

$$c_{\text{m}} = \Delta P_{\text{CGT}} / \Delta P_{\text{CGT}}^{\text{h}}$$

式中：$c_{\min}$、$c_{\max}$ 分别为最小电功率和最大电功率下对应的 c 值；c 为进汽量不变时多抽取单位供热量下电功率的减小值；c_{m} 为背压运行时的电功率和热功率的弹性系数；$P_{\text{CGT}}^{\text{h0}}$ 为 CGT 的额定功率，是常数，kW；$P_{\text{CGT}}^{\text{h,max}}$ 为 CGT 的最大热功率，kW；$P_{\text{CGT}}^{\text{h,min}}$ 为 CGT 电功率最小时的汽轮机热功率，kW；$P_{\text{CGT}}^{\min}$、$P_{\text{CGT}}^{\max}$ 分别为 CGT 在纯凝工况下的最小电功率和最大电功率，kW；$u_{\text{CGT},t}$ 为 CGT 在 t 时刻的启停状态变量；$P_{\text{CGT},t}^{\text{h,min}}$、$P_{\text{CGT},t}^{\text{h,max}}$ 分别为 CGT 在 t 时刻的最小热功率和最大热功率，kW；对于 CGT 机组，还需满足上下爬坡约束及启停时间约束，具体约束条件见文献 [245]。

3. EC 运行约束

EC 主要包括 P2G、P2C、P2H 和 H2C，各类型 EC 设备的运行功率模型在先前工作中已经构建研究[17]。不同能量间的转换存在一定的效率，虽然该效率不为常数，但通常能源设备在稳定运行时其变化幅度并不大，参考文献 [257] 可以将其视作常数处理，则能量转换单元的数学模型表示为

$$\begin{bmatrix} V_{\text{P2G},t} \\ P_{\text{P2C},t}^{\text{c}} \\ P_{\text{P2H},t}^{\text{h}} \\ P_{\text{H2C},t}^{\text{c}} \end{bmatrix} = \begin{bmatrix} g_{\text{P2G},t} & 0 & 0 & 0 \\ 0 & g_{\text{P2C},t} & 0 & 0 \\ 0 & 0 & g_{\text{P2H},t} & 0 \\ 0 & 0 & 0 & Q_{\text{H2C},t} \end{bmatrix} \begin{bmatrix} \eta_{\text{P2G}} \\ \eta_{\text{P2C}} \\ \eta_{\text{P2H}} \\ \eta_{\text{H2C}} \end{bmatrix} \quad （6-14）$$

式中：$V_{\text{P2G},t}$ 为 P2G 产生的 CH_4 量，m³；$P_{\text{P2C},t}^{\text{c}}$ 为 P2C 在 t 时刻的冷功率，kW；$P_{\text{P2H},t}^{\text{h}}$ 为 P2H 在 t 时刻的热功率，kW；$P_{\text{H2C},t}^{\text{c}}$ 为 H2C 在 t 时刻的冷功率，kW；$g_{\text{P2G},t}$、$g_{\text{P2C},t}$、$g_{\text{P2H},t}$ 分别为 P2G、P2C、P2H 在 t 时刻的用电量，kWh；$Q_{\text{H2C},t}$ 为 H2C 在 t 时刻的用热量，kWh；η_{P2C}、η_{P2H}、η_{H2C} 分别为 P2C、P2H、H2C 的能源转换效率。

因此，$E_{\mathrm{EC},t}^{\mathrm{out}} = \{V_{\mathrm{P2G},t}, P_{\mathrm{P2C},t}^{\mathrm{c}}, P_{\mathrm{P2H},t}^{\mathrm{h}}, P_{\mathrm{H2C},t}^{\mathrm{c}}\}$，$E_{\mathrm{EC},t}^{\mathrm{in}} = \{g_{\mathrm{P2G},t}, g_{\mathrm{P2C},t}, g_{\mathrm{P2H},t}, Q_{\mathrm{H2C},t}\}$，具体约束条件为

$$u_{\mathrm{EC},t}^{\mathrm{out}} E_{\mathrm{EC},t}^{\mathrm{out,min}} \leqslant E_{\mathrm{EC},t}^{\mathrm{out}} \leqslant u_{\mathrm{EC},t}^{\mathrm{out}} E_{\mathrm{EC},t}^{\mathrm{out,max}} \tag{6-15}$$

$$u_{\mathrm{EC},t}^{\mathrm{in}} E_{\mathrm{EC},t}^{\mathrm{in,min}} \leqslant E_{\mathrm{EC},t}^{\mathrm{in}} \leqslant u_{\mathrm{EC},t}^{\mathrm{in}} E_{\mathrm{EC},t}^{\mathrm{in,max}} \tag{6-16}$$

式中：$E_{\mathrm{EC},t}^{\mathrm{in,min}}$、$E_{\mathrm{EC},t}^{\mathrm{out,max}}$ 分别为 EC 供能上限、下限，kWh；$E_{\mathrm{EC},t}^{\mathrm{in,min}}$、$E_{\mathrm{EC},t}^{\mathrm{in,max}}$ 分别为 EC 用能上限、下限，kWh；$u_{\mathrm{EC},t}^{\mathrm{out}}$、$u_{\mathrm{EC},t}^{\mathrm{in}}$ 为供用能状态变量。

4. ES 运行约束

ES 主要包括 EE、EH 和 EG，各类型储能设备在进行储能和释能时，需满足最大功率和最小功率限制[15]，同时，还需考虑储能容量约束，具体约束条件为

$$S_{\mathrm{ES},t} = \left(1 - \lambda_{\mathrm{ES},t}^{\mathrm{loss}}\right) S_{\mathrm{ES},t-1} + \left(P_{\mathrm{ES},t}^{\mathrm{ch}} \eta_{\mathrm{ES}}^{\mathrm{ch}} - P_{\mathrm{ES},t}^{\mathrm{dis}} / \eta_{\mathrm{ES}}^{\mathrm{dis}}\right) \tag{6-17}$$

$$S_{\mathrm{ES}}^{\min} \leqslant S_{\mathrm{ES},t} \leqslant S_{\mathrm{ES}}^{\max} \tag{6-18}$$

$$S_{\mathrm{ES},T_0} = S_{\mathrm{ES},T} \tag{6-19}$$

式中：$S_{\mathrm{ES},t}$、$S_{\mathrm{ES},t-1}$ 分别为 ES 在 t、$t-1$ 时刻的蓄能量，kWh；$\lambda_{\mathrm{ES},t}^{\mathrm{loss}}$ 为 ES 的能量损失率；$P_{\mathrm{ES},t}^{\mathrm{ch}}$、$P_{\mathrm{ES},t}^{\mathrm{dis}}$ 分别为 ES 在 t 时刻的蓄能功率和释能功率，kW；$\eta_{\mathrm{ES}}^{\mathrm{ch}}$、$\eta_{\mathrm{ES}}^{\mathrm{dis}}$ 分别为 ES 的蓄能效率和释能效率；$S_{\mathrm{ES}}^{\min}$、$S_{\mathrm{ES}}^{\max}$ 分别为 ES 的最小蓄能量和最大蓄能量，kWh；同时，为给下一调度周期预留一定的调节裕度，将运行一个周期后的蓄能量恢复到初始时刻的蓄能量，T_0、T 分别为调度周期始末，h。

5. DR 运行约束

根据微观经济学原理，价格型需求响应可由需求价格弹性进行描述，具体约束条件为

$$E_{st} = \frac{\Delta L_s / L_s^0}{\Delta p_t / p_t^0} \begin{cases} E_{st} \leqslant 0, s = t \\ E_{st} \geqslant 0, s \neq t \end{cases} \tag{6-20}$$

式中：$\boldsymbol{E}_{st}$ 为能量需求价格弹性矩阵，具体介绍见文献 [9]；当 $s = t$，$E_{st}^{\mathrm{e,h,c}}$ 为自弹性，当 $s \neq t$，$E_{st}^{\mathrm{e,h,c}}$ 为交叉弹性；Δp_t、ΔL_s 分别为 PBDR 后的价格变动量和负荷变量。相应的，PBDR 后的能量需求负荷变动量计算公式为

$$\Delta L_t^{\mathrm{after}} = L_t^{\mathrm{before}} \left[\boldsymbol{E}_{tt} \frac{(p_t^{\mathrm{after}} - p_t^{\mathrm{before}})}{p_t^{\mathrm{before}}} + \sum_{\substack{s=1 \\ s \neq t}}^{24} \boldsymbol{E}_{st} \frac{(p_s^{\mathrm{after}} - p_s^{\mathrm{before}})}{p_s^{\mathrm{before}}} \right] \tag{6-21}$$

式中：$\Delta L_t^{\mathrm{after}}$、$L_t^{\mathrm{before}}$ 分别为 PBDR 前后的负荷变动量和初始负荷，kWh；同时，为了避免 PBDR 引起的负荷变动量过大，导致负荷曲线峰谷倒挂现象发生，引入

最大负荷波动比例σ，具体约束条件为

$$\sum_{t=1}^{T}\left|\Delta L_t^{\text{after}}\right| \leqslant \sum_{t=1}^{T}\sigma L_t \tag{6-22}$$

6. 系统备用约束

对于微能源网，需预留一定的电备用容量，以保证微能源网的能量安全可控供给，并为应对发电和负荷的不确定性，需预留一定的空间，以电负荷为例，具体约束条件为

$$P_{\text{MEG},t}^{\max} - P_{\text{MEG},t} + P_{\text{EE},t}^{\text{output}} + P_{\text{ER},t}^{\text{up}} \geqslant (r_e L_t^e + r_{\text{RE}} g_{\text{RE},t})\Delta t \tag{6-23}$$

$$P_{\text{MEG},t} - P_{\text{MEG},t}^{\min} + P_{\text{EE},t}^{\text{input}} + P_{\text{ER},t}^{\text{down}} \geqslant r_{\text{RE}} g_{\text{RE},t} / \Delta t \tag{6-24}$$

式中：r_e、r_{RE} 分别为负荷备用系数与清洁能源发电备用系数；L_t^e、$g_{\text{RE},t}$ 为负荷需求量、发电量，kWh；$P_{\text{MEG},t}$ 为微能源网在 t 时刻提供的电功率，kW；$P_{\text{MEG},t}^{\max}$、$P_{\text{MEG},t}^{\min}$ 分别为微能源网在 t 时刻的最大电功率和最小电功率，kW；$P_{\text{EE},t}^{\text{input}}$、$P_{\text{ER},t}^{\text{down}}$ 为 EE 与 ER 的输出功率，kW；同样，微能源网还需满足热旋转备用约束和冷旋转备用约束，数学公式同式（6-23）和式（6-24），本文不再赘述。

6.3.2　日内非合作竞价博弈模型

根据日前阶段确立的微能源群调度计划，考虑日内调度—竞价博弈优化问题，综合考虑各类型 EC 的能量转换空间，核算不同微能源网单位供能的边际成本和可外送能量，完成微能源群非合作竞价博弈。

当获取 WPP 和 PV 的日内预测出力时，参照文献［15］提出的日前调度计划调整策略，以风光出力波动最小为目标，通过修正 ES 和 CGT 的出力计划，来满足负荷供需平衡约束，具体目标函数为

$$\min F_{\text{ES}} = \sum_{t'=1}^{4}\left\{\left[F_{\text{ES},t'} - \left(\sum_{t'=1}^{T}F_{\text{ES},t'}\Big/T\right)\right]^2\Big/T\right\}^{1/2} \tag{6-25}$$

$$F_{\text{ES},t'} = -\left[\left(P_{\text{ES},t'}^{\text{out}} - P_{\text{ES},t'}^{\text{in}}\right) + P_{\text{PV},t'} + P_{\text{WPP},t'}\right] + \left[\left(P_{\text{ES},t'}^{\prime\text{out}} - P_{\text{ES},t'}^{\prime\text{in}}\right) + P_{\text{PV},t'}' + P_{\text{WPP},t'}'\right] \tag{6-26}$$

式中：F_{ES} 为 ES 的出力量，kWh；$F_{\text{ES},t'}$ 为 ES 在 t' 时刻的出力量，kWh；$P_{\text{ES},t'}^{\text{out}}$、$P_{\text{ES},t'}^{\text{in}}$ 分别为 ES 在 t' 时刻的日前释能量和蓄能量，kWh；$P_{\text{ES},t'}^{\prime\text{out}}$、$P_{\text{ES},t'}^{\prime\text{in}}$ 分别为 ES 在 t' 时刻的实际释能量和蓄能量，kWh；$P_{\text{PV},t'}$、$g_{\text{WPP},t'}$ 分别为 PV 和 WPP 在 t' 时刻的日前调度出力；$P_{\text{PV},t'}'$、$P_{\text{WPP},t'}'$ 分别为 PV 和 WPP 在 t' 时刻的实际可用出力；$P_{\text{ES},t'}^{\prime\text{out}} - P_{\text{ES},t'}^{\prime\text{in}}$

为 ES 在 t' 时刻的修正出力，kW。同时，修正后的 ES 运行出力不应影响出力计划，具体约束如下：

当 ES 处于释能状态时

$$S_{\mathrm{ES},t'+1} = S_{\mathrm{ES},t'} - P_{\mathrm{ES},t'}^{\mathrm{dis}}\left(1+\eta_{\mathrm{ES}}^{\mathrm{dis}}\right)\Delta t \qquad (6-27)$$

当 ES 处于蓄能转态时

$$S_{\mathrm{ES},t'+1} = S_{\mathrm{ES},t'} + P_{\mathrm{ES},t'}^{\mathrm{ch}}\left(1+\eta_{\mathrm{ES}}^{\mathrm{ch}}\right)\Delta t \qquad (6-28)$$

式中：t' 为时间，h，$t'=4t+1$；对于 ES，还需满足式（6-17）～式（6-19）约束条件。同样，上述修正模型还需满足约束条件式（6-6）～式（6-16）和约束条件式（6-21）～式（6-24）。

当完成上述日前调度计划修正后，能确立微能源网日内调度计划，即 $g_{\mathrm{PV},t'}^*$、$g_{\mathrm{WPP},t'}^*$、$Q_{\mathrm{CGT},t'}^*$、$Q_{\mathrm{GB},t'}^*$，ES_t^*、EC_t^* 和 DR_t^*；分别为 PV、WPP、CGT、GB、ES、EC、DR 的日内调度量，kW。此时，可计算微能源网的单位供能成本及剩余供能容量，是用于制定最优微能源网竞价策略的关键参数，具体模型为

$$P_t = \underbrace{\left(g_{\mathrm{WPP},t}'-g_{\mathrm{WPP},t}^*\right)+\left(g_{\mathrm{PV},t}'-g_{\mathrm{PV},t}^*\right)}_{\mathrm{RE}}+\underbrace{g_{\mathrm{CGT}}^{\max}-c_{\max}Q_{\mathrm{CGT}}-g_{\mathrm{CGT}}^*}_{\mathrm{CGT}}+ \\ \underbrace{\min\left\{S_{\mathrm{SE},t},\left(P_{\mathrm{SE},t}^{\mathrm{out,max}}-g_{\mathrm{SE},t}^{\mathrm{output},*}\right)\right\}}_{\mathrm{SE}} \qquad (6-29)$$

$$P_t^{\mathrm{h}} = \underbrace{Q_{\mathrm{CGT}}^{\max}-Q_{\mathrm{CGT}}}_{\mathrm{CGT}}+\underbrace{Q_{\mathrm{GB},t}^{\mathrm{output,max}}-Q_{\mathrm{GB},t}^{\mathrm{output}}}_{\mathrm{GB}}+\underbrace{Q_{\mathrm{EC},t}^{\mathrm{h,output,max}}-Q_{\mathrm{EC},t}^{\mathrm{h,output}}}_{\mathrm{EC}}+ \\ \underbrace{\min\left\{S_{\mathrm{SH},t},\left(P_{\mathrm{SH},t}^{\mathrm{output,max}}-Q_{\mathrm{SH},t}^{\mathrm{output},*}\right)\right\}}_{\mathrm{SH}} \qquad (6-30)$$

$$P_t^{\mathrm{c}} = \underbrace{Q_{\mathrm{EC},t}^{\mathrm{c,output,max}}-Q_{\mathrm{EC},t}^{\mathrm{c,output}}}_{\mathrm{EC}}+\underbrace{\min\left\{S_{\mathrm{SC},t},\left(Q_{\mathrm{SC},t}^{\mathrm{output,max}}-Q_{\mathrm{SC},t}^{\mathrm{output},*}\right)\right\}}_{\mathrm{SC}} \qquad (6-31)$$

式中：P_t、P_t^{h} 和 P_t^{c} 分别为微能源网在 t 时刻可参与能量市场竞价的电、热、冷功率，kW；$P_{\mathrm{SE},t}^{\mathrm{out,max}}$ 为 SE 在 t 时刻的最大供电功率，kW；$P_{\mathrm{SH},t}^{\mathrm{h,output,max}}$、$P_{\mathrm{SC},t}^{\mathrm{c,output,max}}$ 为 SH 和 SC 在 t 时刻的最大输出功率，kW；其中，根据式（6-29）～式（6-31）可计算微能源网参与电力、热力、冷力市场竞价交易的最大容量，考虑 CGT 存在电热耦合特性和 EC 存在不同能量转换特性，微能源网可根据不同能量市场价格，灵活选择能量输出；根据日内最优调度结果，利用式（6-1）和式（6-8）～式（6-10），分别核算微能源网提供电、热、冷的成本及出力，计算微能源网满足电、热、冷的单位供能成本，即 C_t^{e}、C_t^{h}、C_t^{c}；当微能源网参与电、热、冷市场

竞价交易时，将单位供能成本作为报价依据，设定微能源网预期获利系数 $\boldsymbol{\beta}_t = \{\beta_t^e, \beta_t^h, \beta_t^c\}$，则微能源网参与不同类型能源市场报价为

$$B_t = (1+\beta_t)C_t = \{B_t^e, B_t^h, B_t^c\} = \begin{bmatrix} 1+\beta_t^e & 0 & 0 \\ 0 & 1+\beta_t^h & 0 \\ 0 & 0 & 1+\beta_t^c \end{bmatrix} \begin{bmatrix} C_t^e \\ C_t^h \\ C_t^c \end{bmatrix}$$

$$(6-32)$$

根据式（6-29）、式（6-30）和式（6-32）能确立微能源网参与能源市场的竞价电量和价格，即 $\{(B_t^e, g_t), (B_t^h, Q_t^h), (B_t^c, Q_t^c)\}$。当系统中存在多个微能源网群时，竞价交易中心根据不同微能源网的竞价方案，按照价格由低到高的顺序进行能量交易，直至满足能量平衡。实际上，多个微能源网群的竞价交易是个无限重复博弈的过程，每个时段会有一次独立的投标过程，都需要上报该时段的可供给量和价格。在竞价过程中，如果每个微能源网的管理者都足够理智，并上报合理价格，则每个个体都会在动态平衡的过程中获得理想收益。本书引入函数 argmax g（•），代表定义域内的一组解集，每组解都可以使函数 argmax g（•）取得最大值，则多个微能源网群共同参与能量市场竞价时的最优策略为

$$\begin{cases} B_1^* \in \arg\max[(B_1 - C_1) \cdot E_1(B_1, B_2^*, \cdots, B_m^*)] \\ B_2^* \in \arg\max[(B_2 - C_2) \cdot E_2(B_1^*, B_2, \cdots, B_m^*)] \\ \vdots \\ B_m^* \in \arg\max[(B_m - C_m) \cdot E_m(B_1^*, B_2^*, \cdots, B_m)] \end{cases}$$

$$(6-33)$$

式中：m 为微能源网 m；B_m 为微能源网 m 的竞价策略；B_m^* 为微能源网 m 的最优竞价策略；$E_m(B_1^*, B_2^*, \cdots, B_m)$ 为微能源网 m 最优竞价策略中的能量供给方案。然而，式（6-30）、式（6-31）确立的竞价份额，只是代表微能源网的最大可参与市场的能量，由于 CGT、EC 等能量耦合设备的存在，电、热、冷等能量间存在相互转化的途径，如何最优化分配各类能量，需要综合考虑自身的运行约束，具体约束条件为

$$\sum_{m=1}^{M}\{g_{mt}, Q_{mt}^h, Q_{mt}^c\} = \{L_{UPG,t}, L_{UHG,t}, L_{UCG,t}\}$$

$$(6-34)$$

式中：g_{mt}、Q_{mt}^h、Q_{mt}^c 为微能源网 t 时刻 m 参与市场的电量、热量、冷量，kWh；$L_{UPG,t}$、$L_{UHG,t}$、$L_{UCG,t}$ 为 UPG，UHG 和 UCG 在 t 时刻的需求能量，kWh；M 是微能源网群参与能量竞价的交易量，kWh。

设定 $g_{m,CGT,t}^{UPG}$ 为微能源网 m 中 CGT 在 t 时刻通过竞价交易获得的新增电量；$g_{m,CGT,t}^*$ 为微能源网 m 中 CGT 在 t 时刻的自身最优发电量；由于 CGT 存在电热耦

合特性，则微能源网 m 中 CGT 总发电量需满足如下约束

$$\max\left\{\begin{array}{l} g_{m,\mathrm{CGT}}^{\min} - c_{\min}Q_{m,\mathrm{CGT},t}, \\ c_m\left[\left(Q_{m,\mathrm{CGT},t}^* + Q_{m,\mathrm{CGT},t}^{\mathrm{UPG}}\right) - Q_{m,\mathrm{CGT}}^0\right] \end{array}\right\} \tag{6-35}$$
$$\leqslant g_{m,\mathrm{CGT},t}^* + g_{m,\mathrm{CGT},t}^{\mathrm{UPG}} \leqslant g_{m,\mathrm{CGT}}^{\max} - c_{\max}\left(Q_{m,\mathrm{CGT},t}^* + Q_{m,\mathrm{CGT},t}^{\mathrm{UPG}}\right)$$

式中：$g_{m,\mathrm{CGT}}^{\min}$、$g_{m,\mathrm{CGT}}^{\max}$ 为微能源网 m 中 CGT 参与市场的最小、最大电量，kWh；$Q_{m,\mathrm{CGT},t}^*$、$Q_{m,\mathrm{CGT},t}^{\mathrm{UPG}}$ 分别为微能源网 m 在 t 时刻满足自身和 UHG 的供热量，kWh。

同样，根据式（6-30）、式（6-31）和式（6-15），若微能源网 m 在 t 时刻通过竞价交易向 UHG 和 UCG 售出能量为 $E_{\mathrm{EC},\mathrm{UEG},t}^{\mathrm{out}}$，根据式（6-16）设 $E_{\mathrm{EC},\mathrm{UEG},t}^{\mathrm{in}}$ 为满足微能源网 m 在 t 时刻竞价交易电量所需输入的能量，则需满足如下约束条件

$$u_{m,\mathrm{EC},t}^{\mathrm{out}} E_{m,\mathrm{EC},t}^{\mathrm{out},\min} \leqslant E_{m,\mathrm{EC},t}^{\mathrm{out}} + E_{m,\mathrm{EC},\mathrm{UEG},t}^{\mathrm{out}} \leqslant u_{m,\mathrm{EC},t}^{\mathrm{out}} E_{m,\mathrm{EC},t}^{\mathrm{out},\max} \tag{6-36}$$

$$u_{m,\mathrm{EC},t}^{\mathrm{in}} E_{m,\mathrm{EC},t}^{\mathrm{in},\min} \leqslant E_{m,\mathrm{EC},t}^{\mathrm{in}} + E_{m,\mathrm{EC},\mathrm{UEG},t}^{\mathrm{in}} \leqslant u_{m,\mathrm{EC},t}^{\mathrm{in}} E_{m,\mathrm{EC},t}^{\mathrm{in},\max} \tag{6-37}$$

同样，对于 GB，与 CGT 相同，设定 $g_{m,\mathrm{GB},t}^{\mathrm{UHG}}$ 为微能源网 m 中 GB 在 t 时刻通过竞价交易向 UHG 输出的热量，则 GB 总的供热量 $g_{m,\mathrm{GB},t}^{\mathrm{UHG}} + g_{m,\mathrm{GB},t}$ 不应超过 GB 的最大可供热功率。

此外，由于式（6-25）～式（6-28）已确定微能源网的日内调度方案，为避免微能源网的内日调度方案发生变化，设定 $E_{\mathrm{EC},\mathrm{UEG},t}^{\mathrm{in}}$ 只能由 WPP、PV、CGT、GB 和 ES 的剩余能量提供，具体约束条件为

$$\left\{E_{\mathrm{EC},\mathrm{UEG},t}^{\mathrm{e},\mathrm{in}}, E_{\mathrm{EC},\mathrm{UEG},t}^{\mathrm{h},\mathrm{in}}\right\} \leqslant \left\{g_t, Q_t^{\mathrm{h}}\right\} \tag{6-38}$$

在完成竞价交易后，需要确立合理的结算机制。一般来说，竞价交易的结算机制包括 PAB 结算机制[258]和 MCP 结算机制[259]。PAB 结算机制容易出现部分主体以很高的价格和很少的电量博弈超额收益的现象，导致系统整体的供能成本较高，影响市场竞价交易环境；MCP 结算机制按照统一的出清价格进行结算，不同微能源网需压低自身竞价价格，获得更多的交易电量，多次迭代得到反映系统真实供能成本的市场出清价格。下面选择 MCP 结算机制，并引入平均供能成本最低作为系统整体的优化目标，具体目标函数为

$$\min S_{\mathrm{MEG}}^{\mathrm{UEG}} = \sum_{t=1}^{4}\sum_{m=1}^{M}\left\{\left[\left(B_m^* - C_m\right)\bullet E_m\left(B_1^*, B_2^*, \cdots, B_m\right)\right]_t \middle/ \sum_{m=1}^{M} E_m\left(B_1^*, B_2^*, \cdots, B_m^*\right)_t\right\}$$
$$\tag{6-39}$$

根据式（6-33）～式（6-39）建立微能源网日内竞价博弈模型，该竞价博

弈模型能够考虑自身设备运行冗余；分析不同微能源网间的影响和博弈行为，确立微能源网最优竞价策略。

6.3.3 实时合作修正优化模型

本节考虑实时备用调用优化问题，通过协同调用 IBDR、MEG、UEG 提供紧急备用，维持能量实时供需平衡，实现微能源网最优化运行。由于 WPP 和 PV 存在强随机性，在实时能量交易时，可能会发生份额难以满足的情景；因此需根据式（6-25）～式（6-28）修正内日调度计划，修正后的日内调度方案需满足约束条件式（6-6）～式（6-24），则根据式（6-29）、式（6-30）可确立微能源网实际可参与竞价交易的电量；当实际可竞价交易电量高于竞价交易份额时，式（6-33）～式（6-39）确立的竞价交易策略可以执行；反之，则需要调用用户侧 IBDR 资源提供紧急的需求响应服务，若自身 IBDR 难以满足能量短缺份额，则需向其他微能源网或者 UEG 购买能量，以维持能量供需平衡；因此，本节以能量备用服务成本最低为目标，建立微能源网实时调整调度模型，具体目标函数为

$$\min R_{m,t} = C_{m,t}^{\text{IBDR}} + p_{m,t}^{\text{UEG}} E_{m,t}^{\text{UEG}} + \sum_{\substack{n=1,n\in N \\ n\neq m}}^{M} B_{m,t}^{n,*} E_{m,t}^{n}, \forall m \in M \quad (6-40)$$

式中：$R_{m,t}$ 为微能源网 m 在 t 时刻的备用成本，元；$E_{m,t}^{\text{UEG}}$ 为微能源网 m 在 t 时刻向 UEG 购买的能量，kWh，UEG 包括 UPG、UHG 和 UCG；$p_{m,t}^{\text{UEG}}$ 为微能源网 m 在 t 时刻向 UEG 购买能量的价格，元/kWh；$B_{m,t}^{n,*}$ 为微能源网 n 在 t 时刻在日内博弈模型中的投标价格，元/kWh；$E_{m,t}^{n}$ 为微能源网 n 在 t 时刻向微能源网 m 提供的备用能量，kWh；$C_{m,t}^{\text{IBDR}}$ 为微能源网 m 在 t 时刻调用 IBDR 的备用成本，元，具体计算公式为

$$C_{m,t}^{\text{IBDR}} = E_{\text{IBDR},t}^{\text{up}} p_{\text{IBDR},t}^{\text{up}} + E_{\text{IBDR},t}^{\text{dn}} p_{\text{IBDR},t}^{\text{dn}} \quad (6-41)$$

式中：$E_{\text{IBDR},t}^{\text{up}}$、$E_{\text{IBDR},t}^{\text{dn}}$ 分别为 IBDR 在 t 时刻提供的上、下备用容量；$p_{\text{IBDR},t}^{\text{up}}$、$p_{\text{IBDR},t}^{\text{dn}}$ 分别为 IBDR 在 t 时刻提供上、下备用容量的价格，元/kWh。

需根据不同时段微能源网向外供给能量和上级能源网络能量价格，确立微能源网 m 最优的购能组合，具体约束条件为

$$\sum_{m=1}^{M} \{g_{mt}, Q_{mt}^{h}, Q_{mt}^{c}\} + E_{\text{IBDR},t}^{\text{up}} + \sum_{n=1,n\in m,n\neq m}^{M} E_{m,t}^{n} + E_{m,t}^{\text{UEG}} = L_{\text{UEG},t} + E_{\text{IBDR},t}^{\text{dn}}$$

$$(6-42)$$

$$E_{\text{IBDR},t}^{\min} \leqslant \{E_{\text{IBDR},t}^{\text{up}}, E_{\text{IBDR},t}^{\text{dn}}\} \leqslant E_{\text{IBDR},t}^{\max} \quad (6-43)$$

$$E_{\mathrm{IBDR},t}^{\mathrm{up}}E_{\mathrm{IBDR},t}^{\mathrm{dn}}=0 \qquad\qquad (6-44)$$

式中：$E_{\mathrm{IBDR},t}^{\min}$、$E_{\mathrm{IBDR},t}^{\max}$ 分别为 IBDR 在 t 时刻提供的最小能量和最大能量，kWh；同样，若微能源网 n 向微能源网 m 输出能量，则微能源网 n 总的输出能量需满足约束条件式（6-35）～式（6-37）。

6.4 微能源网群多能竞价博弈过程模拟

6.4.1 改进蚁群算法

蚁群算法是对自然界蚂蚁在搜寻食物过程的一种仿生，蚂蚁通过不断的交流合作，最终找出巢穴和食物间的最优路径；蚂蚁在寻找路径的过程中，会在当前路径上释放一定的信息素，如果路径越长，则释放的信息素就越低；当碰到障碍物时，蚂蚁会以一定的概率随机地选择一条道路，概率的大小是由该道路上的信息浓度决定的；信息素具有挥发性，随着时间的推移，信息素在最优路径上的浓度会越来越高，而其他路径的浓度会随着时间的推移不断挥发，最终整个蚂蚁群体找到最优路径。关于蚁群算法的详细介绍可见文献［260］。

蚁群算法与微能源网都存在去中心化特征，蚁群算法通过个体间的沟通协作可实现整体寻优，微能源网则是在满足自身能量最优供给的同时向上级能源网络输送能量，具有较强的自主决策能力。蚁群算法在求解分布式决策模型时具有优异的表现，而微能源网的竞价博弈也正是分布式决策优化问题。因此，采用蚁群算法求解微能源网的竞价博弈模型具有可行性。下面在基本蚁群算法的基础上从转移概率和信息素挥发因子两方面对其进行改进。

1. 自适应调整信息素挥发因子

蚁群算法中挥发因子 ρ 的大小直接影响蚁群算法的全局搜索能力及其收敛速度，当要处理的问题规模比较大时，这种影响更为突出，基于此，这里引入了自适应调整信息素挥发因子，旨在通过自适应地改变信息素挥发因子 ρ 来提高算法的全局搜索能力。

设 ρ 的初始值 $\rho(t_0)=1$，当蚁群算法求得的最优值在 N 次循环后没有明显改进时，ρ 按照以下公式进行调整

$$\rho(t)=\begin{cases}0.95\rho(t-1), & \text{若}0.95\rho(t-1)\geqslant\rho_{\min}\\ \rho_{\min}, & \text{其他}\end{cases} \qquad (6-45)$$

式中：$\rho_{\min}$ 为 ρ 的最小值，可以防止 ρ 过小而降低收敛速度，一般设 $\rho_{\min}=0.1$。

2. 转移概率的改进

在电网规划中，如果参数 α、β 选取不当，会直接影响模型求解的速度和效果，为了提高蚁群算法的计算效率，可将参数 α、β 定义为

$$\alpha = 1 + e^{-0.1N_{\max}} \tag{6-46}$$

$$\beta = \frac{2.5}{e^{1-\alpha} + 1} \tag{6-47}$$

式中：$N_{\max}$ 为最大迭代次数，可以通过控制一个参数来控制两个参数，增加了参数间的联动性。

6.4.2 竞价博弈过程分析

微能源网群多能竞价博弈模型主要包括 3 个时间节点，即日前调度（24h）、日内调度（4h）和实时调度（1h），具体竞价博弈过程如图 6-3 所示。

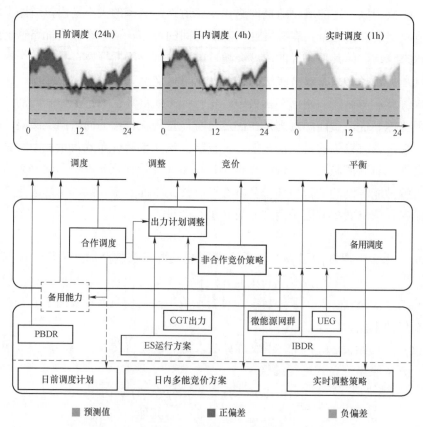

图 6-3 多微能源网群调度—竞价博弈流程图

（1）日前调度是根据 WPP、PV 和负荷的日前预测结果，利用式（6-1）～式（6-24）计算微能源网的日前调度计划，用于计算不同微能源网可参与竞价博弈的能量和价格。

（2）日内调度是根据 WPP、PV 和负荷的日内预测结果，利用式（6-25）～式（6-28）修正微能源网的日前调度计划，进一步利用式（6-29）～式（6-32）计算微能源网群实际可参与竞价交易的能量和价格，并利用式（6-33）～式（6-39）确立微能源网群的最优竞价策略。为动态模拟微能源网群的竞价博弈过程，选择蚁群算法作为模拟工具，确立该阶段微能源网群的最优竞价方案。实际上，蚁群算法所涉及的选择、交叉、变异的过程与微能源网群的调度—竞价规则也相互匹配，具体分析如下：

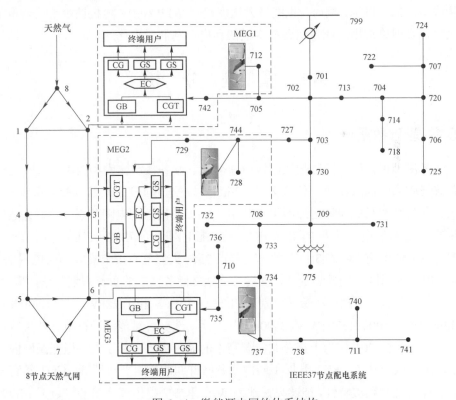

图 6-4　微能源电网的体系结构

1）选择，最优的竞价策略是在平均供能成本最低目标下产生的，即在竞价的过程中，越是能接近系统平均供能成本的竞价策略，越容易中标。

2）交叉，微能源网群之间的竞标价格相互影响，管理者会根据其他微能源网的报价策略改变自身的报价。

3）变异，同实际中一样，微能源网群的竞价不可能一直不变，会根据自身情况和掌握的信息，突然降低或提升投标价格，但投标价格也会在一定范围之内。

（3）实时调度是根据 WPP、PV 和负荷的实际值，对日内调度计划进行修正后，确立实际可参与竞价交易的电量。当发生能量短缺时，以能量备用服务成本最低为目标，调用用户侧 IBDR 资源，向其他微能源网或者 UEG 购买能量，维持能量供需平衡。

实际上，采用蚁群算法对微能源网群竞价博弈过程的模拟，是在遵循微能源网群管理者实际情况和电力市场的前提下的模拟方案。竞价过程结束后，在种群中选择自身利润最大化的竞价方案。该方案同时也能够实现微能源网群整体外送能量成本最低的目标，同时，也能最大化规避因 WPP 和 PV 随机性带来的能量短缺风险，实现终端用户能量消费成本最低和自身利润最大化的目标。

6.5 算 例 分 析

6.5.1 基础数据

选择深圳市龙岗区国际低碳园区中 3 个独立商务楼宇作为实例对象[261]，由于当前该低碳园区尚未建成，借鉴文献［262］思路选择 IEEE37 节点配电系统和 8 节点天然气系统组成能量传递网络。其中，MEG1 接入配电网节点 742、天然气系统节点 2 和配电网节点 712；MEG2 接入配电网节点 729、天然气系统节点 3 和配电网 744 节点；MEG 3 接入配电网节点 735、天然气系统节点 6 和配电网 737 节点。根据该园区一期规划数据，收集三个独立商务楼宇的负荷规划数据，其中，典型负荷日最大电、热、冷负荷分别为 2025、1701kW 和 1828kW，1000、400kW 和 1260kW，1500、1320kW 和 2600kW。因此，选取各微能源网群电、热、冷可外送电量总量的 70% 作为上级公共能源网络的能量需求，并设定各微能源网向外供能的期望收益率 $\beta = 8\%$，开展不同微能源网群间的能量竞价博弈。CGT 具有快速的启停特性和爬坡特性，能够很好地为 WPP 和 PV 提供调峰服务。其中，MEG1 和 MEG3 分别配置 1 台和 2 台额定发电功率为 2000kW 的 TAURUS60 型 CGT，MEG2 配置 1 台额定发电功率为 1200kW 的 CENTAUR40 型 CGT。参照文献[251]，将 CGT 机组发电成本曲线线性化为两部分，斜率分别为 0.239 元/kW 和 0.273 元/kW，0.137 元/kW 和 0.342 元/kW。同时，为实现多种能源间的梯级利用，为不同微能源网群配置能源转换设备，其中，MEG3 因 WPP 和 PV 的容量较低，故不配置 P2G。能源生产和转换的参数见表 6-1。

表 6-1　　　　　　　　　能源生产和转换的参数

微能源网	WPP（kW）	PV（kW）	CGT（MW）				GB（kW）	EC（kW）			
			电		热			P2G	P2H	P2C	H2C
			max	min	max	min					
MEG1	500	800	2000	743.2	2400	0	1500	150	1500	1000	1500
MEG2	800	500	1200	371.6	1440	0	1000	100	1000	500	1000
MEG3	400	400	4000	1486.4	4800	0	1500	—	1500	2000	1500

为匹配负荷需求曲线，在谷时段进行能量存储，在峰时段进行能量释放，以平缓净负荷需求曲线，分别为不同微能源网群配置储能设备，其中，由于 MEG3 未配置 P2G 设备，相应的，也不配置 GS 设备。MEG2 由于负荷需求相对较低，EP 配置容量也较低，故 GS 配置容量要低于 MEG1。完成上述设备参数配置后，可确立不同微能源网的容量配置方案。不同储能设备的容量参数见表 6-2。

表 6-2　　　　　　　　　不同储能设备的容量参数

微能源网	其他参数									GS（m³）		
	蓄能（kW）			释能（kW）			容量（kWh）			蓄能	释能	容量
	ES	HS	CS	ES	HS	CS	ES	HS	CS			
MEG 1	200	200	200	300	300	400	1000	1000	1000	150	150	800
MEG2	100	100	100	200	200	200	500	500	500	100	100	500
MEG 3	300	300	400	450	450	600	1500	1500	1500	—	—	—

本节考虑不同微能源网中的 EP、EC 和 ES 设备分别隶属于统一主体，根据园区规划设计数据，选取电、热、冷、气价格[261]。同时，选取典型负荷日不同微能源网的电、热、冷等负荷需求数据及 WPP 和 PV 的预测结果，作为日前预测结果，用于确立上层日前调度计划。典型负荷日不同微能源网群的电、热、冷负荷需求如图 6-5 所示。为了对日内竞价博弈模型和实时修正调度模型进行仿真，参照文献［9］设置 WPP 参数 $v_{in}=3m/s$，$v_{rated}=14m/s$，$v_{out}=25m/s$，PV 参数 $\alpha=0.39$ 和 $\beta=8.54$，并对 WPP 和 PV 的场景进行抽样，生成 10 组典型场景，选取波动性最大的场景作为日内预测结果，选取发送概率最大的情景作为实际值。不同微能源网群中 WPP 和 PV 在不同阶段的可用出力见图 6-6 所示。

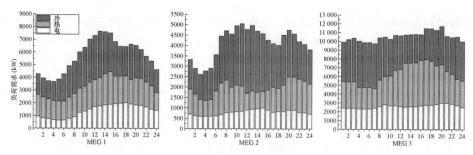

图 6-5　典型负荷日不同微能源网群的电、热、冷负荷需求

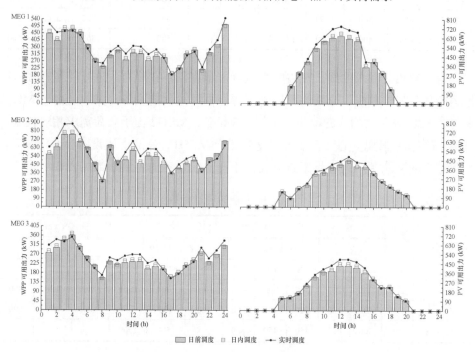

图 6-6　不同微能源网群中 WPP 和 PV 在不同阶段的可用出力

最后，根据负荷需求分布，划分峰、平、谷时段，并通过设置分时电价平缓负荷需求曲线。其中，电力需求价格弹性参照文献［15］设置，由于热能价格弹性和冷能价格弹性现有文献较少涉及，本书设定 PBDR 后，不同时段供热价格变动同电负荷，而峰时段负荷削减 20%，谷时段负荷增加 15%，平时段负荷增加 5%，各时段内不同时刻电等比例分摊负荷。PBDR 前后的价格变动，参照文献［9］设置。分别对不同类型能量参与 IBDR 设置差异化价格，其中，电、热、冷负荷参与 IBDR 提供上下备用出力的价格分别为 0.85 元/kWh 和 0.25 元/kWh，0.55 元/kWh 和 0.15 元/kWh，0.45 元/kWh 和 0.15 元/kWh。IBDR 能够产生的负荷波动不超过

±50kW，总负荷波动量不超过预期负荷的 5%。微能源网向公共能源网络紧急购电、热、冷的价格分别为 0.85、0.6 元/kWh 和 0.65 元/kWh。设置算法最大迭代次数为 $N_{max}=200$；各主体依据竞价策略区间随机生成蚂蚁个体数量为 $n=35$，由式（6-28）～式（6-30）得到参数 $\alpha=1.0001$，$\beta=1.2501$；设定最小挥发系数 $\rho_{min}=0.1$，常量 $Q=1$。

6.5.2　算例结果

1. 日前调度优化结果

下面根据 WPP、PV 的日前预测出力，以供能成本最小化为目标，确立微能源网日前调度（24h）计划。日前调度阶段，WPP、PV 和 CGT 作为主要供能设备，根据终端用户电、热、冷等负荷需求安排出力计划，并通过 P2G、P2H、P2C 等能源转化设备和 PS、HS、CS 等能源转换设备，实现能源的可靠供给。不同微能源网的实时调度计划如图 6-7～图 6-9 所示。图 6-10 所示为不同微能源网群在上层模型电、热、冷的总调度出力。

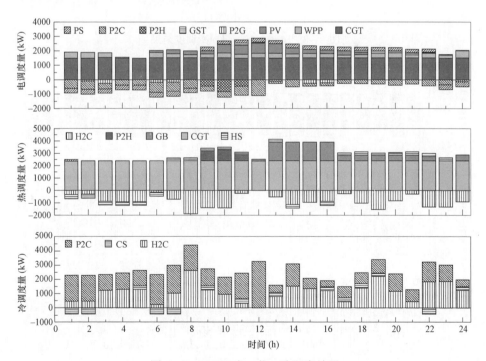

图 6-7　MEG1 电、热、冷调度结果

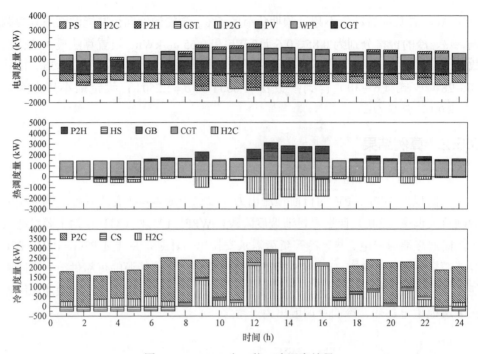

图 6-8　MEG2 电、热、冷调度结果

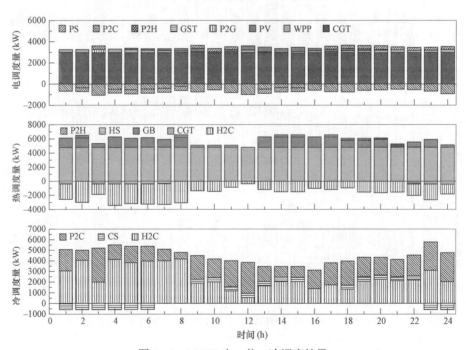

图 6-9　MEG3 电、热、冷调度结果

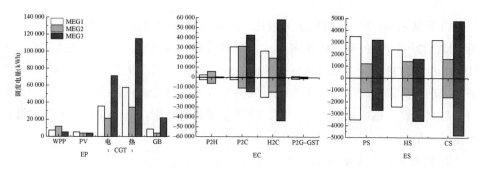

图6-10 不同微能源网群在上层模型电、热、冷的总调度出力

根据图6-10，对比分析不同微能源网群的EP、EC、ES运行状态。就EP运行而言，在以热定电模式下，CGT会将更多的出力用于满足热负荷需求，剩余出力用于满足电负荷需求。WPP和PV用于满足剩余电负荷需求。就EC运行而言，由于冷负荷主要靠P2C和H2C来满足，而GB则可用于满足热负荷需求，故P2C和H2C运行出力要高于P2H，P2G运行出力最低。就ES运行而言，由于电负荷曲线存在较大的峰谷差，且P2C和H2C非直接供冷主体，故PS和CS的运行出力要高于HS。总的来说，EP、EC和ES的协同运行，实现了电、热、冷、气等不同类型能量的灵活转换，实现能量最优化供给。进一步对比分析不同微能源网群中各能源设备的运行结果。日前调度中不同能源设备的调度结果见表6-3。

表6-3 日前调度中不同能源设备的调度结果

微能源网	峰谷比			WPP（kW）	PV（kW）	CGT（kW）		GB（kW）
	电	热	冷			电	热	
MEG1	2.85	1.60	2.24	7262.10	5121.00	35 673.60	57 600	8954.97
MEG2	1.50	1.89	2.26	11 704.50	3915.00	21 404.16	34 560	4261.33
MEG3	1.24	2.12	1.65	5275.80	3924.00	71 347.20	115 200	22 358.35

微能源网	P2G（kW）	GST（kW）	P2H（kW）	P2C（kW）	H2C（kW）	HS（kW）	PS（kW）	CS（kW）
MEG1	−1439	958	2213.98	30 861.01	26 757.50	±2400	±2400	±3200
MEG2	−866	577	5761.95	31 486.91	19 703.31	±1400	±1200	±1600
MEG3	0	0	331.79	42 669.71	58 405.51	±3600	±2700	±4800

根据表6-3，对比分析不同微能源网调度结果的差异性。由于MEG3的电、热、冷负荷需求较高，而WPP和PV的可用发电出力较低，故CGT更多地被调用满足负荷需求。同样，GB也被更多地调用提供热出力，P2C和H2C转化更多的电能和热能满足冷负荷，使HS和CS的调用要明显高于其他微能源网群。特别

是，由于 WPP 和 PV 的可用出力较低，弃风和弃光电量较低，故 P2G 未能被调用。MEG2 中 WPP 和 PV 的可用出力相对较高，尽管电、热、冷负荷需求低于 MEG1 和 MEG3，但为了追求更低的供能成本，WPP 和 PV 会被优先调用。总的来说，在日前调度阶段，为了实现最低供能成本，微能源网群会通过互补利用不同分布式能源，确立最优的电、热、冷等能量调度计划，从而确立微能源网群最优化运行策略。

2. 日内竞价博弈结果

下面基于微能源网群日前能量调度计划，根据 WPP 和 PV 的时前预测结果，利用 ES 对日前调度计划进行修正，以确立日内最优调度策略；进而根据日内调度计划，分别测算不同时刻各微能源网群电、热、冷等能量边际供能成本及可参与竞价交易电量，以确立微能源网群最优竞价交易策略。图 6-11 所示为不同微能源网群在下层模型电、热、冷的总调度出力。

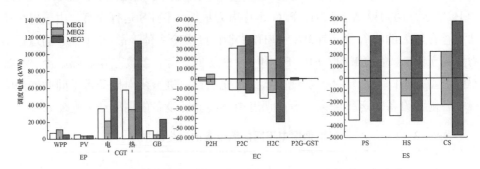

图 6-11　不同微能源网群在下层模型电、热、冷的总调度出力

根据图 6-11，分析微能源网群日内调度计划发生的偏差。由于 WPP 和 PV 的出力发生一定的偏差，为能保持能量供需平衡，PS 和 HS 被更多地调用提供电能和热能，特别是 MEG3。由于 WPP 和 PV 的可用出力较少，CGT 基本处于满出力运行状态，当 WPP 和 PV 的出力发生偏差时，只能通过调用 ES 提供紧急出力，故 PS 和 HS 提供出力的增幅更大。同样，为预留更多的发电出力，以应对冷负荷出力偏差，MEG3 不再将电力转化为热能，而是将其存储于 PS；进而根据微能源网群的日内调度计划，确认不同微能源网群的可参与竞标的能量（电、热、冷）。图 6-12 所示为不同微能源网群日内可参与竞标的电、热、冷量竞价模型。

根据图 6-12，由于单位电能能转化为 0.95 单位热能或 3 单位冷能，而单位热能能转为 1.35 单位冷能，故在分析微能源网群可参与竞标的电、热、冷量时，需考虑不同类型能量间的转换关系。由于微能源网群中 GB 提供热能出力较少，

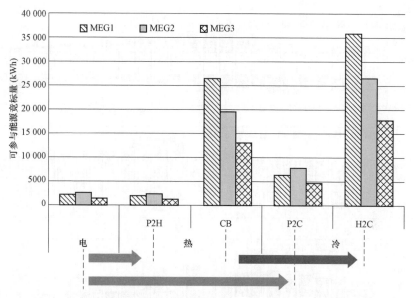

图 6-12　不同微能源网群日内可参与竞标的电、热、冷量竞价模型

故有较大能力参与热量竞标，MEG1、MEG2 和 MEG3 可参与热能竞标量由 GB 提供的分别为 26 684、19 650kWh 和 13 201kWh，若考虑电转热，最大供热竞标量分别为 28 668、22 139kWh 和 14 679kWh。对于冷能竞标，主要源于 P2C 和 H2C，最大可竞标冷量分别为 42 288、34 387kWh 和 22 487kWh。同样，根据不同微能源网群调度出力及各时刻出力分布，如图 6-13～图 6-15 所示，可确立不同微能源网群在不同时刻的电、热、冷竞标价格，图 6-16 所示为不同微能源网群在各时刻的电、热、冷竞标价格。

　　根据图 6-16，各微能源网群按照 4h 为一个周期向能量交易中心进行报价。在不同时间段内，电、热、冷价格存在较大的差异性，以 MEG1 为例，在 0:00～4:00 时刻电价高于热价，热价高于冷价，而在 8:00～12:00 时刻热价高于冷价，在 16:00～20:00 时刻热价高于电价，这说明不同能量竞标价格存在互补特性。从不同微能源网群来看，在大部分时刻，MEG1 和 MEG2 的电价要高于 MEG3，MEG1 的冷价相对较高，MEG2 的热价相对较高，表明不同微能源网群的电、热、冷价格存在互补特性。上述两类互补特性，使微能源网群在参与上级能源网络电、热、冷能量竞价时，存在多种能量竞价方案，以不同微能源网群竞价能量成本最小为目标，确立各微能源网群最终竞价出清方案。图 6-17 所示为不同微能源网群的电、热、冷的竞标价格和数量。

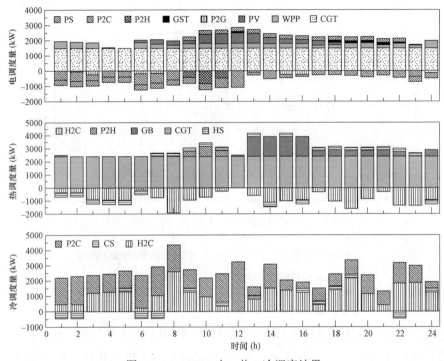

图 6-13　MEG1 电、热、冷调度结果

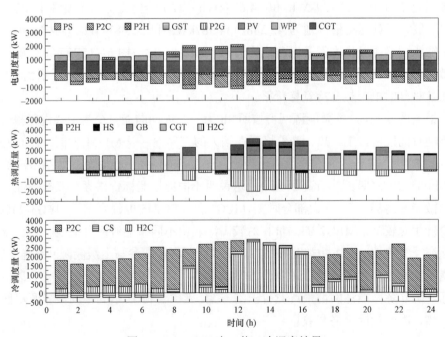

图 6-14　MEG2 电、热、冷调度结果

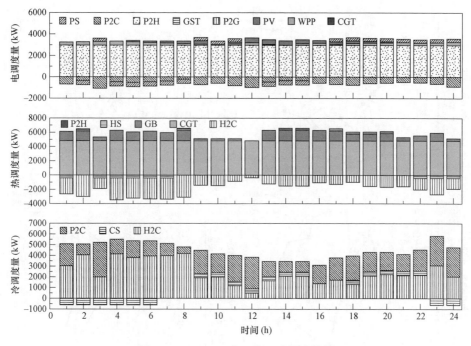

图6-15　MEG3 电、热、冷调度结果

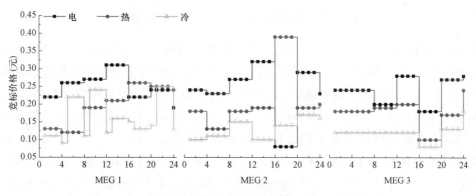

图6-16　不同微能源网群在各时刻的电、热、冷竞标价格

　　根据图 6-17，分析不同微能源网群的电、热、冷的竞标价格及竞标数量。根据微能源网群竞标出清价格，为追求最大化竞价收益，部分时刻（2:00、7:00、18:00~19:00、21:00~22:00）未能参与电能竞价交易，而各时刻均发生了热能和冷能竞价交易。就电能竞价交易方案而言，由于 MEG2 单位供能成本较低，且可供电量较多，故获得更多交易份额，即 690kWh，MEG1 主要在谷时段进行电能供给，而 MEG 3 则是在峰时段进行电能供给，这是由于 MEG3 主要依赖微能源网

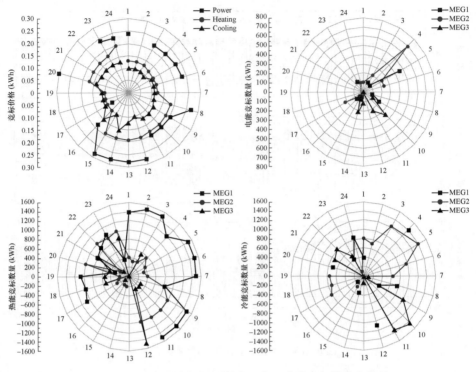

图 6-17　不同微能源网群的电、热、冷的竞标价格和数量

提供电能和热能，在谷时段单位供能成本要高于 MEG1 和 MEG3，在峰时段则要低于 MEG2 和 MEG3。就热能竞价交易方案而言，MEG1 具有较强的热能供给能力，在竞价交易出清方案中获取了更多的热能份额。MEG3 主要依赖于 CGT 满足提供电能和热能，单位供能成本较高，故获取竞价份额较少。就冷能竞价交易方案而言，各微能源网群均通过 P2C 和 H2C 转化为冷能，MEG1 和 MEG2 由于负荷需求较低，WPP 和 PV 的可用出力较高，故更多的电能转化为热能，获取更多的冷能竞价交易份额。不同微能源网群在日内竞价博弈模型中的竞价结果见表 6-4。

表 6-4　　　　不同微能源网群在日内竞价博弈模型中的竞价结果　　　　　　　元

微能源网	电	热			冷			收益			
		GB	P2H	总计	P2C	H2C	总计	电	热	冷	总计
MEG1	458	1500	0	1500	1014	1109	2123	309	3162	758	4229
MEG2	690	1000	0	1000	902	853	1754	393	2147	927	3466
MEG3	346	1500	58	1558	445	1045	1490	271	1045	752	2068

根据表 6-4，分析不同微能源网群参与电、热、冷等不同类型能量的竞标结果。由于单位电能能够转化为 3 单位冷能，故更多的电能被转化为冷能参与能量市场竞标，只有在电价高于冷价 3 倍的时刻，才能参与电能市场竞标。同样，各微能源网群根据电、热、冷价格的互补关系，通过 P2H、P2C、H2C 等能源转换设备，实现电、热、冷能间的相互转换，并参与不同类型能量市场竞价交易，以获取竞价收益。从不同类型能量竞价收益来看，由于热能需求较高，且热能价格也较高，故各微能源网群参与热能竞价收益要高于电能和冷能，而 MEG1 因 WPP 和 PV 的可用出力较高，更多的电能和热能可参与市场竞价，故总收益要高于 MEG2 和 MEG3。这也表明，若微能源网群想提升自身参与能量市场的竞价收益，可适当提升清洁能源装机容量，从而以较低的供能成本获取较高的竞价份额，在 MCP 结算机制下，能够获得更高的竞价收益。

3. 实时调度优化结果

在日前调度计划和日内竞价博弈结果的基础上，考虑 WPP 和 PV 的实时出力与日内预测出力的偏差，通过调用 IBDR、其他微能源网群和 UPG 紧急供能，以维持电、热、冷多类型能量的供需平衡。在进行紧急能量调度时，通过综合考虑不同渠道各时刻的供能成本，确立紧急供能调用成本最低的实时修正出力方案。图 6-18 所示为不同微能源网群在日实时调度接单的修正出力结果。

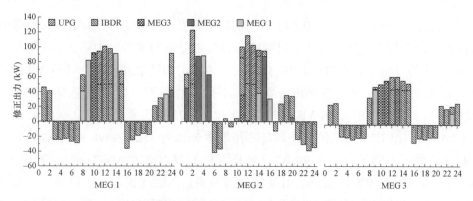

图 6-18　不同微能源网群在日实时调度接单的修正出力结果

根据图 6-18，为应对 WPP 和 PV 的实时出力偏差，微能源网群会优先调用自身剩余的可用发电出力（以 MEG1 为例，在 8:00～9:00 和 14:00 时刻），然后会根据 IBDR、其他微能源网和 UPG 供能成本高低关系，有序调用紧急供能主体。其中，由于仅有 IBDR 可提供下旋转备用出力，故在 WPP 和 PV 的实时出力低于预期值时，IBDR 会被调用提供负发电出力（以 MEG2 为例，在 6:0～8:00 和 21:00～24:00 时刻）。当 IBDR 和微能源网群无法满足紧急供能需求，或紧急供能成本较高时，微能源网群会向 UPG 购买能量（以 MEG3 为例，在 12:00 和 13:00～14:00 时刻）。总的来说，微能源网群会根据不同时刻 IBDR、微能源网群和 UPG 紧急供能成本，确立紧急供能成本最低的实时修正策略。实时调度阶段不同能源设备的调度结果见表 6－5。

表 6－5　　　　　　　　实时调度阶段不同能源设备的调度结果

微能源网	WPP（kWh）	PV（kWh）	CGT（kWh）		GB（kWh）	IBDR（kWh）		UPG（kW）
			电	热		上旋转备用	下旋转备用	
MEG1	7436.71	5419.18	35 673.60	57 600	8955.00	412.77	−239.61	160.30
MEG2	44 877.48	9048.40	26 457.92	42 720	8954.97	366.33	−225.88	210.55
MEG3	31 002.29	5662.72	46 375.68	74 880	7951.73	359.12	−198.21	40.88

微能源网	P2G（kW）	GST（kW）	P2H（kW）	P2C（kW）	H2C（kW）	HS（kW）	PS（kW）	CS（kW）
MEG1	−1439.00	958.00	2213.98	30 861.01	26 757.50	−3150, 3500	±3500	±2250
MEG2	−866.30	576.59	5761.95	31 486.91	19 703.31	±1500	±1500	±2250
MEG3	0.00	0.00	331.79	42 669.71	58 405.51	±3600	±3600	±4800

根据表 6－5，由于 WPP 和 PV 的实时出力发生偏差，故 IBDR、其他微能源网和 UPG 均被调用，而其他类型能源设备未能参与实时出力修正，在供能成本最小化的目标下，WPP 和 PV 会最大化并网，即微能源网群会按照 WPP 和 PV 的实时出力安排能量调度方案。从不同微能源网群紧急供能构成来看，MEG1 自身紧急供能 251kWh，向 MEG2 和 MEG3 购买紧急供能分别为 42kWh 和 90kWh，向 IBDR 购买的上下旋转备用能量分别为 412.77kWh 和 239.61kWh，向 UPG 购买的能量为 160.30kWh。同样，对于 MEG2 和 MEG3 也会确立自身最优的紧急供能方案，实现实时能量供需平衡。总的来说，三阶段调度—竞价博弈模型，能够衔接日前（24h）—日内（4h）—实时（1h）三个调度阶段，根据不同阶段 WPP 和 PV 的预测出力，实现在满足自身电、热、冷能量可靠供给的同时，将剩余能量的供给能力通过竞价交易的方式输送至 UEG，从而获取超额经济收益，且 IBDR、其他微能源网和 UPG 被调用提供紧急供能，维持能量实时供需平衡。

6.5.3　结果分析

1. 算法有效性分析

为验证 IACO 算法性能，下面分别采用基本蚁群算法（ACO）、遗传算法（GA）和粒子群优化算法（PSO）对微能源网群多能竞价博弈模型进行优化求解，并分别计算微能源网日前调度成本、日内竞价收益及实时备用成本。不同算法的求解结果对比分析见表 6-6。

表 6-6　　　　　　　　　　不同算法的求解结果对比分析

算法	IACO	ACO	GA	PSO
平均收敛次数	75	99	114	93
S_{MEG}（元）	65 410	68 284	69 825	73 245
$S_{\text{MEG}}^{\text{UEG}}$（元）	9763	8452	9214	8327
$R_{m,t}$（元）	3425	3654	3848	3742

注　平均收敛次数=各博弈主体目标函数收敛次数平均值。

由表 6-6 可知，IACO 算法和 ACO 算法的平均收敛次数要小于 GA 算法和 PSO 算法，这说明 ACO 算法的全局收敛能力要优于 GA 算法和 PSO 算法，ACO 模型与区块链去中心化特征的相似性，加强了 ACO 算法在求解问题时的收敛能力。此外，IACO 算法和 ACO 算法的 S_{MEG}、$S_{\text{MEG}}^{\text{UEG}}$ 和 $R_{m,t}$ 均优于 GA 算法和 PSO 算法，这说明 ACO 算法的全局搜索能力要优于 GA 算法和 PSO 算法，再次证明了 ACO 算法在区块链网络中求解最优化问题时体现出的强大搜索能力和效率性。IACO 算法的平均收敛次数要少于 ACO 算法，且 IACO 算法的 S_{MEG}、$S_{\text{MEG}}^{\text{UEG}}$ 和 $R_{m,t}$ 值也要优于 ACO 算法，说明对挥发因子 ρ 和控制参数 α、β 的改进提高了普通 ACO 算法的全局搜索能力和收敛性能，提高了运算效率，可以得到更优结果。因此，基于 IACO 算法得到多微能源网多能竞价博弈模型能够用于确立不同微能源网群的最优竞价与运行策略。

2. 不同市场规模下的竞价结果

对于微能源网群参与电、热、冷等能量市场竞价交易，市场规模的大小决定了不同微能源网群可获取的竞价交易份额，也直接影响了各微能源网群参与能量市场竞价交易的收益。因此，下面对不同市场规模下的竞价交易方案进行敏感性分析，本书选择各微能源网群可参与竞价交易能量总量的 70% 作为市场需求，进一步分析 40%、50%、60%～100%市场规模下的竞价交易结果。图 6-19 所示为不同市场需求规模下的各微能源网群电、热、冷等能量竞价交易结果。

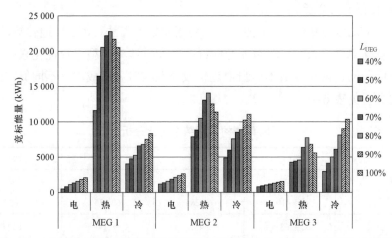

图 6-19　不同市场需求规模下的各微能源网群电、热、冷等能量竞价交易结果

根据图 6-19，随着电、热、冷能量市场需求规模的不断增加，各微能源网群在电能市场的竞价交易份额不断提升，然而，在热能市场的竞价交易份额却呈现先增加后降低的趋势。这是由于当冷能市场需求较大时，部分热能被转化为冷能，用于参加冷能市场竞价交易，从而获取更多的竞价收益。对于冷能，由于部分时刻单位冷能竞价交易收益要高于热能和电能，故当市场规模较大时，更多的电能和热能会被转化为冷能，因此，冷能竞价交易份额不断提升。这表明为了提升微能源网群的运营收益，未来，UEG 应逐步放开更大比例的市场用于开展微能源网群的电、热、冷能多能竞价交易。

3. PBDR 优化效果

PBDR 能够通过实施分时电价引导终端用户调整用能行为，实现用能负荷曲线的"削峰填谷"，释放微能源网群运行的调峰压力，从而使微能源网群能够将更多的 WPP 和 PV，以及更多的 EP、ES 运行容量参与到能量市场竞价交易中。图 6-20 所示为 PBDR 后各微能源网群在不同时段电、热、冷负荷的变动量。

根据图 6-20，PBDR 后峰时段电、热、冷负荷需求均有所降低，以 MEG1 为例，最大电、热、冷负荷分别降低 101.25、127.575kW 和 255.85kW，而谷时段最小电、热、冷负荷分别增加 44.1、99.23kW 和 112.2kW，电、热、冷负荷曲线的峰谷比由 3.21、1.80、2.61 降低至 2.85、1.60、2.24，更为平缓的负荷曲线有利于提升微能源网群参与能量市场的竞价份额，提升不同微能源网群的运营收益。

PBDR 前后不同微能源网群参与电、热、冷能量竞价的运营收益。

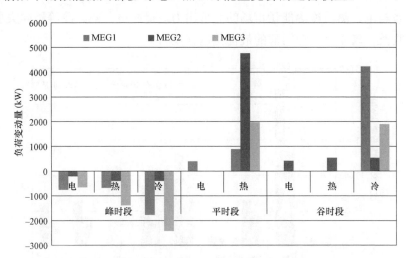

图 6-20　PBDR 后各微能源网群在不同时段电、热、冷负荷的变动量

表 6-7　PBDR 前后不同微能源网群参与电、热、冷能量竞价的运营收益

情景	MEG1（元）			MEG2（元）			MEG3（元）		
	电	热	冷	电	热	冷	电	热	冷
PBDR 前	10 395	17 705	9583	11 206	13 393	9334	8907	35 804	12 388
PBDR 后	10 402	18 610	9786	11 242	14 506	9352	9237	36 238	12 447

　　根据表 6-7，对比分析 PBDR 前后各微能源网群的运营收益。PBDR 后，不同微能源网群参与电、热、冷能的竞价收益均有所增加，特别是热能竞价交易，MEG1、MEG2 和 MEG3 由于 GB 存在较多的供热能力，故当负荷曲线变得更为平缓后，能够将更多的热能通过竞价交易售出至 UHG。从总收益来看，MEG1、MEG2 和 MEG3 参加能量竞价获得的收益分别增加 1115、1167、823 元，这是由于 MEG1 和 MEG2 具有较多的 WPP 和 PV 可用出力，PBDR 通过平缓负荷需求曲线，提升了 WPP 和 PV 的并网空间，释放了 GB 的供能容量，故 MEG1 和 MEG2 能够将更多的电能和热能参与能量竞价交易，从而获取更多的竞价收益。图 6-21 所示为 PBDR 前后不同微能源网群电、热、冷能量竞价结果。

　　根据图 6-21，PBDR 后，MEG1、MEG2 和 MEG3 均提供了更多的热能参与竞价交易；对比分析不同微能源网群能量竞价交易结果，MEG1 和 MEG2 能够提供更多的供热出力参与到热能市场竞价交易，以 MEG1 为例，热能和冷能竞价交易份额分别增加了 8147.42kWh 和 2188kWh。总的来说，PBDR 有利于提升微能源网群参与电、热、冷等能量市场的竞价出力，提高电、热、冷等不同类型能量的竞价收益，确立微能源网群的最优化运行策略。

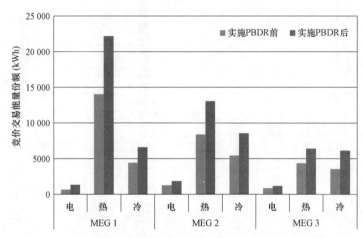

图 6-21　PBDR 前后不同微能源网群电、热、冷能量竞价结果

6.6　本　章　小　结

微能源网群能够集成 WPP、PV、CGT 等多类型分布式能源，并通过能源转换设备和储能设备，协同满足电、热、冷、气等多种能量需求。特别是，当微能源网群与上级能源网络相连时，两者间可进行灵活的能量互动。本章注重研究微能源网群的协同优化运行，并设计电、热、冷等多能多级竞价博弈体系，在微能源网群在满足自身能源需求的前提下，将多余能量输送至上级能源网络，从而获取更高的经济收益。相应的，本章构建了考虑不同能量转换策略和能量需求响应的微能源网群多能多级竞价博弈策略，并选择我国深圳市龙岗区国际低碳园区作为实例对象，分析模型的有效性和适用性，从而得出以下结论：微能源网群多能竞价博弈策略能够在分阶段确立微能源网群最优运行方案。特别是，在 MCP 结算机制下，各微能源网群会尽可能通过竞价博弈获取交易份额，以提升自身运营效益。由于电、热、冷、气价格存在一定的互补空间，故微能源网群为提升自身竞价收益，会根据不同类型能量实时价格，选择利益最大化的供能方案。

第7章

微能源网群多能协同运行
综合效益评价模型

微能源网是微电网向区域型微能源网互联互济的延伸，目前，尚缺乏丰富的理论研究对其综合效益进行深入评估。本章在借鉴已有评价方法的基础上，探讨微能源网的综合效益，从经济效益、节能效益和减排效益三方面构建微能源网综合效益评价模型，为微能源网投资运行提供决策借鉴。

7.1 引　　言

自新电改推进以来，越来越多的小规模区域式微电网快速发展。微电网为区域供电提供便利，同时有利于促进分布式新能源发电的发展，以及清洁能源消纳，实现"清洁、低碳、安全、高效"的能源体系建设目标。"微电网"的概念在规划布局和实地应用的过程中得以延伸，形成微能源网，集成电、热、冷、气多种能源资源，通过协同互补的方式，实现分布式多种能源灵活供给。另外，在微能源网之间建成多种类型能量传输通道，能够实现最大化区域分布式能源互济，是"电、热、冷、气"多能梯度利用的优化手段之一。作为有效的能源清洁消纳手段，微能源网群多能协同灵活运行综合效益对微能源网群的规划、建设和投运具有重要的现实意义。

对于微能源网群多能协同运行的综合效益评价，一般需进行三个过程，即指标体系构建、指标权重计算及综合评估。对于指标体系构建，学者们已对分布式能源发电[263]、储能联合发电[264]、虚拟电厂[265]、微电网[266]等的综合效益展开多维深入评估，为微能源网群多能协同运行提供了参考借鉴。对于指标权重计算，目前多数学者多采用主观权重、客观权重和综合权重等方法，主观权重是根据专家

165

学识和经验进行指标判断，反映指标的主观重要性，具体方法包括层次分析法[267]、特征值法[268]、方案偏好赋权法[269]等；客观权重是借助数学模型理论和计算机手段对客观数据进行评估，具体方法包括熵权法[270]和粗糙集法[271]等；综合权重是将主、客观权重方法进行组合综合计算。对于综合评估对象，主要采用传统评价方法和智能评价方法，即通过数学模型或计算机技术进行综合评价，传统评价方法包括 TOPSIS 法[272]等，智能评价方法包括机器学习[273]等。

基于上述已有文献研究，本章从经济效益、节能效益和减排效益三方面入手，采用 3E 效益评价方法，设置微能源网独立运行为参考系统，对微能源网群多能协同灵活运行综合效益进行评价，为微能源网群投资运行提供决策依据。

7.2 微能源网多能协同运行模式分析

对于微能源网系统而言，其运行模式一般依照系统内供电与供热两者的优先顺序进行设置。多数研究主要探讨"以电定热"和"以热定电"两种运行模式，除此之外，还有另一种运行模式，即将两者结合，在尽可能不产生多余能量的情况下进行运行，这种方式称为"热电混合"模式。下面针对三种运行模式展开具体分析。

7.2.1 "以电定热"模式

"以电定热"模式（following the power load，FPL）包含三种可能情形，如图 7-1 所示。

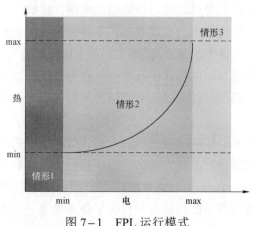

图 7-1 FPL 运行模式

情形 1：系统内用户用电需求低于系统内发电机组启动条件，此时系统电能由公共电网供应，冷、热需求由系统内制冷系统和制热系统供应。

情形 2：用电需求达到启动条件，用户电能需求优先满足，产生的热量通过制热（冷）系统用于供热（冷），余热排空，不足部分由制热系统供应。

情形 3：用电需求超出系统发电能力，系统内发电机组按照额定功率运行，无法满足的电量由公共电网提供，产生的热量通过制热（冷）系统用于供热（冷），余量排空，不足部分由制热系统供应。

7.2.2　"以热定电"模式

"以热定电"模式（following the heating load，FHL）同样包含三种可能情形，如图 7-2 所示。

情形 1：用户冷、热、电需求低于系统机组启动条件，冷、热由制冷（热）系统供应，电由公共电网供应。

情形 2：用户冷、热需求达到启动条件，系统优先满足冷、热需求，产生的电能用于满足用户用电需求，不足的部分由公共电网补给，余电储能或弃电。

情形 3：用户冷、热需求超出机组供应能力，机组按照额定功率运行，未满足冷、热需求的由制冷（热）系统供应，未满足电需求的由公共电网提供，余电储能或弃电。

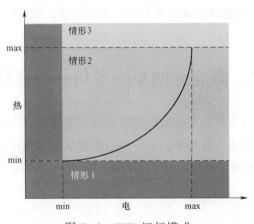

图 7-2　FHL 运行模式

7.2.3　"热电混合"模式

"热电混合"模式（given the situation，GS）是依照不同时段的具体情况，在上述两者模式中选择一种产生余量最小的方式。任一时段的模式选择取决于当时用户的冷、热、电需求。该模式旨在避免余量浪费，但同时也增加了制冷（热）系统的能源消耗及外来电数量。GS 运行模式如图 7-3 所示。

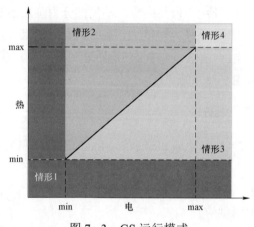

图 7-3　GS 运行模式

情形 1：用户需求低于机组启动条件，用户用电需求由公共电网满足，冷、热需求由制冷（热）系统提供。

情形 2：机组以 FPL 运行，冷、热需求不足部分由制冷（热）系统提供。

情形 3：机组以 FHL 运行，电需求不足部分由公共电网提供。

情形 4：系统机组按照额定功率运行，不足的冷、热、电由制冷（热）系统和公共电网补充。

7.3　微能源网系统多负荷特征分析

不同类型微能源网具有不同的负荷特征，主要体现在不同建筑功能用途差异性、时间差异性和地理位置差异性上。本节主要从时间维度出发，以北方地区为研究中心，分析居民楼宇、办公楼宇和商场的季节性、时段性负荷特征。

7.3.1　居民楼宇负荷特征

从年负荷来看，居民楼宇热负荷主要包括采暖负荷和热水负荷，热力需求分布于全年；因冬季气温较低，采暖负荷集中在 11、12、1、2 月，而其他月份以热水负荷为主。冷负荷主要涵盖 6～9 月，尤其 7、8 月一般为全年最高温时期，这两个月份的冷负荷最高。电负荷需求较平均且数量较小。

从日负荷来看，冬季日冷负荷几乎为零；热负荷以夜间为主，从上班时间开始逐渐下降到达低谷，随着下班时间临近又逐渐上升；电负荷包括生活必需用电和非必需用电，因非必需用电需求较小，而必需用电需求时段较为固定，一般分布于午间 11:00～13:00 和 17:00～20:00，电负荷水平较低；夏季日冷负荷全时段存在，且午时（11:00～15:00）与晚间（18:00～24:00）为高峰段，热负荷水平较低且以热水负荷为主，电负荷与冬季日具有相同的变化趋势。居民楼宇典型年、日负荷变化如图 7-4～图 7-6 所示。

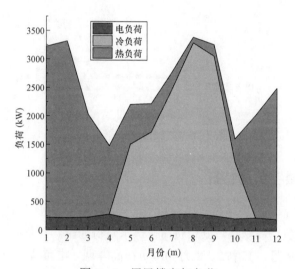

图 7-4　居民楼宇年负荷

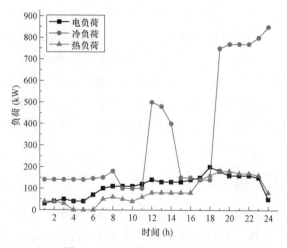

图 7-5　居民楼宇夏季日负荷

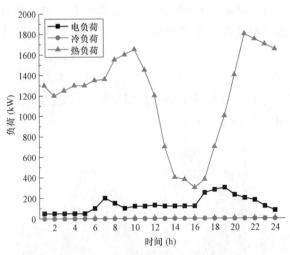

图 7-6 居民楼宇冬季日负荷

7.3.2 办公楼宇负荷特征

从年负荷来看，办公楼宇热负荷以采暖需求为主，主要集中于 11、12、1~3 月，1 月为采暖负荷高峰月，其余负荷以热水负荷为主。冷负荷与居民楼宇类似，主要集中于 6~9 月，其中 7、8 月为冷负荷高峰期。电负荷全年变化幅度较小，数量比居民楼宇负荷更高。

从日负荷来看，冬季典型日冷负荷基本为零；热负荷集中于办公时间 7~20 时，上班前迅速提升楼内温度至高峰，随着人员逐渐增加、楼内温度提升而逐渐减少供暖，直到下班时间；电负荷与热负荷需求时段相似，其中 8:00~12:00 与 14:00~17:00 为主要用电时段，且上班之后电负荷迅速半升至高峰并基本维持在同一水平线上，下班后电负荷逐渐降低；夏季典型日热负荷主要为热水负荷且需求量低，冷负荷集中于办公时间，电负荷与冬季日相似。办公楼宇典型年、日负荷变化如图 7-7~图 7-9 所示。

7.3.3 商场负荷特征

从年负荷来看，商场热负荷 1 月最高，冷负荷集中在 6~9 月，8 月为冷负荷高峰期，电负荷较平缓。从日负荷来看，商场属于间断型用能建筑，以营业时间为主要用能时段，冷、热、电负荷均主要分布在 8:00~22:00，冬季典型日热负荷高峰为 9h，此时商场人群开始逐渐密集，电负荷以白天为主，夏季日只有冷负荷和电负荷，冷负荷需求大于电负荷。商场典型年、日负荷变化如图 7-10～图 7-12 所示。

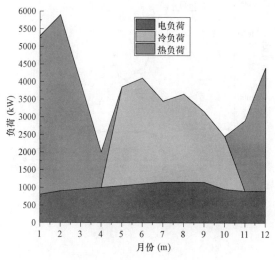

图 7-7　办公楼宇年负荷

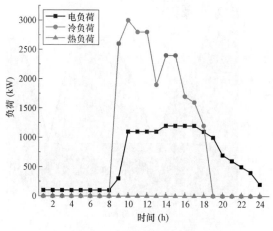

图 7-8　办公楼宇夏季日负荷

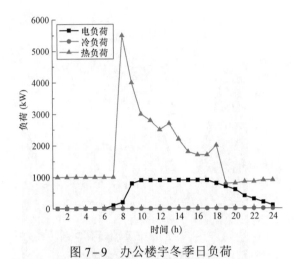

图 7-9　办公楼宇冬季日负荷

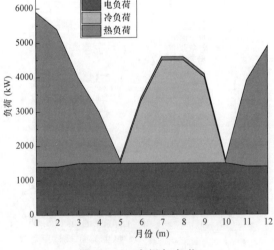

图 7-10　商场年负荷

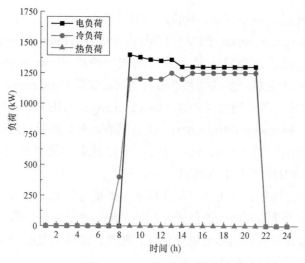

图 7-11　商场夏季日负荷

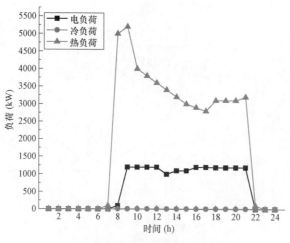

图 7-12　商场冬季日负荷

7.4　微能源网群多能协同灵活运行效益评价

7.4.1　微能源网系统结构

在独立运行结构下，同一区域内办公楼宇、居民楼宇和商场等的微能源网系统互不相连，无能量交互，当供大于需时多余能量储存或向外排出，当供不及需

时由公共网络或燃气锅炉（gas boiler，GB）补给。在系统内部，分布式光伏
（distributed photovoltaic power，DPV）和燃气内燃机（gas internal combustion engine，
GICE），产生电能供给建筑内用电或压缩式制冷机（compression refrigerating
machine，CRM）；内燃机产生的余热通过余热回收装置（heat recovery system，HR）
回收后供热或制冷，冬季通过换热器（heat exchanger，HE）提供热能，夏季通过
吸收式制冷机（absorption refrigerator，AR）制冷，多余能量通过储电（electricity
storage ES）和储热（heat storage，HS）等装置进行储存或通过电转热设备
（power-to-heat，P2H）进行能源转换。

　　将区域内办公楼宇、居民楼宇和商场通过能量传输通道连接起来，形成微能
源网群，各建筑微能源网成为微能源网的子系统，各子系统将富余能量在储能装
置存储后首先通过能量传输通道进行交互、转换，能够大量减少资源浪费。微能
源网系统协同运行结构如图 7–13 所示。

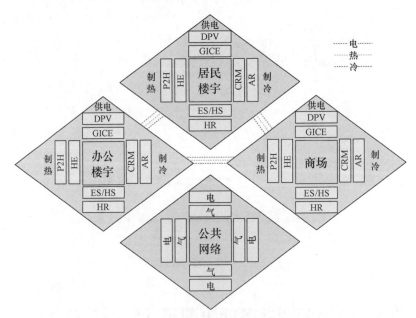

图 7–13　微能源网系统协同运行结构

7.4.2　3E 效益评价模型

　　为评价微能源网的效益情况，确定基于不同模式的多类型微能源网协同灵活
运行的优劣，从经济效益和节能减排效益出发，选取成本节约率、一次能源节约

率、CO_2 减排率作为效益评价指标。

1. 成本节约率

总成本中包括设备投资成本、系统运行维护成本、购气成本、购电成本，具体计算公式为

$$C_j^{tt} = C_j^{inv} + C_j^{op} + C_j^{gp} + C_j^{ep} \qquad (7-1)$$

式中：C_j^{tt} 为微能源网 j 独立运行总成本，元；C_j^{op} 为微能源网 j 运行维护成本，元；C_j^{inv} 为微能源网 j 投资成本，元；C_j^{gp} 为微能源网 j 购气成本，元；C_j^{ep} 为微能源网 j 从公共电网的购电成本，元。各成本分解如下：

（1）投资运行维护成本。投资运行维护成本包括设备初始投资折算到每日投资额和设备日运行维护费用，具体计算公式为

$$\left. \begin{aligned} C_j^{inv} &= A_j C_j^{unit} W_j / 365 \\ A_j &= r / [1 - (1+r)^{-y}] \end{aligned} \right\} \qquad (7-2)$$

式中：A_j 为设备 j 的资本回收系数；C_j^{unit} 为设备 j 的单位成本，元/kWh；W_j 为设备 j 的容量，kWh；r 为利率；y 为使用年限。

运行维护费用包含固定运行维护成本和可变运行维护成本，具体计算公式为

$$C_j^{op} = C_j^f W_j + \sum_{i=1}^{N} C_j^v E_{j,t}^{out} \qquad (7-3)$$

式中：C_j^f 为单位固定运行维护成本，元；C_j^v 为单位可变运行维护成本，元/kWh；$E_{j,t}^{out}$ 为输出能量，kWh。

（2）耗能成本。耗能成本包括天然气购气成本和公共电网购电成本，具体计算公式为

$$C_j^{gp} = \sum_{i=1}^{N} \left(p_t^g E_{j,t}^{gp} + p_t^e E_{j,t}^{ep} + p_t^h E_{j,t}^{hp} + p_t^c E_{j,t}^{cp} \right) \qquad (7-4)$$

式中：p_t^g、p_t^e、p_t^h 和 p_t^c 分别为天然气价格、公共电网电价、外部热价和外部冷价，元/kWh；$E_{j,t}^{gp}$、$E_{j,t}^{ep}$、$E_{j,t}^{hp}$ 和 $E_{j,t}^{cp}$ 分别为购气量、外部购电量、外部购热量和外部购冷量，kWh。

为评估微能源网的经济效益，引入成本节约率指标，具体计算公式为

$$R_{sc} = \frac{\Delta C_{j,ref}^{tt}}{C_{ref}^{tt}} \times 100\% \qquad (7-5)$$

式中：R_{sc} 为成本节约率；$\Delta C_{j,\text{ref}}^{tt}$ 为微能源网群系统中的子系统 j 与参照系统的成本差值，元；C_{ref}^{tt} 为参照系统的成本，元。

2. 一次能源节约率

一次能源节约率反映了微能源网通过协同运行后对一次能源资源的节约程度。若一次能源利用率达到较高占比，说明系统的节能优化作用还有待进一步提升。通过一次能源节约率评估了解系统的节能效果，从而分析微能源网群的节能潜力。一次能源节约率具体计算公式为

$$R_{se} = \frac{S_{\text{ref}}^{se} - S_j^{se}}{S_{\text{ref}}^{se}} \times 100\% \qquad (7-6)$$

$$S_j^{se} = \sum_t \left(g_{h,t}^{se} + g_{e,t}^{se} + \frac{E_{j,t}^{ep}}{\eta_{th}\eta_{grid}} \right) \qquad (7-7)$$

$$S_{\text{ref}}^{se} = \sum_t \left(g_{h,t,\text{ref}}^{se} + g_{e,t,\text{ref}}^{se} + \frac{E_{j,t,\text{ref}}^{ep}}{\eta_{th}\eta_{grid}} \right) \qquad (7-8)$$

式中：R_{se} 为一次能源节约率；S_j^{se} 为微能源网群中子微能源网 j 一次能源消耗量，kWh；$g_{e,t}^{se}$ 为子微能源网 j 中电动机的一次能源消耗量，kWh；$g_{h,t}^{se}$ 为子微能源网 j 锅炉的一次能源消耗量，kWh；η_{th} 为公共电网火力发电厂发电效率；η_{grid} 为电网输配效率；S_{ref}^{se} 为参考系统一次能源消耗量；$g_{h,t,\text{ref}}^{se}$、$g_{e,t,\text{ref}}^{se}$ 分别为参考系统电动机和锅炉的一次能源消耗量，kWh；$E_{j,t,\text{ref}}^{ep}$ 为参考系统购电量，kWh。

3. CO_2 减排率

在微能源网群中，微能源网子系统可将自身富余能量传输给其他子系统，减少能源资源浪费，从而减少在发电或供热过程中的 CO_2 排放。微能源网子系统在供能过程中产生的 CO_2 与微能源网独立运行（即参考系统）时产生的 CO_2 的差值定义为 CO_2 减排量，将该差值除以参考系统的 CO_2 排放量即为 CO_2 减排率。整个系统的 CO_2 排放量应计算天然气燃烧过程中的 CO_2 排放量和外购电力 CO_2 排放量。天然气燃烧过程中的 CO_2 排放量计算公式为

$$O_{g,\text{system}} = \sum_t L_{g,t}\varphi_{CO_2} \qquad (7-9)$$

$$L_{g,t} = \sum_t S_j^{se} H_V \times 10^{-6} \qquad (7-10)$$

$$\varphi_{CO_2} = \varphi_c \frac{44}{12} \qquad (7-11)$$

式中：$O_{\text{g,system}}$ 为系统内 CO_2 排放量，kg；$L_{\text{g},t}$ 为天然气活动水平，kWh；φ_{CO_2} 为 CO_2 排放因子，g/kWh；S_j^{se} 为耗气量，m³；H_V 为天然气热值，MJ/m³；φ_c 为碳排放因子，g/kWh。

外购电量产生的 CO_2 排放量计算公式为

$$O_{\text{g,grid}} = \sum_t E_{j,t}^{\text{ep}} \varphi_{CO_2,\text{grid}} \qquad (7-12)$$

式中：$O_{\text{g,grid}}$ 为从公共电网购得电量产生的 CO_2 排放量，kg；$\varphi_{CO_2,\text{grid}}$ 为公共电网 CO_2 排放因子，g/kWh。

CO_2 减排率计算公式为

$$R_{\text{er}} = \frac{\left(O_{\text{g,system}}^{\text{ref}} + O_{\text{g,grid}}^{\text{ref}}\right) - \left(O_{\text{g,system}} + O_{\text{g,grid}}\right)}{O_{\text{g,system}}^{\text{ref}} + O_{\text{g,grid}}^{\text{ref}}} \times 100\% \qquad (7-13)$$

式中：R_{er} 为 CO_2 减排率；$O_{\text{g,system}}^{\text{ref}} + O_{\text{g,grid}}^{\text{ref}}$ 为参考系统的 CO_2 排放量，kg；$O_{\text{g,system}} + O_{\text{g,grid}}$ 为微能源网群中子系统的 CO_2 排放量，kg。

4. 综合效益

分别对成本节约率、一次能源节约率和 CO_2 减排率进行赋权，根据评估重心对三类指标赋予不同权重值，最终得到综合效益得分，即

$$I = \eta_1 R_{sc} + \eta_2 R_{se} + \eta_3 R_{er} \qquad (7-14)$$

式中：I 为综合效益得分；η_1、η_2、η_3 为各类指标权重。

7.4.3 算例分析

7.4.3.1 基础数据

为评估微能源网群系统的 3E 效益，以区域内居民楼宇、办公楼宇和商场独立运行作为参考系统，各建筑运行模式设计见表 7-1，各建筑内用户负荷见 7.3 节。

表 7-1　　　　　　　　运 行 模 式 设 计

类型	夏季运行模式	冬季运行模式
居民楼宇	FPL	FHL
办公楼宇	FPL	GS
商场	FPL	FPL

不同建筑类型执行不同的电价标准，具体见表 7-2。天然气热值取 39MJ/m³，气价折算后为 0.349 元/kWh。

表 7-2　　　　　　　　　　价　格　表

用户类型		时段（电）		微能源网内电价 （元/kWh）	公共电网电价 （元/kWh）
		夏	冬		
居民楼宇	峰	11:00～24:00	6:00～9:00、 17:00～24:00	0.87	1.34
	平	6:00～11:00	9:00～17:00	0.45	0.85
	谷	0:00～6:00	0:00～6:00	0.23	0.43
办公楼宇	峰	9:00～20:00	8:00～17:00	1.04	1.22
	平	20:00～24:00	17:00～20:00	0.82	1.01
	谷	0:00～9:00	0:00～8:00、 22:00～24:00	0.57	0.80
商场	峰	8:00－22:00	8:00～22:00	1.21	1.44
	平	—	—	—	—
	谷	0:00～8:00、 22:00～24:00	0:00～8:00、 22:00～24:00	0.84	1.11

设备参数主要包括容量配置（容量参数）、额定效率和能效比（技术参数）、单位固定成本和单位运行维护成本（经济参数），具体数据见表 7-3 [274-277]。假定冷、热输送通道投入成本为 4700 元/m，电输送通道投入成本为 1800 元/m，各设备使用年限均为 20 年，利率为 8%，电网输电效率为 90%，火力发电厂发电效率为 85%，内燃机启动条件为额定容量的 5%。设定 3E 指标权重均为 1/3。

表 7-3　　　　　　　　设 备 参 数 设 置

设备参数	容量 （kW）	额定效率 （%）	能效比	热电比	单位固定成本 （元/kW）	单位运行维护成本 （元/kWh）
GICE	900	85.4	—	1.49	5494.2	0.056
	1500	80.8			5221.7	
	1800	78.2			5124.5	
DPV	20	—			3640	0.12
HR	1000	80			806	0.017
HE	1000	80	—		200	0.017
AR	1000		0.7		1200	0.006

续表

设备参数	容量 （kW）	额定效率 （%）	能效比	热电比	单位固定成本 （元/kW）	单位运行维护成本 （元/kWh）
CRM	1000	—	4.0	—	970	0.009
GB	2000	85	—	—	620	0.017
ES	200	96	—	—	—	0.49
HS	100	98	—	—	—	0.49
P2H	1500	—	4.0	—	970	0.009

内燃机、燃气锅炉及公共电网供电均排放 CO_2，其 CO_2 排放因子见表 7-4。

表 7-4　　　　　CO_2 排 放 因 子 数 据

系统名称	CO_2 排放因子（g/kWh）
公共电网	1200
微能源网内天然气燃烧	202

在微能源网群系统中，区域内各建筑直线距离分别为：居民—商场 100m，居民—办公 200m，办公—商场 300m，能量传输结构如图 7-14 所示。

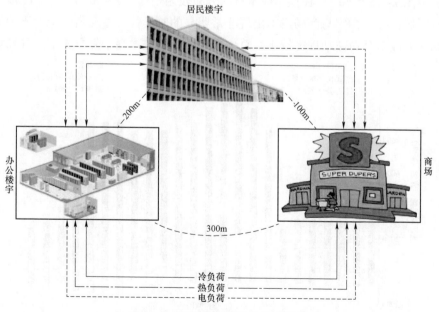

图 7-14　微能源网能量传输结构

7.4.3.2　参考系统运行结果

基于基础数据，分别计算得到参考系统中居民楼宇、办公楼宇和商场等建筑微能源网在独立运行情况下的运行结果数据，具体如图 7-15（成本结果）、图 7-16（耗能结果）、图 7-17（CO_2 排放结果）所示。

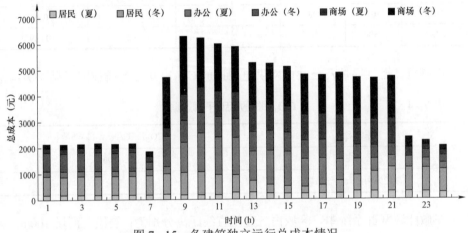

图 7-15　各建筑独立运行总成本情况

由图 7-15 可知，居民夏季成本日内分布较为平稳，冬季成本在下午时段出现低谷区域；办公楼宇与商场成本出现非常明显的时段性，主要集中于上班期间，在期间内成本分布波动程度较小。总体来看，冬季成本高于夏季成本，且商场冬

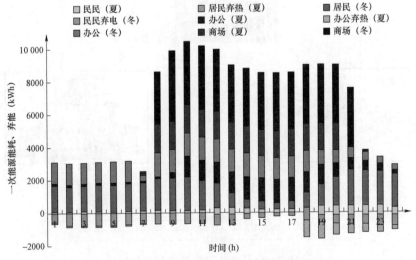

图 7-16　各建筑独立运行一次能源消耗情况

季成本最高。

由图 7-16 可知，各建筑一次能源消耗分布趋势与成本情况类似，居民夏季耗能最少且分布平均，居民楼宇冬季耗能与其他建筑呈反向变化趋势，即下午时段出现低谷区域，而其他楼宇下午时段为耗能高峰区域。总体来看，商场冬季耗能量最高，其他楼宇有明显的用能时段断层。另外，居民楼宇夏冬季、办公楼宇夏季存在弃能现象，资源利用水平不佳。

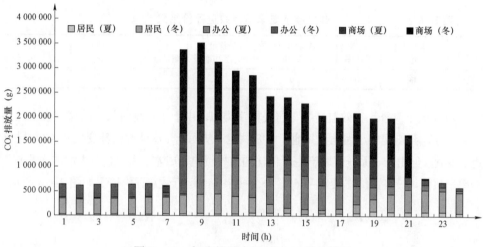

图 7-17　各建筑独立运行 CO_2 排放情况

由图 7-17 可知，各建筑 CO_2 排放情况与一次能源消耗呈现类似趋势，即 8:00～21:00 之间，CO_2 排放量处于高峰水平；居民楼宇负荷需求相对较低，其电热冷需求无须通过其他补给就可直接满足，因此 CO_2 排放水平相对较低；而办公楼宇和商场楼宇，尤其在冬季，具有相对较大的供热需求和用电需求，需要外部补给或锅炉制热等，因此 CO_2 排放量远大于居民楼宇。

7.4.3.3　3E 评价结果

基于参考系统运行结果，计算得到各指标权重为 1/3 的情形下微能源网群多能协同灵活运行效益评价结果。居民楼宇夏冬季运行效益评价结果见表 7-5。

表 7-5　　　　　　　　　居民楼宇夏冬季运行效益评价结果

季节	成本节约量（元）	成本节约率	一次能源节约量（kWh）	一次能源节约率	CO_2减排量（g）	CO_2减排率	评价结果（10^{-2}）
夏季	-226.67	-4.13%	0	0	0	0	-1.38
冬季	-468.80	-2.90%	0	0	0	0	-0.97

在参考系统中，居民楼宇存在弃能现象，因而当微能源网之间通过能量传输
通道互联后，居民楼宇将多余能量传输至办公楼宇或商场，以此缓解弃能压力。
但由于传输通道投资建设增加了居民楼宇成本，使成本节约率为负值，又由于居
民负荷需求远小于子系统内部供给，不存在其他子系统向内输送能量，因此一次
能源节约率和 CO_2 减排率为 0，最终居民楼宇夏冬季评价结果分别为 -1.38
和 -0.97。办公楼宇夏季运行效益评价结果见表 7-6。

表 7-6 办公楼宇夏季运行效益评价结果

季节	成本节约量（元）	成本节约率	一次能源节约量（kWh）	一次能源节约率	CO_2减排量（g）	CO_2减排率	评价结果（10^{-2}）
夏季	-843.86	-5.07%	0	0	0	0	-1.69

办公楼宇夏季运行效益情况与居民楼宇类似，由于子系统内部负荷需求小于内部
供给，存在弃热现象，因此无其他子系统供能，从而无一次能源消耗变化和 CO_2 排放
量的变化；但由于子系统互联产生了传输通道投资建设成本，因此总成本增加，成本节
约率呈负值，最终评价结果为-1.69。办公楼宇冬季运行效益评价情况如图 7-18 所示。

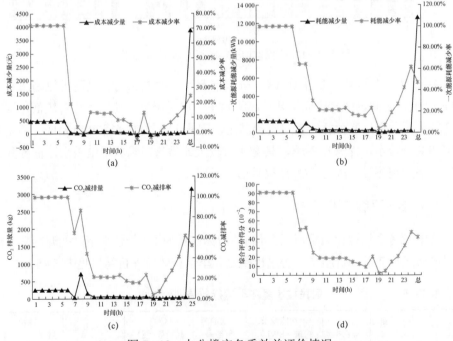

图 7-18 办公楼宇冬季效益评价情况
（a）办公楼宇冬季成本效益结果；（b）办公楼宇冬季一次能源效益结果；
（c）办公楼宇冬季 CO_2 减排效益结果；（d）办公楼宇冬季运行综合评价得分

微能源网互联后，居民楼宇弃电量通过传输通道传导至办公楼宇，优先满足办公楼宇内部负荷。在 1:00～6:00 时段，由于仅存在热负荷，P2H 利用弃电替代 GB 提供热能，实现该时段内零原料使用并降低了 CO_2 排放量（弃电生产时排出的 CO_2 计入居民楼宇微能源网子系统中），同时原料成本和运行维护成本也大幅度减少，日内时段最高综合评价得分为 90.75。最终办公楼宇子系统冬季日运行综合评价得分为 41.24，居民楼宇弃电量仍有剩余。商场夏季运行效益评价情况如图 7-19 所示。

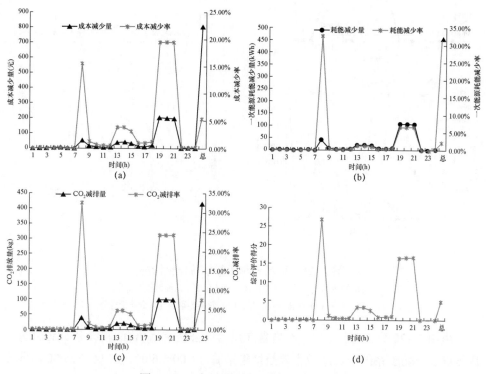

图 7-19　商场夏季运行效益评价情况

（a）商场夏季成本效益结果；（b）商场夏季一次能源效益结果；
（c）商场夏季 CO_2 减排效益结果；（d）商场夏季运行综合评价得分

在商场微能源网子系统中，夏季 8:00 的冷负荷需求直接由居民、办公楼宇弃热量和公共电网供电制冷供给，无其他机组配合，相较于其他时段多机组运行，有更大的成本、耗能、减排等的下降空间，因此在该时段综合得分最高（26.82）；19:00～21:00 时段弃热量完全替代公共电网供给，因此该时段内综合评价得分较高

（16.72）；最终商场子系统夏季日运行综合评价得分为 5.07。商场冬季运行效益评价情况如图 7-20 所示。

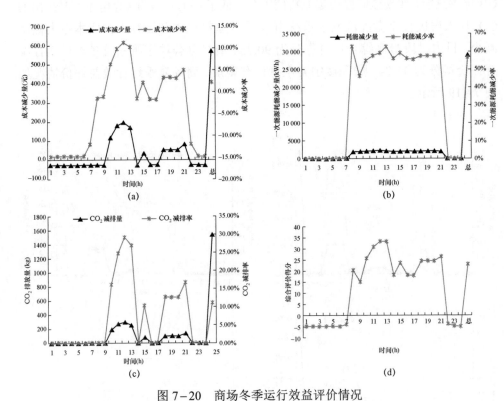

图 7-20　商场冬季运行效益评价情况
（a）商场冬季成本效益结果；（b）商场冬季一次能源效益结果；
（c）商场冬季 CO_2 减排效益结果；（d）商场冬季运行综合评价得分

由图 7-20 分析可知，居民弃电量在供给办公楼宇后仍有剩余，因此该部分电量传输至商场子系统中。从成本效益结果来看，1:00~6:00、23:00~24:00 时段无负荷需求，但由于传输通道投资建设成本的分摊，使该时段成本增加，因而成本减少率为负值，其余负值时段主要原因在于弃电量所替代的负荷满足成本要小于传输通道投资建设成本，但总体来看成本减少量为 573.83 元、成本减少率为 2.22%。从一次能源效益结果来看，弃电量主要替代了大量公共电网供给能量，因此替代后耗能减少量大幅度增加，耗能减少率在高水平段波动，总体耗能减少率为 57.44%。从 CO_2 减排效益结果来看，由于公共电网供能产生大量 CO_2，因此在弃电量替代后，多数时段不再需要公共电网供给，从而使 CO_2 排放量大幅度增加，

最终 CO_2 减排率达到 11.11%。综合各指标结果，商场子系统冬季日运行综合评价得分为 23.59。

7.4.3.4　评价结果对比分析

不同季节微能源网中各建筑子系统效益评价结果对比见表 7-7。

表 7-7　　　不同季节微能源网中各建筑子系统效益评价结果对比

季节	建筑类型			
	居民楼宇	办公楼宇	商场	综合
夏季	-1.38	-1.69	5.07	1.12
冬季	-0.97	41.24	23.59	20.39

由表 7-7 可知，从建筑类型角度来看，由于居民楼宇和办公楼宇存在弃能现象，因而最终评价得分均为负值，主要原因在于子系统内部负荷需求能够通过自身满足，不需要其他子系统的能量传输，因而无能源消耗和 CO_2 排放量的变化，但传输通道投资建设成本导致其成本效益降低，最终子系统效益评价得分为负值。为简化计算，本章将能量互济效益归于弃能受让方，在实际运行时，还应考虑公平合理的效益分配。从季节角度来看，冬季微能源网群整体综合得分高于夏季，主要原因在于冬季热负荷需求大，导致富余电量增加，而夏季以电负荷为主，产生的余热量较大，相较于热能而言，在能量转换和网间互济过程中表现出更强的灵活性和更高的效率，因此获得更大的 3E 效益。

7.5　本　章　小　结

本章从微能源网多能协同运行模式入手，分析了 FPL、PHL 和 GS 三种运行模式，以居民楼宇、办公楼宇和商场为研究对象，构建了建筑微能源网独立运行结构和微能源网集系统结构，并以独立运行下微能源网为参考系统，从经济效益、节能效益和减排效益三个维度出发，构建了微能源网群多能协同灵活运行综合效益评价模型，最后进行算例分析。

（1）微能源网群能够将子系统中富余能量在建筑微能源网群之间相互传输，实现网络互联、能量互济。

（2）不同季节系统中的电、热、冷负荷特征不同，冬季较夏季而言表现出更强的能源转换灵活性。

（3）微能源网集群系统中互济能量带来的效益分配是影响各建筑微能源网子系统评价结果的因素之一，在实际微能源网群运行过程中，应考虑公平合理地解决效益分配问题。

参 考 文 献

[1] 黎静华，桑川川．能源综合系统优化规划与运行框架 [J]．电力建设，2015，36（08）：41－48．

[2] 于波，孙恒楠，项添春，等．微能源网规划设计方法 [J]．电力建设，2016，37（02）：78－84．

[3] 顾伟，陆帅，王珺，等．多区域微能源网热网建模及系统运行优化 [J]．中国电机工程学报，2017，37（05）：1305－1316．

[4] Vahidinasab V.Optimal distributed energy resources planning in a competitive electricity market: Multi-objective optimization and probabilistic design [J]. Renewable Energy，2014，66：354－363．

[5] 夏永洪，吴虹剑，辛建波，等．含小水电集群的互补微网混合储能容量配置 [J]．可再生能源，2016，34（11）：1658－1664．

[6] 赵波，汪湘晋，张雪松，等．考虑需求侧响应及不确定性的微电网双层优化配置方法[J]．电工技术学报，2018，33（14）：3284－3295．

[7] 宋阳阳，王艳松，衣京波．计及需求侧响应和热/电耦合的微网能源优化规划 [J]．电网技术，2018，42（11）：3469－3476．

[8] 王成山，武震，李鹏．微电网关键技术研究 [J]．电工技术学报，2014，29（2）：1－12．

[9] Kai S，Ehsan A，Duc N H.DC microgrid foe wind and solar power integration [J]. IEEE Journal of Emerging and Selected Topics in Power Electronics，2014，2（1）：115－126．

[10] 周小平，陈燕东，周乐明，等．一种微网群架构及其自主协调控制策略 [J]．电工技术学报，2017，32（10）：123－134．

[11] 韩培洁，张惠娟，杜强．微电网主/从控制策略的分析研究 [J]．低压电器，2012（14）：22－26．

[12] 陈健，赵波，王成山，等．不同自平衡能力并网型微电网优化配置分析 [J]．电力系统自动化，2014，38（21）：1－6．

[13] 刘思夷，赵波，汪湘晋，等.基于Benders分解的独立型微电网鲁棒优化容量配置模型[J].电力系统自动化，2017，41（21）：119－126．

[14] 汪湘晋，赵波，吴红斌，等．并网型交直流混合微电网优化配置分析 [J]．电力系统自动化，2016，40（13）：55－62．

[15] 石荣亮，张兴，刘芳，等. 虚拟同步发电机及其在多能互补微电网中的运行控制策略[J]. 电工技术学报，2016，31（20）：170－180.

[16] 王召健，陈来军，刘锋，等. 考虑可控负荷调节能力的多微电网分布式频率控制 [J]. 电力系统自动化，2016，40（15）：47－52.

[17] 孔祥玉，曾意，陆宁，等. 基于多智能体竞价均衡的微电网优化运行方法 [J]. 中国电机工程学报，2017，37（06）：1626－1634.

[18] Alinejad B Y，Sedighizadeh M，Sadighi M.A Particle Swarm Optimization for Sitting and Sizing of Distributed Generation in Distribution Network to Improve Voltage Profile and Reduce THD and Losses［C］. //2008 43rd International Universities Power Engineering Conference，Padova，Italy，2008.IEEE Xplore，2008：1－5.

[19] Ehsan A，Yang Q.Stochastic Investment Planning Model of Multi-Energy Microgrids Considering Network Operational Uncertainties［C］. //2018 China International Conference on Electricity Distribution，Tianjin，China，2018.IEEE Xplore，2018：2583－2587.

[20] 陈海焱，段献忠，陈金富. 计及配网静态电压稳定约束的分布式发电规划模型与算法[J]. 电网技术，2006（21）：11－14.

[21] Mohammad H M，Mohsen E，Hemen S.A Hybrid Method for Simultaneous Optimization of DG Capacity and Operational Strategy in Microgrids Utilizing Renewable Energy Resourses [J]. Electrical Power and Energy Systems，2014，56：241－258.

[22] Vallem M R，Mitra J.Siting and Sizing of Distributed Generation for Optimal Microgrid Architecturef［C］. //37th Annual North American Power Symposium，Ames USA，2005.IEEE Xplore，2005：611－616.

[23] Adetunji K E，Akinlabi O A，Joseph M K.Developing a Microgrid for Tafelkop Using HOMER ［C］. //2018 International Conference on Advances in Big Data，Computing and Data Communication Systems，Durban，2018.IEEEXplore，2018：1－6.

[24] Krishna K M.Optimization Analysis of Microgrid Using HOMER-A Case Study［C］. //2011 Annual IEEE India Conference，Hyderabad，2011.IEEE Xplore，2011：1－5.

[25] 邢鹏翔，张世泽，曾梦迪，等. 多能源混合微网容量优化配置研究综述 [J]. 武汉大学学报（工学版），2017，50（3）：57－65.

[26] El-Khattam W，Bhattacharya K，Hegazy Y，et al.Optimal Investment Planning for Distributed Generation in a Competitive Electricity Market [J]. IEEE Transactions on Power Systems. 2004，19（3）：1674－1684.

[27] Wang J J，Jing Y Y，Zhang C F.Optimization of Capacity and Operation for CCHP System by

Genetic Algorithm [J]. Applied Energy, 2010, 87: 1325-1335.

[28] 王毅, 张宁, 康重庆. 能源互联网中能量枢纽的优化规划与运行研究综述及展望 [J]. 中国电机工程学报, 2015, 35 (22): 5669-5681.

[29] 黄晓莉, 李振杰, 张韬, 等. 新形势下能源发展需求与智能电网建设 [J]. 中国电力, 2017, 50 (9): 25-30.

[30] 陈刚, 杨毅, 杨晓梅, 等. 基于分布式牛顿法的微电网群分布式优化调度方法 [J]. 电力系统自动化, 2017, 41 (21): 156-162.

[31] Papathanassiou S, Hatziargyriou N, Strunz K.A benchmark low voltage microgrid network [C]. Proceedings of the CIGRE symposium: power systems with dispersed generation. Washington, DC, USA, 23-26 April, 2005: 1-8.

[32] Sun H, Guo Q, Zhang B, et al.Master slaves splitting based distributed global power flow method for integrated transmission and distribution analysis [J]. IEEE Transactions on Smart Grid, 2015, 6 (3): 1484-1492.

[33] Cheng S, Chen M Y.Multi-objective reactive power optimization strategy for distribution system with penetration of distributed generation[J]. International Journal of Electrical Power& Energy Systems, 2014, 62: 221-228.

[34] 张学, 裴玮, 邓卫, 等. 多源多负荷直流微电网的能量管理和协调控制方法 [J]. 中国电机工程学报, 2014, 34 (31): 5553-5562.

[35] 范明天, 张祖平, 苏傲雪, 等. 主动配电系统可行技术的研究 [J]. 中国电机工程学报, 2013, 33 (22): 12-18.

[36] LUND H, ØSTERGAARD P A, CONNOLLY D, et al.Smart energy and smart energy systems [J]. Energy, 2017, 137: 556-565.

[37] 马腾飞, 吴俊勇, 郝亮亮, 等. 基于能源集线器的微能源网能量流建模及优化运行分析 [J]. 电网技术, 2018, 42 (1): 179-186.

[38] 任洪波, 邱留良, 吴琼, 等. 分布式能源系统优化与设计综述 [J]. 中国电力, 2017, 50 (7): 49-55.

[39] 吴建中. 欧洲微能源网发展的驱动与现状 [J]. 电力系统自动化, 2016, 40 (5): 1-7.

[40] 吴聪, 唐巍, 白牧可, 等. 基于能源路由器的用户侧能源互联网规划 [J]. 电力系统自动化, 2017, 41 (4): 20-28.

[41] 吴琼, 任洪波, 任建兴, 等. 基于用户间融通的分布式能源系统优化模型 [J]. 暖通空调, 2016, 46 (2): 41-46.

［42］ LORESTANI A，ARDEHALI M M. Optimal integration of renewable energy sources for autonomous tri-generation combined cooling，heating and power system based on evolutionary particle swarm optimization algorithm［J］. Energy，2018，145：839－855.

［43］ 王珺，顾伟，陆帅，等. 结合热网模型的多区域微能源网协同规划［J］. 电力系统自动化，2016，40（15）：17－24.

［44］ 曾鸣，杨雍琦，刘敦楠等. 能源互联网"源－网－荷－储"协调优化运营模式及关键技术［J］. 电网技术，2016，40（1）：114－124.

［45］ 齐志远，郭佳伟，李晓炀. 基于联合概率分布的风光互补发电系统优化配置［J］. 太阳能学报，2018，39（1）：203－209.

［46］ Ran X H，Miao S H，Jiang Z，et al.A framework for uncertainty quantification and economic dispatch model with wind-solar energy［J］. International Journal of Electrical Power & Energy Systems，2015，73：3－33.

［47］ Zhang Y，Lu H H，Fernando T，et al.Cooperative dispatch of bess and wind power generation considering carbon emission limitation in Australia［J］. IEEE Transactions on Industrial Informatics，2015，11（6）：1313－1323.

［48］ 曾鸣，杨雍琦，向红伟等. 兼容需求侧资源的"源－网－荷－储"协调优化调度模型［J］. 电力自动化设备，2016，36（02）：102－111.

［49］ 高红均，刘俊勇. 考虑不同类型 DG 和负荷建模的主动配电网协同规划［J］. 中国电机工程学报，2016，36（18）：4911－4922.

［50］ Ju L W，Tan Z F，Yuan J Y，et al. A bi-level stochastic scheduling optimization model for a virtual power plant connected to a wind-photovoltaic-energy storage system considering the uncertainty and demand response［J］. Applied energy，2016，1717：184－199.

［51］ Acharya S，Moursi M S E，Hinai A.A coordinated frequency control strategy for an islanded microgrid with demand side management capability［J］. IEEE Transactions on Energy Conversion，2018，33（2）：639－651.

［52］ 董雷，陈卉，蒲天骄，等. 基于模型预测控制的主动配电网多时间尺度动态优化调度［J］. 中国电机工程学报，2016，36（17）：4609－4616.

［53］ Nolan S，O'malley M.Challenges and barriers to demand response deployment and evaluation［J］. Applied Energy，2015，152：1－10.

［54］ 杨胜春，刘建涛，姚建国，等. 多时间尺度协调的柔性负荷互动响应调度模型与策略［J］. 中国电机工程学报，2014，34（22）：3664－3673.

［55］ 张鑫，邓莉荣，李敬光，等. 基于一致性算法的"源－网－荷－储"协同优化方法［J］. 电

力建设，2018，39（08）：2-8.

［56］邱明.基于能量网络理论的微能源网建模与分析［D］.华南理工大学，2018.

［57］郭慧，汪飞，张笠君，等.基于能量路由器的智能型分布式能源网络技术［J］.中国电机工程学报，2016，36（12）：3314-3325.

［58］顾泽鹏，康重庆，陈新宇，等.考虑热网约束的电热能源集成系统运行优化及其风电消纳效益分析［J］.中国电机工程学报，2015，35（14）：3596-3604.

［59］骆钊.冷热电联供型微网能量优化管理研究［D］.东南大学，2017.

［60］曾艾东.冷热电混合能源联合优化运行与调度策略研究［D］.东南大学，2017.

［61］薛峰，常康，汪宁渤.大规模间歇式能源发电并网集群协调控制框架［J］.电力系统自动化，2011，35（22）：45-53.

［62］尤毅，刘东，钟清，等.多时间尺度下基于主动配电网的分布式电源协调控制［J］.电力系统自动化，2014，38（09）：192-198+203.

［63］Gholami S，Aldeen M，Saha S.Control strategy for dispatchable distributed energy resources in islanded microgrids［J］．IEEE Transactions on Power Systems，2018：33（1）：141-152.

［64］Howell S，Rezgui Y，Hippolyte J L，et al.Towards the next generation of smart grids：Semantic and holonic multi-agent management of distributed energy resources［J］．Renewable and Sustainable Energy Reviews，2017，77：193-214.

［65］Lin H Y，Liu Y L，Sun Q，et al.The impact of electric vehicle penetration and charging patterns on the management of energy hub-A multi-agent system simulation［J］.Applied Energy，2018，230：189-206.

［66］Kofinas P，Dounis A I，Vouros G A. Fuzzy Q-Learning for multi-agent decentralized energy management in microgrids［J］.Applied Energy，2018，219：53-67.

［67］Ju L W，Zhang Q，Tan Z F，et al. Multi-agent-system-based coupling control optimization model for micro-grid group intelligent scheduling considering autonomy-cooperative operation strategy［J］.Energy，2018，157：1035-105.

［68］Fan H，Macgill I F，Sproul A B. Statistical analysis of driving factors of residential energy demand in the greater Sydney region，Australia［J］.Energy and Buildings，2015，105：9-25.

［69］刘思东，朱帮助.基于最坏情况条件鲁棒利润的发电机组最优组合［J］.数学的实践与认识，2015，45（16）：99-106.

［70］Lutz L M，Fischer L B，Newing J，et al. Driving factors for the regional implementation of renewable energy-a multiple case study on the German energy transition［J］.Energy Policy，2017，105：136-147.

［71］ Kelly S.Do homes that are more energy efficient consume less energy: a structural equation model of the English residential sector ［J］. Energy, 2011, 36（9）: 5610－5620.

［72］ Sindhu S, Nehra V, Luthra S.Identification and analysis of barriers in implementation of solar energy in Indian rural sector using integrated ism and fuzzy Micmac approach ［J］. Renewable & Sustainable Energy Reviews, 2016, 62: 70－88.

［73］ 包森, 田立新, 王军帅. 中国能源生产与消费趋势预测和碳排放研究 ［J］. 自然资源学报, 2010, 25（08）: 1248－1254.

［74］ 万庆祝, 薛潆. 区域微电网集群技术研究新进展［J］. 电气工程学报, 2017, 12（3）: 53－59.

［75］ 焦隆. 能源互联网中分布式电源集群优化策略 ［J］. 农村电气化, 2017（12）: 52－54.

［76］ 孙国强, 周亦洲, 卫志农, 等. 基于混合随机规划/信息间隙决策理论的虚拟电厂调度优化模型 ［J］. 电力自动化设备, 2017, 37（10）: 112－118.

［77］ 叶林, 李智, 孙舶皓, 等. 基于随机预测控制理论和功率波动相关性的风电集群优化调度 ［J］. 中国电机工程学报, 2018, 38（11）: 3172－3183.

［78］ Lu S, Fang H, Wei Y.Distributed clustering algorithm for energy efficiency and load-balance in large-scale multi-agent systems ［J］. Journal of Systems Science and Complexity, 2018, 31（1）: 234－243.

［79］ 闫晓霞, 张金锁, 邹绍辉. 污染约束下可耗竭资源最优消费模型研究 ［J］. 系统工程理论与实践, 2015, 35（02）: 291－299.

［80］ 邓莉荣, 孙宏斌, 陈润泽, 等. 面向能源互联网的热电联供系统节点能价研究 ［J］. 电网技术, 2016, 40（11）: 3375－3382.

［81］ 林凯骏, 吴俊勇, 郝亮亮, 等. 基于非合作博弈的冷热电联供微能源网运行策略优化［J］. 电力系统自动化, 2018, 42（6）: 25－32.

［82］ 林凯骏, 吴俊勇, 刘迪, 等. 基于双层 Stackelberg 博弈的微能源网能量管理优化 ［J］. 电网技术, 2019, 43（3）: 973－983.

［83］ 周长城, 马溪原, 郭晓斌, 等. 基于主从博弈的工业园区微能源网互动优化运行方法［J］. 电力系统自动化, 2019, 43（7）: 74－80.

［84］ 陈志彤. 多能流型区域微能源网经济调度优化运行 ［D］. 西安理工大学, 2018.

［85］ 朱承治, 陆帅, 周金辉, 等. 基于电－热分时间尺度平衡的微能源网日前经济调度 ［J］. 电力自动化设备, 2018, 38（6）: 138－143.

［86］ 黄伟, 熊伟鹏, 闫彬禹, 等. 不同时间尺度下虚拟微网优化调度策略 ［J］. 电力系统自动化, 2017, 41（19）: 12－19.

［87］ 吴鸣, 骆钊, 季宇, 等. 基于模型预测控制的冷热电联供型微网动态优化调度 ［J］. 中国

电机工程学报，2017，37（24）：7174－7184.

［88］ 杜妍，裴玮，葛贤军，等. 综合能源微网系统的滚动优化经济调度［J］. 电力系统及其自动化学报，2017，29（11）：20－25.

［89］ 王丹. 微网系统多时间尺度调度运行优化方法研究［D］. 沈阳工业大学，2017.

［90］ 董雷，陈卉，蒲天骄，等. 基于模型预测控制的主动配电网多时间尺度动态优化调度［J］. 中国电机工程学报，2016，36（17）：4609－4617.

［91］ 姚建国，高志远，杨胜春. 能源互联网的认识和展望［J］. 电力系统自动化，2015，39（23）：9G14.

［92］ Wang J，Zhong H，Xia Q，et al.Optimal joint-dispatch of energy and reserve for CCHP-based microgrids［J］. IET Generation，Transmission & Distribution，2017，11（3）：785－794.

［93］ 徐青山，杨辰星，颜庆国. 计及规模化空调热平衡惯性的电力负荷日前削峰策略［J］. 电网技术，2016，40（1）：156－163.

［94］ 刘一欣，郭力，王成山. 多微电网参与下的配电侧电力市场竞价博弈方法［J］. 电网技术，2017，41（08）：2469－2476.

［95］ 吴利兰，荆朝霞，吴青华，等. 基于 Stackelberg 博弈模型的微能源网均衡交互策略［J］. 电力系统自动化，2018，42（04）：142－150＋207.

［96］ 郝然，艾芊，姜子卿. 区域微能源网多主体非完全信息下的双层博弈策略［J］. 电力系统自动化，2018，42（04）：194－201.

［97］ 杨铮，彭思成，廖清芬，等. 面向综合能源园区的三方市场主体非合作交易方法［J］. 电力系统自动化，2018，42（14）：32－39＋47.

［98］ Lin Y，Barooah P，Meyn S P. Low-frequency power-grid ancillary services from commercial building HVAC systems［C］//Smart Grid Communications（Smart Grid Comm），2013 IEEE International Conference on.IEEE，2013：169－174.

［99］ Hao H，Lin Y，Kowli A S，et al.Ancillary service to the grid through control of fans in commercial building HVAC systems［J］. IEEE Transactions on Smart Grid，2014，5（4）：2066－2074.

［100］ 杨益晟，张健，冯天天. 我国核电机组调峰辅助服务经济补偿机制研究［J］. 电网技术，2017，41（07）：2131－2138.

［101］ 王雁凌，田彦鹏，吴梦凯，等. 基于模糊聚类的燃气机组调峰两部制电价模型［J］. 中国电机工程学报，2017，37（06）：1610－1618.

［102］ 卢锦玲，於慧敏，杨进. 计及风电输出相依结构和柔性负荷激励/补偿机制的随机调度策略［J］. 电网技术，2017，41（06）：1793－1800.

［103］ Pavlak G S，Henze G P，Cushing V J. Optimizing commercial building participation in energy and ancillary service markets［J］. Energy and Buildings，2014，81：115－126.

［104］ 朱磊，范英. 中国燃煤电厂 CCS 改造投资建模和补贴政策评价［J］. 中国人口·资源与环境，2014，24（7）：99－105.

［105］ Wei C，Li Y.Design of energy consumption monitoring and energy-saving management system of intelligent building based on the Internet of things［C］//Electronics，Communications and Control（ICECC），2011 International Conference on.IEEE，2011：3650－3652.

［106］ Zhang D，Shah N，Papageorgiou L.G.Efficient energy consumption and operation management in a smart building with microgrid［J］. Energy Conversion and Management，2013，74：209－222.

［107］ 朱帮助，吴万水，王平. 基于超效率 DEA 的中国省际能源效率评价［J］. 数学的实践与认识，2013，43（05）：13－19.

［108］ 魏一鸣，廖华. 能源效率的七类测度指标及其测度方法［J］. 中国软科学，2010（01）：128－137.

［109］ 林伯强，李江龙. 基于随机动态递归的中国可再生能源政策量化评价［J］. 经济研究，2014，49（04）：89－103.

［110］ Hafez O，Bhattacharya K. Optimal planning and design of a renewable energy based supply system for microgrids［J］. Renew Energy，2012，45（3）：7－15.

［111］ Hawkes A，Leach M. Modelling high level system design and unit commitment for amicrogrid［J］. Applied Energy 2009，86（7）：1253－65.

［112］ Mehleri E D，Sarimveis H，Markatos N C，et al.Optimal design and operation of distributed energy systems［J］. Computer Aided Chemical Engineering，2011，29（2）：1713－1717.

［113］ WMO Greenhouse Gas Bulletin：the State of Greenhouse Gases in the Atmosphere based on Global Observations through 2012.Geneva（CH）：World Meterological Organization，Atmospheric Environment Research Division，2013.

［114］ Kaviani A K，Riahy G H，Kouhsarj S M. Optimal design of a reliable hydrogen-based standalone wind/PV generating system，considering component outages［J］. Renew Energy，2009，34（11）：2380－2390.

［115］ Kyriakarakos G，Piromalis D，Dounis A，et al. Intelligent demand side energy management system for autonomous polymerization microgrids［J］. Energy，2013，103.

［116］ Weng Z，Shi L，Xu Z，et al. Power system dynamic economic dispatch incorporating wind power cost［J］. Proceedings of the CSEE，2014，34（4）：514 – 523.

［117］ Motevasel M，Seifi A R. Expert energy management of a micro-grid considering wind energy uncertainty［J］. Energy Conversion and Management，2014，83：58 – 72.

［118］ Feijoo F，Das T K. Emissions control via carbon policies and microgrid generation：A bi-level model and pareto analysis［J］. Energy，2015，90：1545 – 1555.

［119］ Sahin C，Shahidehpour M，Erkmen I. Allocation of hourly reserve versus demand response for security-constrained scheduling of stochastic wind energy［J］. IEEE Trans.Sustainable Energy，2013，4（1）：219 – 228.

［120］ Hooshmand A，Poursaeidi M H，Mohammadpour J，et al. Stochastic model predictive control method for microgrid management［C］. IEEE PES Innovative Smart Grid Technol，Washington，DC，USA，Jan.16 – 20，2012：1 – 7.

［121］ 曾鸣，谢兵，闫斌杰，等. 基于多因素分析的微电网综合效益评［J］. 水电能源科学，2013，12：247 – 249 + 256.

［122］ 梁惠施，程林，苏剑. 微电网的成本效益分析［J］. 中国电机工程学报，2011，S1：38 – 44.

［123］ 刘超. 不同运营模式的微电网综合效益评价研究［D］. 华北电力大学，2013.

［124］ 任磊，谢开贵，胡博，张夕佳. 计及运行策略的微电网可靠性评估［J］. 电力系统保护与控制，2013，15：21 – 29.

［125］ KATIRAEI F，IRAVANI M R.Power management strategies for a microgrid with multiple distributed generation units.Power Systems，IEEE Transactions on Energy Conversion.2006，21（4）：1821 – 1831.

［126］ 裴玮，杜妍，李洪涛，等. 应对微网群大规模接入的互联和互动新方案及关键技术［J］. 高电压技术，2015，41（10）：3193 – 3203.

［127］ 高春凤. 微网群自主与协调控制关键技术研究［D］. 中国农业大学，2014.

［128］ 王瑞琪. 分布式发电与微网系统多目标优化设计与协调控制研究［D］. 山东大学，2013.

［129］ 杨向真. 微网逆变器及其协调控制策略研究［D］. 合肥工业大学，2011.

［130］ 谭文. 含微电网的配电网可靠性评估模型与算法研究［D］. 重庆大学，2014.

［131］ 罗奕，王钢，汪隆君. 微电网可靠性评估指标研究［J］. 电力系统自动化，2013，37（2）：9 – 14.

［132］ 王浩鸣. 含分布式电源的配电系统可靠性评估方法研究［D］. 天津大学，2012.

［133］ 别朝红，李更丰，王锡凡. 含微电网的新型配电系统可靠性评估综述. 电力自动化设备，2011，31（1）：1 – 6.

［134］ 葛少云，王浩鸣，刘洪. 考虑馈线容量约束的多微电网配电系统可靠性评估［J］. 天津大学学报，2011，44（11）：961 – 967.

[135] 姜喆，尹忠东．基于 F-AHP 的直流微电网电能质量综合评价［A］．第三届全国电能质量学术会议暨电能质量行业发展论坛论文集［C］．中国电源学会电能质量专业委员会、亚洲电能质量项目中国合作组：2013：6.

[136] 何吉彪，程浩忠．含微网配电网规划中的电能质量综合评估［J］．电网技术，2012，08：209－214.

[137] 阎鼎，龙禹，程浩忠，等．规划阶段含微网的配电网电能质量评估［J］．电力系统及其自动化学报，2013，06：9－15.

[138] 张逸，林焱，雷龙武，等．一种含微网的配电网电能质量预评估方法［A］．全国电压电流等级和频率标准化技术委员会．第七届电能质量研讨会论文集［C］．全国电压电流等级和频率标准化技术委员会：2014：6.

[139] 羌丁建．考虑微电网的配电网规划综合评价体系研究［D］．浙江大学，2014.

[140] 卢志刚，周雷，杨丽君，等．微电网规划评价指标体系研究［J］．电工电能新技术，2014，09：25－29.

[141] 周雷．微电网规划综合评价研究［D］．燕山大学，2013.

[142] 杨琦，马世英，唐晓骏，李晓珺．微电网规划评价指标体系构建与应用［J］．电力系统自动化，2012，09：13－17.

[143] 张海瑞．智能电网综合评价方法研究［D］．上海：上海交通大学，2012.

[144] 王锐，顾伟，吴志．含可再生能源的热电联供型微网经济运行优化电力系统自动化，2011，35（8）：22－27.

[145] 董军，徐晓琳，董萌萌．基于多智能体的微电网系统优化经济运行研究华东电力，2012，40（6）：1002－1006.

[146] 章健．Multi Agent 系统在微电网协调控制中的应用研究［D］．上海：上海交通大学，2009.

[147] 徐欣．基于组合评价理论的智能电网综合评价体系研究［D］．华北电力大学，2012.

[148] 陈安伟．智能电网技术经济综合评价研究［D］．重庆大学，2012.

[149] 孙强，葛旭波，刘林，等．国内外智能电网评价体系对比分析［J］．电力系统及其自动化学报，2011，06：105－110.

[150] 薛美东，赵波，张雪松．并网型微网的优化配置与评估［J］．电力系统自动化，2015，39（03）：6－13.

[151] 余金龙，赵文会，赵波．基于多状态建模的独立型微网优化配置［J］．电力系统自动化，2015，39（06）：11－17.

[152] 曾鸣，马少寅，刘洋，等．基于需求侧响应的区域微电网投资成本效益分析［J］．水电

能源科学，2012，30（7）：190－193.

[153] 李朝焊，田春等，王璟，等．应用层次分析法选取微电网商业化的运营模式［J］．自动化仪表，2014，35（6）：14－16.

[154] 鹿伟，刘超，李娜，等．电力市场环境下微网的可选运营模式及其成本效益研究［J］．水电能源科学．2013，31（5）：179－182.

[155] 肖浩，裴玮，孔力，等．考虑光伏余电上网的微网出力决策分析及经济效益评估［J］．电力系统自动化 2014，38（4）：10－16.

[156] 吴耀文，马溪原，孙元章，等．微网高渗透率接入后的综合经济效益评估与分析［J］．电为系统保护与控制，2012，40（13）：49－54.

[157] 曹培，王媚，郭创新，等．智能微网运行的低碳综合效益分析［J］．电网技术 2012，36（6）：15－20.

[158] 梁佳欣．微能源网经济与环境效益研究及系统优化设计［D］．山东大学，2018.

[159] 赵为光，凌泽昊，杨莹，等．海岛微能源网系统多能互补优化［J/OL］．电力系统及其自动化学报：1－9［2020－01－03］．https://doi.org/10.19635/j.cnki.csu-epsa.000384.

[160] 邹云阳，杨莉，李佳勇，等．冷热电气多能互补的微能源网鲁棒优化调度［J］．电力系统自动化，2019，43（14）：65－77.

[161] 林凯骏，吴俊勇，郝亮亮，等．基于非合作博弈的冷热电联供微能源网运行策略优化［J］．电力系统自动化，2018，42（06）：25－32.

[162] 梁佳欣．微能源网经济与环境效益研究及系统优化设计［D］．山东大学，2018.

[163] 施锦月．基于能量枢纽热电比可调模型的微能源网双层优化方法［D］．华北电力大学（北京），2017.

[164] 张峰，杨志鹏，张利，等．计及多类型需求响应的孤岛型微能源网经济运行［J/OL］．电网技术：1－11［2020－01－03］．https://doi.org/10.13335/j.1000－3673.pst.2019.0751.

[165] 郭旸．基于风速修正的风电功率短期预测研究［D］．内蒙古大学，2019.

[166] 杨锡运，任杰，肖运启．基于粗糙集的光伏输出功率组合预测模型［J］．中国电力，2016，49（12）：133－138.

[167] 马腾飞．多能互补微能源网综合需求响应研究［D］．北京交通大学，2019.

[168] 杨志鹏．含冷热电联供和储能的微能源网优化调度研究［D］．山东大学，2019.

[169] 刘维康，王丹，余晓丹，等．考虑电气转换储能和可再生能源集成的微能源网多目标规划［J］．电力系统自动化，2018，42（16）：11－20＋72＋197－200.

[170] 王毅，张宁，康重庆．能源互联网中能量枢纽的优化规划与运行研究综述及展望［J］．中国电机工程学报，2015，35（22）：5669－5681.

[171] 权超，董晓峰，姜彤．基于 CCHP 耦合的电力、天然气区域微能源网优化规划［J］．电网技术，2018，42（8）：2456－2466.

[172] Salimi M，Adelpour M，Vaez-Zadeh S，et al.Optimal planning of energy hubs in interconnected energy systems：a case study for natural gas and electricity［J］. IET Generation，Transmission & Distribution，2015，9（8）：695－707.

[173] 罗艳红，梁佳丽，杨东升，等．计及可靠性的电—气—热能量枢纽配置与运行优化［J］．电力系统自动化，2018，42（4）：47－54.

[174] 胡荣，马杰，李振坤，等．分布式冷热电联供系统优化配置与适用性分析［J］．电网技术，2017（2）：83－90.

[175] 赵峰，张承慧，孙波，等．冷热电联供系统的三级协同整体优化设计方法［J］．中国电机工程学报，2015（15）：3785－3793.

[176] 曾鸣，武赓，李冉，等．能源互联网中综合需求侧响应的关键问题及展望［J］．电网技术，2016，40（11）：3391－3398.

[177] 徐筝，孙宏斌，郭庆来．综合需求响应研究综述及展望［J］．中国电机工程学报，2018，38（24）：7194－7205＋7446.

[178] 崔鹏程，史俊祎，文福拴，等．计及综合需求侧响应的能量枢纽优化配置［J］．电力自动化设备，2017，37（6）：101－109.

[179] 郭尊，李庚银，周明，等．计及综合需求响应的商业园区能量枢纽优化运行［J］．电网技术，2018，42（8）.

[180] Yang H，Xiong T，Qiu J，et al.Optimal operation of DES/CCHP based regional multi-energy prosumer with demand response［J］. Applied Energy，2015（167）：353－365.

[181] Salah B，Pouria S，Hêmin G.Co-optimization of energy and reserve in standalone micro-grid considering uncertainties［J］. Energy，2019，176：792－804.

[182] Rifkin J. The third industrial revolution：how lateral power is transforming energy，the economy，and the world［M］. New York：Palgrave Macmillan，2011.

[183] Liu Y B，Zuo K Y，Liu X W，et al. Dynamic pricing for decentralized energy trading in micro-grids［J］. Applied Energy，2018，228：689－699.

[184] Chan D，Cameron M，Yoon Y. Implementation of micro energy grid：a case study of a sustainable community in China［J］. Energy &Buildings，2017，139：719－731.

[185] Wang Y L，Wang Y D，Huang Y J，et al.Planning and operation method of the regional integrated energy system considering economy and environment［J］. Energy，2019，171：731－750.

［186］ Amiri S，Honarvar M A，Sadegheih.Providing an integrated Model for Planning and Scheduling Energy Hubs and preventive maintenance［J］. Energy，2018，163：1093－1114.

［187］ Maroufmashat A，Elkamel A，Fowler M，Sourena S，et al. Modeling and optimization of a network of energy hubs to improve economic and emission considerations［J］.Energy，2015，93（Part 2）：2546－2558.

［188］ Mu T f，Wu J Z，Hao L J. Energy flow modeling and optimal operation analysis of the micro energy grid based on energy hub ［J］. Energy Conversion and Management，2017，133：292－306.

［189］ Chen Z X，Zhang Y J，Tang W H，et al. Generic modelling and optimal day-ahead dispatch of micro-energy system considering the price-based integrated demand response ［J］. Energy，2019，176：171－183.

［190］ Li Z M，Xu Y. Temporally-coordinated optimal operation of a multi-energy microgrid under diverse uncertainties ［J］. Applied Energy，2019，240：719－729.

［191］ Zang Q W，Wang X L，Yang T T，et al. A robust dispatch method for power grid with wind farms ［J］. Power system Technology，2017，41（5）：1451－1459.

［192］ Hu M C，Lu S Y，Chen Y H，et al. Stochastic programming and market equilibrium analysis of microgrids energy management systems ［J］. Energy，2016，113：662－670.

［193］ Tsao Y C，Thanh V V，Lu J C，Multiobjective robust fuzzy stochastic approach for sustainable smart grid design ［J］. Energy，2016，176：929－939.

［194］ Tan Z F，Ju L W，Li H H，et al. A two-stage scheduling optimization model and solution algorithm for wind power and energy storage system considering uncertainty and demand response ［J］. International Journal of Electrical Power & Energy Systems，2014：1057－1069.

［195］ Wang Y，Ai X，Tan Z F，et al. Interactive Dispatch Modes and Bidding Strategy of Multiple Virtual Power Plants Based on Demand Response and Game Theory ［J］. IEEE TRANSACTIONS ON SMART GRID，2015，9：1－10.

［196］ Gao D C，Sun Y J，Lu Y H. A robust demand response control of commercial buildings for smart grid under load prediction uncertainty ［J］. Energy，2015，93（Part 1）：275－283.

［197］ Wang，J H，Liu，C，Ton，D，et al. Impact of plug-in hybrid electric vehicles on power systems with demand response and wind power ［J］. Energy Policy，2011，39（7）：4016－4021.

［198］ Hrvoje P，Juan M M，Antonio J. Offering model for a virtual power plant based on stochastic programming ［J］. Applied Energy，2013，105：282－292.

199

［199］ Spyros S K，Evangelos R，Efstathia K，Liana M. Cipcigan，Nick Jenkins.Implementing agent-based emissions trading for controlling Virtual Power Plant emissions ［J］. Electric Power Systems Research，2013，102：1－7.

［200］ Vahid D，Mohsen S，Seyed S M. Smart distribution system management considering electrical and thermal demand response of energy hubs ［J］. Energy，2019，169：38－49.

［201］ Chen Y，Wei W，Liu F. Analyzing and validating the economic efficiency of managing a cluster of energy hubs in multi-carrier energy systems ［J］. Applied Energy，2018，230：403－416.

［202］ Ju LW，Tan ZF，Yuan JY，et al. A bi-level stochastic scheduling optimization model for a virtual power plant connected to a wind-photovoltaic-energy storage system considering the uncertainty and demand response ［J］. Applied Energy，2016，171：184－199.

［203］ Tan S S，Yu W Y. A new global optimization algorithm：a cell membrane optimization algorithm ［J］. Computer Application Research，2011，28（2）：455－457.

［204］ Nunes H G G，Pombo J A N，Mariano S J P S，et al. A new high performance method for determining the parameters of PV cells and modules based on guaranteed convergence particle swarm optimization ［J］. Applied Energy，2018，211：774－791.

［205］ Zhang G Z，Wu B J，Akbar M，et al. Simulated annealing-chaotic search algorithm based optimization of reverse osmosis hybrid desalination system driven by wind and solar energies ［J］. Solar Energy，2018，173：964－975.

［206］ Ma T F，Wu J Y，Hao L L，et al. Energy Flow Modeling and Optimal Operation Analysis of Micro Energy Grid Based on Energy Hub ［J］. Power System Technology，2018，42（11）：179－186.

［207］ Salah B，Pouria S，Hêmin G. Co-optimization of energy and reserve in standalone micro-grid considering uncertainties ［J］. Energy，2019，176：792－804.

［208］ Rifkin J. The third industrial revolution：how lateral power is transforming energy，the economy，and the world ［M］. New York：Palgrave Macmillan，2011.

［209］ China National Development and Reform Commission. Guidance on promoting the develop，2016－02－24/2019－04－26.

［210］ Yan J Y，Zhai Y P，Wijayatunga P，Mohamed A M，Campana P E. Renewable energy integration with mini/micro-grids ［J］. Applied Energy，2017，201：241－244.

［211］ Mohammad H A，Seyyed M. Taghi B. Techno-economic optimization of hybrid photovoltaic/ wind generation together with energy storage system in a stand-alone micro-grid subjected to demand response [J]. Applied Energy, 2017, 202: 66 − 77.

[212] Ju L W, Zhao R, Tan Q L, Lu Y, Tan Q K, Wang W. A multi-objective robust scheduling model and solution algorithm for a novel virtual power plant connected with power-to-gas and gas storage tank considering uncertainty and demand response [J]. Applied Energy, 2019, 250: 1336 − 1355.

[213] Bornapour M, Hooshmand R A, Khodabakhshian A, Parastegari M. Optimal stochastic coordinated scheduling of proton exchange membrane fuel cell-combined heat and power, wind and photovoltaic units in micro grids considering hydrogen storage [J]. Applied Energy, 2017, 202: 308 − 322.

[214] Guandalini G, Campanari S, Romano M C. Power-to-gas plants and gas turbines for improved wind energy dispatch ability: energy and economic assessment [J]. Applied Energy, 2015, 147: 117 − 130.

[215] Qiu J, Zhao J H, Yang H M, Wang D X, Dong Z Y. Planning of solar photovoltaic, battery energy storage system and gas micro turbine for coupled micro energy grids [J]. Applied Energy, 2018, 219: 361 − 369.

[216] Goetz M, Lefebvre J, Moers F. Renewable Power-to-gas: a technological and economic review [J]. Renewable Energy, 2016, 85: 1371 − 1390.

[217] Guo L, Liu W, Cai J, et al. A two-stage optimal planning and design method for combined cooling, heat and power microgrid system [J]. Energy Conversion & Management, 2013, 74 (10): 433 − 445.

[218] Chen Z X, Zhang Y J, Tang W H, et al. Generic modelling and optimal day-ahead dispatch of micro-energy system considering the price-based integrated demand response [J]. Energy, 2019, 176: 171 − 183.

[219] Wang Y L, Zhao J H, Wen F S, et al. Market equilibrium of multi-energy system with power-to-gas functions [J]. Automation of Electric Power Systems, 2015, 39 (21): 1 − 10, 65.

[220] Thanhtung H A, Zhang Y J, Thang V V, et al. Energy hub modeling to minimize residential energy costs considering solar energy and BESS [J]. Journal of Modern Power Systems & Clean Energy, 2017, 5 (3): 389 − 399.

[221] Amiri S, Honarvar M A, Sadegheih. Providing an integrated Model for Planning and Scheduling Energy Hubs and preventive maintenance [J]. Energy, 2018, 163: 1093 − 1114.

[222] Maroufmashat A, Elkamel A, Fowler M, Sourena S, et al. Modeling and optimization of a

network of energy hubs to improve economic and emission considerations[J]. Energy, 2015, 93 (Part 2): 2546–2558.

[223] Mu T f, Wu J Z, Hao L J. Energy flow modeling and optimal operation analysis of the micro energy grid based on energy hub [J]. Energy Conversion and Management, 2017, 133: 292–306.

[224] Qadrdan M, Wu J, Jenkins N, et al. Operating strategies for a GB integrated gas and electricity network considering the uncertainty in wind power forecasts [J]. IEEE Transactions on Sustainable Energy, 2014, 5 (1): 128–138.

[225] Alabdulwahab A, Abusorrah A, Zhang X, et al. Coordination of interdependent natural gas and electricity infrastructures for firming the variability of wind energy in stochastic day-ahead scheduling[J]. IEEE Transactions on Sustainable Energy, 2015, 6(2): 606–615.

[226] Ju L W, Zuo X T, Tan Q L, Zhao R, Wang W. A risk aversion optimal model for microenergy grid low carbon-oriented operation considering power-to-gas and gas storage tank [J]. International Journal of Energy Research, 2019: 1–20.

[227] Zhang G Z, Wu B J, Akbar M, et al. Simulated annealing-chaotic search algorithm based optimization of reverse osmosis hybrid desalination system driven by wind and solar energies [J]. Solar Energy, 2018, 173: 964–975.

[228] Ramendra P, Mumtaz A, Paul K, Huma K. Designing a multi-stage multivariate empirical mode decomposition coupled with ant colony optimization and random forest model to forecast monthly solar radiation [J]. Applied Energy, 2019, 236: 778–792.

[229] Ma T F, Wu J Y, Hao L L. Energy Flow Modeling and Optimal Operation Analysis of Micro Energy Grid Based on Energy Hub[J]. Power System Technology, 2018, 42(11): 179–186.

[230] Ma T F, Wu J Y, Hao L L. Energy Flow Calculation and Integrated Simulation of Micro-energy Grid with Combined Cooling, Heating and Power [J]. Automation of Electric Power System, 2016, 40 (23): 22–28.

[231] Ju LW, Tan Z F, Yuan J Y, Tan Q K, Li H H, Dong F G. A bi-level stochastic scheduling optimization model for a virtual power plant connected to a wind-photovoltaic-energy storage system considering the uncertainty and demand response[J]. Applied Energy, 2016, 171: 184–199.

[232] Ju L W, Zhang Q, Tan Z F, Wang W, Xin H, Zhang Z H. Multi-agent-system-based coupling control optimization model for micro-grid group intelligent scheduling considering autonomy-cooperative operation strategy [J]. Energy, 2018, 157: 1035–1052.

202

［233］ Salah B，Pouria S，Hêmin G. Co-optimization of energy and reserve in standalone micro-grid considering uncertainties ［J］. Energy，2019，176：792－804.

［234］ Yan J Y，Zhai Y P，Wijayatunga P，Mohamed A M，Campana P E. Renewable energy integration with mini/micro-grids ［J］. Applied Energy，2017，201：241－244.

［235］ Liu Y B，Zuo K Y，Liu X W，et al. Dynamic pricing for decentralized energy trading in micro-grids ［J］. Applied Energy，2018，228：689－699.

［236］ Li Y N，Yang W T，He P，Chen C，Wang X N. Design and management of a distributed hybrid energy system through smart contract and block chain ［J］. Applied Energy，2019，248：390－405.

［237］ Mohammad H A，Seyyed M. Taghi B. Techno-economic optimization of hybrid photovoltaic/wind generation together with energy storage system in a stand-alone micro-grid subjected to demand response ［J］. Applied Energy，2017，202：66－77.

［238］ Pedro C D G，Zhan P，Stein W W. Synergy of smart grids and hybrid distributed generation on the value of energy storage ［J］. Applied Energy，2016，170：476－488.

［239］ Qiu J，Zhao J H，Yang H M，Wang D X，Dong Z Y. Planning of solar photovoltaic，battery energy storage system and gas micro turbine for coupled micro energy grids ［J］. Applied Energy，2018，219：361－369.

［240］ Ju L W，Zhao R，Tan Q L，Lu Y，Tan Q K，Wang W. A multi-objective robust scheduling model and solution algorithm for a novel virtual power plant connected with power-to-gas and gas storage tank considering uncertainty and demand response ［J］. Applied Energy，2019，250：1336－1355.

［241］ Goetz M，Lefebvre J，Moers F. Renewable Power-to-gas：a technological and economic review ［J］. Renewable Energy，2016，85：1371－1390.

［242］ Bornapour M，Hooshmand R A，Khodabakhshian A，Parastegari M. Optimal stochastic coordinated scheduling of proton exchange membrane fuel cell-combined heat and power，wind and photovoltaic units in micro grids considering hydrogen storage ［J］. Applied Energy，2017，202：308－322.

［243］ Zang Q W，Wang X L，Yang T T，et al. A robust dispatch method for power grid with wind farms ［J］. Power system Technology，2017，41（5）：1451－1459.

［244］ Hu M C，Lu S Y，Chen Y H，et al. Stochastic programming and market equilibrium analysis of microgrids energy management systems ［J］. Energy，2016，113：662－670.

［245］ Tsao Y C，Thanh V V，Lu J C，Multiobjective robust fuzzy stochastic approach for sustainable smart grid design [J]. Energy, 2016, 176: 929 – 939.

[246] Derek C, Mark C, Yoon Y. Implementation of micro energy grid: A case study of a sustainable community in China [J]. Energy and Buildings, 2017, 139: 719 – 731.

[247] Ju L W, Zuo X T, Tan Q L, Zhao R, Wang W. A risk aversion optimal model for microenergy grid low carbon-oriented operation considering power-to-gas and gas storage tank [J]. International Journal of Energy Research, 2019: 1 – 20.

[248] Seyed M M, Soheil M, Mohammad E K, Scott K. Optimal energy management of a grid-connected multiple energy carrier micro-grid [J]. Applied Thermal Engineering, 2019, 152: 796 – 806.

[249] Keshta H E, Ali A A, Saied E M, Bendary F M. Real-time operation of multi-micro-grids using a multi-agent system [J]. Energy, 2019, 174: 576 – 590.

[250] Wang Y, Ai X, Tan Z F, et al. Interactive Dispatch Modes and Bidding Strategy of Multiple Virtual Power Plants Based on Demand Response and Game Theory [J]. IEEE Transactions On Smart Grid, 2015, 9: 1 – 10.

[251] Chen Y, Wei W, Liu F. Analyzing and validating the economic efficiency of managing a cluster of energy hubs in multi-carrier energy systems [J]. Applied Energy, 2018, 230: 403 – 416.

[252] José I, Filipe S, Manuel M. Optimal bidding strategy for an aggregator of prosumers in energy and secondary reserve markets [J]. Applied Energy, 2019, 238: 1361 – 1372.

[253] Kang X Y, Xiao J, Wang C S, Cui K, Jin Q, Kang D Q. Bi-level multi-time scale scheduling method based on bidding for multi-operator virtual power plant [J]. Applied Energy, 2019, 249: 178 – 189.

[254] Ramendra P, Mumtaz A, Paul K, Huma K. Designing a multi-stage multivariate empirical mode decomposition coupled with ant colony optimization and random forest model to forecast monthly solar radiation [J]. Applied Energy, 2019, 236: 778 – 792.

[255] 吴金, 崔亚蕾, 孙仁金. 天然气热电联产项目经济效益评价 [J]. 资源与产业, 2019 (2).

[256] 张蕊. 风光储联合发电系统评价指标体系研究 [D]. 华北电力大学 (北京), 2014.

[257] 张玮. 电力客户群有序用电效益分析、评价与优化模型研究 [D]. 华北电力大学 (北京), 2016.

[258] 吴燕, 李雪梅, 朱洁琳. 校园新能源微电网建设项目收益分析和社会效益评价 [J]. 建筑节能, 2018, 46 (11): 132 – 136.

[259] 张烨，田慕琴，盆海波. 基于层次分析法的智能电表器件选型 [J/OL]. 电测与仪表：1 – 7 [2020 – 01 – 17]. https://kns-cnki-net.webvpn.ncepu.edu.cn/kcms/detail/23.1202.TH.20200 114.1059.004.html.

[260] 魏杰. 丰城电厂燃料供应商优化管理 [D]. 北京：华北电力大学，2007.

[261] 蔡秋娜，文福拴，陈新凌等. 发电厂并网考核与辅助服务补偿细则评价指标体系 [J]. 电力系统自动化，2012，36（9）：47 – 53.

[262] 沈小龙，贾仁安. 转型期煤电联动相关管制政策实施成效仿真评价 [J]. 电力系统自动化，2012，36（22）：55 – 61.

[263] 翁嘉明，刘东，何维国，等. 基于层次分析法的配电网运行方式多目标优化 [J]. 电力系统自动化，2012，36（04）：56 – 61.

[264] 余彪，方佳良，许家玉，等. 典型综合能源服务项目优选研究 [J]. 能源与环境，2019 （06）：34 – 36 + 38.

[265] 王耀升，张英敏，王畅，等. 基于 RBF 神经网络的电网脆弱性评估及其趋势估计 [J]. 电测与仪表，2019，56（09）：49 – 55.

[266] Tichi S G，Ardehali M M，Nazari M E.Examination of energy price policies in Iran for optimal configuration of CHP and CCHP systems based on particle swarm optimization algorithm [J]. Energy Policy，2010，38（10）：6240 – 6250.

[267] Arsalis A，Alexandrou A N.Parametric study and cost analysis of a solar-heating-and-cooling system for detached single-family households in hot climates [J]. Solar Energy，2015，11759 – 73.

[268] 卫志农，张思德，孙国强，等. 计及电转气的电 – 气互联微能源网削峰填谷研究 [J]. 中国电机工程学报，2017，37（16）：4601 – 4609 + 4885.